精神分析经典著作译丛

[美]菲利浦·M·布隆伯格（Philip M. Bromberg）著
邓雪康 译
Anna Wang 审校

让我看见你
临床过程、创伤和解离

Standing in the Spaces
Essays on Clinical Process, Trauma, and Dissociation

U0413100

华东师范大学出版社
·上海·

Standing in the Spaces: Essays on Clinical Process Trauma and Dissociation / by Philip M. Bromberg

Copyright © 2001 Taylor & Francis

Authorized translation from the English language edition published by Routledge, part of Taylor & Francis Group LLC. All rights reserved. 本书原版由Taylor & Francis出版集团旗下Routledge出版公司出版，并经其授权翻译出版。版权所有，侵权必究。

East China Normal University Press Ltd. is authorized to publish and distribute exclusively the Chinese (Simplified Characters) language edition. This edition is authorized for sale throughout Mainland of China. No part of the publication may be reproduced or distributed by any means, or stored in a database or retrieval system, without the prior written permission of the publisher. 本书中文简体翻译版授权由华东师范大学出版社独家出版并限在中国大陆地区销售，未经出版者书面许可，不得以任何方式复制或发行本书的任何部分。

Copies of this book sold without a Taylor & Francis sticker on the cover are unauthorized and illegal. 本书封面贴有Taylor & Francis公司防伪标签，无标签者不得销售。

上海市版权局著作权合同登记 图字：09-2015-425号

译丛编委会

（按拼音顺序）

美方编委： Barbara Katz　　Elise Synder
中方编委： 徐建琴　严文华　张　庆　庄　丽

CAPA 翻译小组第一批译者：

邓雪康　唐婷婷　王立涛　吴　江
徐建琴　叶冬梅　殷一婷　张　庆

通过译著学习精神分析

通过译著来学习精神分析

绝大多数关于精神分析的经典著作都不是用中文写就的。这是中国人学习精神分析的一个阻碍。即使能用外语阅读这些经典文献，也需要花费比用母语阅读更多的时间，而且有时候理解起来未必准确。精神分析涉及人的内心深处，要对个体内在的宇宙进行描述，用母语读有时都很费劲，更不用说要用外语来读。通过中文阅读精神分析的经典和前沿文献，成为很多学习者的心声。其实，这个心声的完整表述应该是：希望读到翻译质量高的文献。已有学者和出版社在这方面做出了很多努力，但仍然不够。有些书的翻译质量不尽如人意，有些想看的书没有被翻译出版。

和心理咨询的其他流派相比，精神分析的特点是源远流长、派别众多、著作和文献颇丰，可谓汗牛充栋。用外语阅读本来就是一件困难的事情，需要选择什么样的书来阅读使得这件事情更为困难。如果有人能够把重要的、基本的、经典的、前沿的精神分析文献翻译成中文，那该多好啊！如果中国读者能够没有语言障碍地汲取精神分析汪洋大海中的营养，那该多好啊！

CAPA 翻译小组的成立就是为了达到这样的目标：选择好的关于精神分析的书，翻译成高质量的中文版，由专业的出版社出书。好的书可能是那些经典的、历久弥新的书，也可能是那些前沿的、有创新意义的书。这需要慧眼人从众多书籍中把它们挑选出来。另外，翻译质量和出版社质量也需要有保证。为了实现这个目标，CAPA 翻译小组应运而生，而第一批被精挑细选出的译著，经过漫长的、一千多天的工作，由译者精雕精琢地完成，由出版社呈现在读者面前。下面简要介绍一下这个过程。

CAPA 第一支翻译团队的诞生和第一批翻译书目的出版

既然这套丛书冠以 CAPA 之名，首先需要介绍一下 CAPA。CAPA（China American Psychoanalytic Alliance，中美精神分析联盟），是一个由美国职业精神分析师创建于 2006 年的跨国非营利机构，致力于在中国进行精神健康的发展和推广，为中国培养精神分析动力学方向的心理咨询师和心理治疗师，并为他们提供培训、督导以及受训者的个人治疗。CAPA 项目是国内目前少有的专业性、系统性、连续性非常强的专业培训项目。在中国心理咨询和心理治疗行业中，CAPA 的成员正在成长和形成一支注重专业素质和临床实践的重要专业力量[1]。

CAPA 翻译队伍的诞生具有一定的偶然性，但也有其必然性。作为 CAPA F 组的学员，我于 2013 年开始系统地学习精神分析。很快我发现每周阅读的英文文献花了我太多时间，这对全职工作的我来说太奢侈，而其中一些已翻译成中文的阅读材料让我节省了不少时间。我就写了一封邮件给 CAPA 主席 Elise，建议把更多的 CAPA 阅读文献翻译成中文。行动派的 Elise 马上提出可以成立一个翻译小组，并让我来负责这件事情。我和 Elise 通过邮件沟通了细节，确定了从人、书和出版社三个途径入手。

在人的方面，确定的基本原则是：译者必须通过挑选，这样才能确保译著的质量。第一步是 2013 年 10 月在中国 CAPA 学员中招募有志于翻译精神分析文献的人。第二步为双盲选拔：所有报名者均须翻译一篇精神分析文献片断，翻译文稿匿名化，被统一编码，交给由四位中英双语精神分析专业人士组成的评审组。这四位人士由 Elise 动用自己的人脉找到。最初的二十多位报名者中，有十六位最终完成了试译稿。四位评委每人审核四篇，有些评委逐字逐句进行了修订，做了非常细致的工作。最终选取每一位评审评出的前两名，一共八位，组成正式的翻译小组。后来由于版权方要求 Anna Freud 的 *The Ego and the Mechanism of Defense* 必须直接从德文版翻译，所以临时吸收了一位德文翻译。第一批翻译小组的成员有九位，后来参与到具体翻译工作中的有七位：邓雪康、唐婷婷、王立涛、叶冬梅、殷一婷、张庆、吴江（德文）。后来由于有成员因个人事务无法参与到翻译工作中，于是又搬来救兵徐建琴。

在书的方面，我们先列出能找到的有中译本的精神分析的著作清单，把这个清单

---

[1] 更多具体信息可参看网站：http://www.capachina.org.cn。

发给了美国方面。在这个基础上,Elise 向 CAPA 老师征集推荐书单。考虑到中文版需要满足国内读者的需求,这个书单被发给 CAPA 学员,由他们选出来自己认为最有价值、最想读的 10 本书。通过对两个书单被选择的顺序进行排序,对排序加权重,最终选择了排名前 20 位的书。这个书单确定后,提交给华东师范大学出版社,由他们联系中文翻译版权的相关事宜。最终共有 8 本书的中文翻译版权洽谈进展顺利,这形成了译丛第一批的 8 本书。

出版社方面,我本人和华东师范大学出版社有多年的合作,了解他们的认真和专业性。我非常信任华东师范大学出版社教育心理分社社长彭呈军。他本人就是心理学专业毕业的,对市场和专业都非常了解。经过前期磋商,他对系列出版精神分析的丛书给予了肯定和重视,并欣然接受在前期就介入项目。后来出版社一直全程跟进所有的步骤,及时商量和沟通出现的问题。他们一直把出版质量放在首位。

CAPA 美国方面、中方译者、中方出版社三方携手工作是非常重要的。从最开始三方就奠定了共同合作的良好基调。2013 年 11 月 Elise 来上海,三方进行了第一次座谈。彭呈军和他们的版权负责人以及数位已报名的译者参加了会议。会上介绍和讨论了已有译著的情况、翻译小组的进展、未来的计划、工作原则等等。翻译项目由雏形渐渐变得清晰、可操作起来。也是在这次会议上,有人提出能否在翻译的书上用"CAPA"的 logo。后来 CAPA 董事会同意在遴选的翻译书上用"CAPA"的 logo,每两年审核一次。出版社也提出了自己的期待和要求,并介绍了版权操作事宜、译稿体例、出版流程等。这次会议之后,翻译项目推进得迅速了。这样的座谈会每年都有一次。

在这之后,张庆被推为翻译小组负责人,其间有大量的邮件往来和沟通事宜。她以高度的责任心,非常投入地工作。2015 年她由于过于忙碌而辞去职务,徐建琴勇挑重担,帮助做出版社和译者之间的桥梁,并开始第二支翻译队伍的招募、遴选,亦花费了大量时间和精力。

精神分析专业书籍的翻译的难度,读者在阅读时自有体会。第一批译者知道自己代表 CAPA 的学术形象,所以在翻译过程中兢兢业业,把翻译质量当作第一要务。目前的翻译进度其实晚于我们最初的计划,而出版社没有催促译者,原因之一就是出版社参与在翻译进程中,了解译者们是多么努力和敬业,在专门组建的微信群里经常讨论一些专业的问题。翻译小组利用了团队的力量,每个译者翻译完之后,会请翻译团队里的人审校一遍,再请专家审校,力求做到精益求精。从 2013 年秋天启动,终于在 2016 年秋天迎来了丛书中第一本译著的出版,这本身说明了译者和出版社的慎重和潜心琢磨。期待这套丛书能够给大家充足的营养。

第一批被翻译的书：内容简介

以下列出第一批译丛的书名(在正式出版时，书名可能还会有变动)、作者、翻译主持人和内容简介，以飨读者。其内容由译者提供。

书名：心灵的母体(*The Matrix of the Mind：Object Relations and the Psychoanalytic Dialogue*)

作者：Thomas H. Ogden

翻译主持人：殷一婷

内容简介：本书对英国客体关系学派的重要代表人物，尤其是克莱因和温尼科特的理论贡献进行了阐述和创造性重新解读。特别讨论了克莱因提出的本能、幻想、偏执—分裂心位、抑郁心位等概念，并原创性地提出了心理深层结构的概念，偏执—分裂心位和抑郁心位作为不同存在状态的各自特性及其贯穿终生的辩证共存和动态发展，以及阐述了温尼科特提出的早期发展的三个阶段(主观性客体、过渡现象、完整客体关系阶段)中称职的母亲所起的关键作用、潜在空间等概念，明确指出母亲(母—婴实体)在婴儿的心理发展中所起的不可或缺的母体(matrix)作用。作者认为，克莱因和弗洛伊德重在描述心理内容、功能和结构，而温尼科特则将精神分析的探索扩展到对这些内容得以存在的心理—人际空间的发展进行研究。作者认为，正是心理—人际空间和它的心理内容(也即容器和所容物)这二者之间的辩证相互作用，构成了心灵的母体。此外，作者还梳理和创造性地解读了客体关系理论的发展脉络及其内涵。

书名：让我看见你——临床过程、创伤和解离(*Standing in the Spaces：Essays on Clinical Process, Trauma, and Dissociation*)

作者：Philip M. Bromberg

翻译主持人：邓雪康

内容简介：本书精选了作者二十年里发表的18篇论文，在这些年里作者一直专注于解离过程在正常及病态心理功能中的作用及其在精神分析关系中的含义。作者发现大量的临床证据显示，自体是分散的，心理是持续转变的非线性意识状态过程，心理问题不仅是由压抑和内部心理冲突造成的,更重要的是由创伤和解离造成的。解离作为一种防御,即使是在相对正常的人格结构中也会把自体反思限制在安全的或自体存在所需的范围内,而在创伤严重的个体中,自体反思被严重削弱,使反思能力不至于彻底丧失而导致自体崩溃。分析师工作的一部分就是帮助重建自体解离部分之间的连接,为内在冲突及其解决办法的发展提供条件。

书名:婴幼儿的人际世界(*The Interpersonal World of the Infant*)

作者:Daniel N. Stern

翻译主持人:张庆

内容简介:Daniel N. Stern 是一位杰出的美国精神病学家和精神分析理论家,致力于婴幼儿心理发展的研究,在婴幼儿试验研究以及婴儿观察方面的工作把精神分析与基于研究的发展模型联系起来,对当下的心理发展理论有重要的贡献。Stern 著述颇丰,其中最受关注的就是本书。

本书首次出版于 1985 年,本中译版是初版 15 年后、作者补充了婴儿研究领域的新发现以及新的设想所形成的第二版。本书从客体关系的角度,以自我感的发育为线索,集中讨论了婴儿早期(出生至十八月龄)主观世界的发展过程。1985 年的第一版中即首次提出了层阶自我的理念,描述不同自我感(显现自我感、核心自我感、主观自我感和言语自我感)的发展模式;在第二版中,Stern 补充了对自我共在他人(self with other)、叙事性自我的论述及相关讨论。本书是早期心理发展领域的重要著作,建立在对大量翔实的研究资料的分析与总结之上,是理解儿童心理或者生命更后期心理病理发生机制的重要文献。

书名:成熟过程与促进性环境(*The Maturational Processes and the Facilitating Environment*)

作者:D. W. Winnicott

翻译主持人:唐婷婷

内容简介:本书是英国精神分析学家温尼科特的经典代表作,聚集了温尼科特关于情绪发展理论及其临床应用的 23 篇研究论文,一共分为两个主题。第一个主题是关于人类个体情绪发展的 8 个研究,第二个主题是关于情绪成熟理论及其临床技术使用的 15 个研究。在第一个主题中,温尼科特发现了在个体情绪成熟和发展早期,罪疚感的能力、独处的能力、担忧的能力和信赖的能力等基本情绪能力,它们是个体发展为一个自体(自我)统合整体的里程碑。这些基本能力发展的前提是养育环境(母亲)所提供的供养,温尼科特特别强调了早期母婴关系的质量(足够好的母亲)是提供足够好的养育性供养的基础,进而提出了母婴关系的理论,以及婴儿个体发展的方向是从一开始对养育环境的依赖,逐渐走向人格和精神的独立等一系列具有重要影响的观点。在第二个主题中,温尼科特更详尽地阐述了情绪成熟理论在精神分析临床中的运用,谈及了真假自体、反移情、精神分析的目标、儿童精神分析的训练等主题,其中他特别提出了对那些早期创伤的精神病性问题和反社会倾向青少年的治疗更加有效的方法。

温尼科特的这些工作对于精神分析性理论和技术的发展具有革命性和创造性的意义,他把精神分析关于人格发展理论的起源点和动力推向了生命最早期的母婴关系,以及在这个关系中的整合性倾向,这对于我们理解人类个体发展、人格及其病理学有着极大的帮助,也给心理治疗,尤其是精神分析性的心理治疗带来了极大的启发。

书名:自我与防御机制(*The Ego and the Mechanisms of Defense*)

作者:Anna Freud

翻译主持人:吴江

内容简介:《自我与防御机制》是安娜·弗洛伊德的经典著作,一经出版就广为流传,此书对精神分析的发展具有重要的作用。书中,安娜·弗洛伊德总结和发展了其父亲有关防御机制的理论。作为儿童精神分析的先驱,安娜·弗洛伊德使用了鲜活的儿童和青少年临床案例,讨论了个体面对内心痛苦如何发展出适应性的防御方式,以及讨论了本能、幻想和防御机制的关系。书中详细阐述了两种防御机制:与攻击者认同和利他主义,对读者理解防御机制大有裨益。

书名:精神分析之客体关系(*Object Relations in Psychoanalytic Theory*)

作者:Jay R. Greenberg 和 Stephen A. Mitchell

翻译主持人:王立涛

内容简介:一百多年前,弗洛伊德创立了精神分析。其后的许多学者、精神分析师,对弗洛伊德的理论既有继承,也有批判与发展,并提出许多不同的精神分析理论,而这些理论之间存在对立统一的关系。"客体关系"包含个体与他人的关系,一直是精神分析临床实践的核心。理解客体关系理论的不同形式,有助于理解不同精神分析学派思想演变的各种倾向。作者在本书中以客体关系为主线,综述了弗洛伊德、沙利文、克莱因、费尔贝恩、温尼科特、冈特瑞普、雅各布森、马勒以及科胡特等人的理论。

书名:精神分析心理治疗实践导论(*Introduction to the Practice of Psychoanalytic Psychotherapy*)

作者:Alessandra Lemma

翻译主持人:徐建琴　任洁

内容简介:《精神分析心理治疗实践导论》是一本相当实用的精神分析学派心理治疗的教科书,立意明确、根基深厚,对新手治疗师有明确的指导,对资深从业者也相当具有启发性。

本书前三章讲理论,作者开宗明义指出精神分析一点也不过时,21世纪的人类需要这门学科;然后概述了精神分析各流派的发展历程;重点讨论患者的心理变化是如何发生的。作者在"心理变化的过程"这一章的论述可圈可点,她引用了大量神经科学以及认知心理学领域的最新研究成果,来说明心理治疗发生作用的原理,令人深思回味。

心理治疗技术一向是临床心理学家特别注重的内容,作者有着几十年带新手治疗师的经验,本书后面六章讲实操,为精神分析学派的从业人员提供了一步步明确指导,并重点论述某些关键步骤,比如说治疗设置和治疗师分析性的态度;对个案的评估以及如何建构个案;治疗过程中的无意识交流;防御与阻抗;移情与反移情以及收尾。

书名:向病人学习(*Learning from the Patients*)

作者:Patrick Casement

翻译主持人:叶冬梅

内容简介:在助人关系中,治疗师试图理解病人的无意识,病人也在解读并利用治疗师的无意识,甚至会利用治疗师的防御或错误。本书探索了助人关系的这种动力性,展示了尝试性认同的使用,以及如何从病人的视角观察咨询师对咨询进程的影响,说明了如何使用内部督导和恰当的回应,使治疗师得以补救最初的错误,甚至让病人有更多的获益。本书还介绍了更好的区分治疗中的促进因素和阻碍因素的方法,使咨询师避免先入为主的循环。在作者看来,心理动力性治疗是为每个病人重建理论、发展治疗技术的过程。

作者用清晰易懂的语言,极为真实和坦诚地展示了自己的工作,这让广大读者可以针对他所描述的技术方法,形成属于自己的观点。本书适用于所有的助人职业,可以作为临床实习生、执业分析师和治疗师及其他助人从业者的宝贵培训材料。

严文华

2016年10月于上海

致谢

我的病人们,我得隐去他们的姓名,是我这些文章的养分源泉,正是通过跟他们的持续互动,我对临床过程的思考才不断地鲜活起来。每次治疗中我都发现,我在多大程度上允许病人们带给我意想不到的改变,我就有多大能力促进他们的成长。

我的观点是在不同时期不同的精神分析团体里逐渐发展起来的。我接受分析培训的摇篮——怀特学院(William Alanson White Institute)对培养我作为治疗师的敏感有着最深远的影响。有些人我从开始做候选人起就一直对他们感念至今,其中最重要的是 Edgar Levenson,这本书从头到尾都在体现他对我的影响。我想感谢的还有 Earl Witenberg,我从业的大部分时间里他都是怀特学院的总监,Arthur Feiner,《当代精神分析》(*Contemporary Psychoanalysis*)的名誉编辑。在我写作最需要支持的时候,他们都以自己的方式让我有机会表达我的想法,哪怕我已经逾越了"正统"人际关系的传统边界。

我的写作发展还深受我在职业生涯不同阶段先后参加的三个不同的同辈小组的影响。第一个是学习小组,包括 David Schecter、Althea Horner 和我。这个小组兼容了思想上的相似性与差异性,激发我们各自按照自己的方法对分裂现象和依恋与分离进行写作。第二个同辈小组把我和 Lee Caligor、Jim Meltzer 带到一起,开始尝试探索督导过程,并最终在 1984 年编辑了一本关于精神分析督导的书。我们三人后来不仅继续发展出同样深厚的私人关系和专业关系,还保持着各种丰富有趣的思想交流。第三个同辈小组是《精神分析对话》(*Psychoanalytic Dialogues*)编辑部,自该杂志 1991 年创刊起我就一直愉快地参与其中,我要感谢 Neil Altman、Lewis Aron、Tony Bass、Jody Davies、Muriel Dimen、Emmanuel Ghent、Adrienne Harris 和 Stephen Mitchell 曾经给予我的一切。

我的四位同事,Lawrence Brown、Lawrence Friedman、Karol Marshall 和 Stephen Mitchell,各自以不落俗套的方式对本书的写作作出了贡献,都提供了新鲜独特的观点,他们对我的帮助都跟别人截然不同。我对他们贡献的才智与友情怀着深深的感激之情。

在过去的二十年里,我还很幸运地做过大量的教学工作,这为开阔我的临床思维提供了无可比拟的机会。我在怀特学院、纽约大学博士后项目及现代精神分析学院(the Institute for Contemporary Psychotherapy)任教时有幸主持的精神分析研讨会犹为难得。我在美国各地,包括波士顿、芝加哥、达拉斯、丹佛、洛杉矶、帕萨迪纳、费城、旧金山、西雅图等城市的精神分析培训中心所做的讲座及工作坊也让我受益良多,但我最该感谢的是接受我一对一督导以及团体督导的成员们,多年来他们每周都跟我在办公室见面。他们表现出的丰富、有创造力又经常充满灵感的临床智慧,源源不断地为我的写作注入了新的活力。

我还要感谢 Paul Stepansky、Lenni Kobrin、Nancy Liguori、Joan Riegel 以及"分析出版社"(The Analytic Press)的员工们对我的帮助,而我特别想要感谢的是我的编辑——John Kerr,他对我工作的理解以及持续的鼓励与信任使我得以在本书的写作过程中始终保持热情。

最后也是最重要的,我想向我的妻子 Margo 表达我的爱和感激,并以此书献给她。是她的信任让我能够开始写作,并且在我词不达意时让我找到灵感。

目录

1 引言 / 1

第一部分　站在桥上看

2 艺术家与分析师(1991) / 17

3 人际间精神分析与退行(1979) / 25

4 共情、焦虑与现实：从桥上看到的(1980) / 31

5 走进内心与走出自我
　关于分裂过程(1984) / 41

6 自恋和边缘中的疏离(1979) / 47

第二部分　安全、退行与创伤

7 镜子与面具
　关于自恋和精神分析成长(1983) / 55

8 发生在分裂病人身上的Isakower现象(1984) / 73

9 困难的病人还是困难的组合？(1992) / 89

10 从里到外了解病人
   潜意识沟通的美学(1991) / 95

11 人际间精神分析和自体心理学
   临床比较(1989) / 109

第三部分 解离与临床过程

12 影子与实体
   临床过程的关系视角(1993) / 123

13 精神分析、解离和人格组织(1995) / 140

14 阻抗、客体使用和人类联结(1995) / 152

15 歇斯底里,解离和治愈
   重读 Emmy von N(1996) / 166

第四部分 心灵的解离

16 "说话!这样我才能看见你"
   对解离、现实以及精神分析式倾听的一些反思(1994) / 179

17 心灵的解离
   自体多样性与精神分析关系(1996) / 199

18 变化的同时保持不变
   对临床判断的反思(1998) / 217

19 "救命!我要从你心里出去" / 229

参考文献 / 244

1　引言

> "一本书能有什么用?"爱丽丝想,"如果连图片和对话都没有"。
> ——Lewis Carroll,《爱丽丝梦游仙境》

我用词总是很谨慎——想想接下来得用多少词就会知道这个开场白有多奇怪。早在中学的时候,我就因顽固地拒绝用成年人所说的"真正的现实"替代我内在体验中感受到的现实,在那些以教育我为己任的人面前麻烦不断。比如说,老师总是不厌其烦地在我的成绩单里附上这样的话:"菲利浦看起来很聪明,但是他好像是活在自己的世界里。我从来都不知道他在想什么,我做的事说的话没有一样可以改变这一点。"我父母最清楚老师的弦外之音,他们只能认可而无奈地点头,因为他们也不知道该怎么办。对于那些总是想办法让我"集中注意力"的大人们来说,我消失在"里面"——就像进到另外一个世界——的能力,很显然是个需要改变的坏习惯。我呢,当然从来没有苟同过,而且我无法理解为什么这对他们来说那么重要。所以我依然我行我素,直到我妈突然想到一招,让我重复她所说的话,希望以此来挫败我对她的忽视。当时发生的事情我至今仍然记忆犹新。她站在我面前,两手叉腰,咆哮道:"你就是不听话! 你就是听不进去我的话! 现在我要跟你说一些话,你必须原封不动地重复出来。"然后她就说了"一些话",我真的一个字一个字地重复了,跟她说的一模一样。她用一种又困惑又惊愕的眼神看着我。"我不知道你是怎么做到的,"她说,"但是我知道就算你听见了你也没听进去。我不知道你是怎么做到的,但是你*做到了*!"不用说,她完全正确,我在被"教育"的时候就是听而不闻的,然而更重要的是,她在这件事上表现出的幽默对我长大后可以坦然接受我的"内在"起了非常大的作用。就像 Langan(1997,p. 820)嘲讽的那样,"分馏的发现跟谁有什么关系?诗人 Allen Ginsberg 不是说了么,'我的心思难道还有它自己的心思吗?'"谁知道呢?也许就是因为这个原因,现在的我才能在与病人之间的类似时刻发现幽默——否则就有可能因为现实冲突而变成紧张对立的时刻。

我从我自己童年的一个片断写起,因为那可能是我最早意识到我所坚持的人格成长的核心——被人知道仍然保持私密、处于世界之中仍然与之分离。这个矛盾经常困惑着精神分析师们,就像在我小时候它困惑着大人们一样。获得新的自体体验这一过程并不单是由语言促成的,还必须与"别人"在真实的感觉层面进行交流,才能把语言内容愉快而安全地整合成自体体验。分析情境被设计成一种由双方协商的治疗关系,以实现该整合。

以下各章选自我过去二十年所写的临床论文。可以简单地把它当作论文集来读,也可以当作临床观点的发展过程来读——对分析关系的一系列反思,包括其自身的隐含顺序、思想发展及内在辩证。我希望能有更多的读者发现后者更符合他们的偏好。当然,读者怎么读部分取决于他自己的临床体验和思想发展史跟我过去二十年的经历有多少共同之处。作者需要读者。Patricia Duncker 在她 1996 年的小说《致幻的福柯》(*Hallucinating Foucault*)里说,作者们说了几百年的"缪斯"无非就是他们为之写作的读者。借她塑造的主人公之口,她这样说:

> 我从不需要寻找缪斯。缪斯通常只是以女性形象出现的一种自恋的说法……我宁可要一个民主版的缪斯,一位同事、朋友或旅伴,肩并肩地一起承担这个漫长痛苦的旅程需要付出的代价。这样,缪斯就成了合作者,有时又是对手,有时跟你很像,有时又总是反对你……对我来说,缪斯是另外一个声音。每个作者都被迫承受的喧嚣最后总是会和解成两个声音……但是作者和缪斯应该能够交换位置,用双方的声音说话,台词可以交替、融和、换手。声音不是专属的。它们无所谓由谁发出来。他们是写作的源泉。是的,读者就是缪斯。(pp. 58-59)

现在,当我思考我自己的读者——缪斯的"另外"一个声音时,我不知道跟当年比是不是已经发生了很大变化,那时我会跟我的督导说:"我可以告诉你前几次咨询的情况,但是你真的得自己经历了才行。"我发现我再一次试图挣脱语言的限制,在写作时比用言语表达时感觉更加强烈,我不愿意接受这样一个不可避免的事实——用"正确"的词语来"完整地"阐述这本书并不足以体现每一章的独特个性以及孕育了这些个性的我自己的临床意识状态。我特别想把当初激发我创作每一章时的每一次不同体验都传递出来,每次体验都是独特的,就像每一小节的分析,只有在发生的当下才是真正意义上的"它自己"。也许我尝试这样介绍这本书表达了我不想接受局限性的愿望——病人与分析师带着目标一起面对并参与各种非线性现实（他们自己的以及对方的），从而结成我们所说的精神分析治疗关系，我希望在理解这个两人现象时，在读者心里唤起对他自己内在声音的强烈意识。

"在我小时候，"马克·吐温写道，"我什么事都能记住，不管是发生了的还是没发生的"。既然我们长大后据说已经丧失了这种能力，那么能读懂吐温的幽默就成了一项非凡的人类成就。作为成年人，我们喜欢称之为"想象力"。但是作为分析师，我们知道不管是对病人还是对我们自己，这种逻辑上的不可能都是一个难题，其实这是一种僵局。而另一方面，作为分析师我们都深知，仅仅"知道"现实并不是成长要解决的问题。在工作中我们都清楚地察觉到，"知道"现实对很多人来说很可能是灾难性的残忍的体验。如果父母在把"真实"的情况告诉孩子时任由孩子保留他的主观体验，那么他成年后极有可能像马克·吐温一样，总像个孩子似的天马行空。

精神分析理论发展的核心一直是努力建立一个分析关系工作模型，临床上灵活，理论上可靠。所有人的努力，包括弗洛伊德，都建立在一套或明示或隐含的关于现实的本质及人类怎样理解"真实"的假设之上。这些假设关系到一个人像别人一样看待事情的能力怎样发展、稳定并与其价值观、愿望、梦想、冲动、自发性等等共存；也就是说，这些假设关心的是在什么条件下，对现实（包括一个人的自我现实）的主观体验能够突破自我中心式的个人"真相"。就此而言，精神分析式的关系作为人际环境释放了病人的潜能和愿望——在内部现实和由分析师作为独立的主体中心代表的外部现实之间，建立起创造性的辩证关系。

分析理论不是建立在想象之中，所以我倾向于把研究过程当成理性探险，就像我十来岁时着迷于拆钟表一样——看看它们是怎样工作的。也就是说，我不认为必须有一个*成型的*理论才能有效地工作，事实上我怀疑对理论的过度拘泥将干扰治疗过程，就像拆钟表有可能取代对生活的全情投入一样。如果全身心地"投入在精神分析关系里"确实需要想象力，那么在某种程度上或许可以说，分析过程的灵魂就是对童年时代的回归。用更诗意的话来说，有哪个分析师没有在小时候相信过 Eugene Field(1883)所说的"Wynken、Blynken 和 Nod 在一个晚上驶入一只木鞋里"？哪怕"有人认为这是他们做的一个梦"。

我想起暑假刚回来时的一节咨询，当时我坐在那儿，什么也没说，希望恢复我的"记忆"。在躺椅上，我的病人说："你今天听起来很安静。"我的第一反应是"*那是什么*

意思？"如果她说的是"你今天很安静",我可能马上就能反应过来。但是我怎么能听起来很安静呢？当我开始思考她当时的感受时,有些事发生了。我"知道"她是什么意思了。不是在概念上——在概念上我*已经*知道了。我是在另外的意义上知道了,因为"听起来很安静"这些词语不再感觉遥远,就像*她*不再感觉遥远一样。我很想给它一个名字——"在体验上"我知道了,或者"共情地"我跟她建立了联结,诸如此类。哪怕确实是这么回事,我仍然相信,就算借助这些术语的帮助,我们也还是不明白"这只表嘀答作响的动机何在"。人类交流过程中发生的一些奇特的事情一直是我们临床上依赖的根本,同时也是所有分析理论的真正主题,不管用我们的专业词汇是怎么表达的:移情—反移情、行动化、投射性认同、主体间性、解离的自体状态,还是"想象"现象。

你或许已经预料到了,我的写作更注重过程而不是理论,而且你会发现各章的主题进程,特别是在最近十年,越来越多地以临床片断为背景,逐渐形成了我作为人际关系/关系取向分析师的观点。尽管我有涉及文献中现存的争议,并且试图不时地提出挑战,表达出我坚信是正确的意见,但我主要想表达的,还是关于临床现象的观点以及工作方法。也就是说,我在思考临床资料后得出的理论构想,更多地是对现象的回应,而不是事前就由内到外对它们进行的理论化。

精神分析怎么*可能*有效？像熊蜂,它不应该会飞;但它就是会飞。这个问题经常在我的临床工作中冒出来,有时是有意识的,有时不是,但总是充满好奇,我带着这样的好奇心进入与病人的工作。在看起来不可调和的人类自体需要之间——稳定与成长、安全与自发、私人与公共、连续与变化、自私与忘我——怎样建立起治疗链接？问自己精神分析怎么*可能*有效不同于问精神分析怎么工作。前一个问题出自临床医生的牢骚与不安——多半是在临床工作初期,还没经过自体—反思功能的概念化,还在与病人一起摸索时分析师的自体状态。努力在临床上发现怎样才有可能与一个人建立一种联系,使他能够为了不确定能否得到的收益而卸掉来之不易的对人格结构的保护,这也许是贯穿本书的一个潜在主题。

安全与成长

个体用于保护其稳定感、自我连续性以及心理完整性的那些重要方法,会损坏他的未来成长能力及与别人充分联结的能力。因此,有人带着对生活的不满和做出改变的愿望来到治疗当中,但是他会不可避免地发现,他就是他的生活,让他感觉矛盾的是,要"改变"就是要"治愈"他这个人——他知道的唯一的自体。"我能冒险依赖这个陌生人而失去自己吗?""我的分析师是朋友还是敌人,我能确定吗?"Ernest Becker(1964, p.179)认为这个矛盾是"人格改变的主要困难",并犀利地问道:"一个人如果没有先得到一个新世界,他怎么能放弃原来的世界?"Becker的问题引发大家开始密切关注允许精神分析过程发生的那种人际关系。怎样才能在病人和分析师之间建立起关系,而不需要病人在做他自己和依赖并接受分析师的影响这二者之间作出不可能的选择?(参见 Mitchell, 1997b)病人决心保护他自己对自体的感受,分析师与病人的关系能突破他对自体的保护吗?分析师要怎样做才能使这种突破发生?

在我看来,答案在于通过治疗创造一个新的现实领域,在这里,对"即将发生的"期待和对"不是我"的担心可以并存。任何人,无论他因于内在客体世界的痛苦有多深,也无论他挣脱出来的愿望有多强烈,他都不可能全然活在当下而不去面对和承受那些自体痛恨并放弃了的、曾经塑造了早年客体依恋也被早年客体依恋所塑造了的部分。"治好我的失明吧,但是在我学会看见之前请不要把我留在一无所知里。如果我最终知道看见不是一种病,我还有存在的必要吗?"

不管我们在问题的诊断、分类、严重程度和分析技术上说什么——我们已经说了很多,针对任何病人的临床方法,公道地说,都还是主要取决于他是否发展成熟到可以*构想*一个问题:"为什么我的生活是这个样子?"我要说的不是他有没有想过"这个样子"意味着什么或者他有没有认真尝试过要回答这个问题。有些人来求治是被这个问题折磨了多年也没找到答案,还有些人从没问过这个问题,因为对他们来说"为什么我的生活是这个样子"这一概念没有意义。他们好像并不认同苏格拉底的那个久负盛名的观点(柏拉图/Jowett, 1986, p.22):"未经审视的生活是没有意义的。"他们虽然活着,却生不如死。

对他们来说,"为什么"是不能问的,当他们选择来求治时(通常是来寻求缓解痛苦),不管我们怎样诊断这个人,治疗初始阶段的成败都取决于能否让他做到可以问"为什么"。除非做到这一点,不然分析师和病人对他们共同面对的"现实"和一起工作的目标就会有不同的看法,而且在我的经验里,分析工作中出现的一些"不可避免的"治疗僵局和失败就是因为一方徒劳地想把他自己的"治疗现实"强加给另一方。

解离与冲突

提高一个人质疑生活的能力需要在临床过程中促进自我反思能力的发展。传统上,自我反思指的是有"一个观察的自我",这是可分析性最常用的标准。它能让病人在全然存在于当下的同时,对存在着的自体保持觉察。人类可以适应性地限制自我反思能力是解离的一个标志,解离现象正在为当代大多数分析流派所重视,不管是正常的还是病态的解离。作为一种防御,在单一的对"我"的体验当中,当解离主动限制并经常关闭了保持并反思不同的心理状态的能力时,就成为病态。在我看来,方兴未艾的对解离作为基本的人类心理功能的关注,以及同样重要的,对心理状态现象学的关注,反映了在理解人类心理及潜意识心理过程的本质时一个重要转变——自体是分散的,心理是转变着的非线性意识状态构造[1],与所需要的对完整自体的幻觉处于持续的辩证之中。

在过去二十年的写作中,我一直以临床为基础,专注于解离过程在正常及病态心理功能中的核心作用及其在精神分析关系中的含义,并不断发展我的观点。来自多方面的数据,包括研究的和临床的,都支持了这样一个事实,人类心理(psyche)不仅是由压抑和内部心理冲突造成的,同样而且往往更重要的,是由创伤和解离造成的。我的思想最早起源于对人格障碍病人的治疗,但我相信在任何治疗里都适用,不管是诊断为何种类型的病人。对治疗关系的传统看法是,通过解决心理冲突来解除压抑,扩展记忆。我认为这个观点正面的说法是低估,负面的说法是忽略了人类心理的解离结构,使我们的临床理论漏掉了促使人格成长的一个重要因素——每个精神分析治疗中都会出现的一个变化的影响深远的因素——对内在心理冲突的*体验*成为可能的那个过程。我指的是人际间的过程:病人在关系领域对现实的觉察范围得到拓展,从而使由解离到可分析的内在心理冲突的转化有可能发生。

我刚开始发表分析论文时写过很多"分裂型人格",对"解离"基本没涉及过,但我从未真的把兴趣完全放到"分裂"上,理论上和临床上都没有。我觉得你会更加了解分

---

[1] Mitchell(1997a)指出,"当代分析思想中日益强大的潮流是把自体描述成……不可进入、不稳定或者不连续:Winnicott 的无法与外界交流的、私人的自体;Lacan 的在转瞬即逝的'想象力'背后的'真实';Ogden 的在意识与潜意识、偏执—分裂位和抑郁位的辩证中摆荡的去中心化的主体;Hoffman 的永续构建与共同构建的体验"(pp.31 - 32)。

裂人群,如果考虑到他们也都具有极其解离的人格结构,只是这个解离结构非常稳定,只有在崩溃的时候才会被注意到(参见第13章)。我最早谈及这个问题(Bromberg, 1979)是在一篇论文里指出,"分裂"起初是用来定义非整合趋势的一个概念,几乎跟"前精神分裂症"是同义词,其实在用于稳定的人格结构时要有趣得多——至少在*我*看来是。让我好奇的是,撇开它作为逃避某种体验——对很多人来说是毁灭焦虑——的一种方法的动力学起源,人格结构的*稳定性*既是最珍贵的资产,也是最痛苦的羁绊。我曾写过,从这个观点出发,心理是一个环境——分裂型人居住的一个稳定的、相对安全的世界。他不想被外部打扰,希望尽可能地住得舒适有趣。与世隔绝、自给自足、避免自发或意外变得十分重要。于是,一个界限在内部世界和外部世界之间建立起来,阻止自由自发的交换在已知的相对可预测或可控制的世界以外发生。

心理作为稳定的相对安全的世界,设计上尽可能舒适宜居,结构上与世隔绝、自给自足,拒绝外界尤其是"意外"的打扰!我当时并不知道我写的就是后来我才意识到的对创伤"惊吓"及可能的二次创伤所做的解离防御。我那时描写的,就是在每个人身上允许连续性与变化同时发生从而使正常的人格发展成为可能的那种病态形式——允许自体与他人相互渗透的心理空间,它在自体变化发生的*同时*,为人际联结的连续性提供情境。最近(第17章)我开始把它称为共同建构的心理空间,对关系是唯一的,对个体也是唯一的;不属于两人中的任何个人,而是属于双方及其中的一方;一个诡异的使"不可能"成为可能的空间;一个可以让一对分别知道自己的"真相"但是并不相容的自体能够"梦到"对方的现实而不失去自身完整性的空间。我说过这是一个主体间的空间,就像入睡前意识的"迷糊"状态一样,半梦半醒。从更灵性的参考框架来看,Roger Kamenetz(1994,p.28)在他对犹太教和佛教进行的奇特的文化探索时提出过类似的看法。他观察到"黎明和黄昏是祈祷的主要时段,因为那时候你同时在意识中拥有白天与黑夜"。我想说的是,精神分析在临床上能够做到的极致,就是在不相容的心理状态之间促成同样的效果。

有趣的是,越来越多的证据表明,这个看起来不可能的,对关系是唯一对个体也是唯一的心理空间,不仅是可能的,甚至还有众所周知的神经心理学基础。比如说,Henry Krystal(Krystal et al.,1995,p.245)就说过,它事实上很可能是由一个连接着"催眠、做梦及某些兼具了睡与醒的共同特征的意识状态的连续谱系"的神经床的活动所调节。在人格成长的层面上,Krystal所说的就是我所认为的旨在促进病人更加能够在处于很多自体时仍感觉是一个自体的那个治疗过程——通过这样的临床关系,在防御性地断开的自体体验之间搭起桥梁，使"我"和"非我"之间的界线变得越来越可逾越。

创伤与临床过程

沙利文（1953）说得很清楚，孩子通过早年生活中建立起来的意义的关系模式，知道什么是"我"，什么是"非—我"。就像发展心理学研究令人信服地证实的那样，孩子对"我"的体验，在他的心理状态得到别人的体验和反思时才是最稳定的，特别是在强烈的情感唤起时（参见 Fonagy，1991；Fonagy & Moran，1991）。如果别人的行为，哪怕并不那么让人舒服，表明他的心理状态从情感上和认知上都在对孩子当下最强烈的感受做出回应，而不是不闻不问（Laing，1962a），这种心理上的参与就构成了一个确认行为，帮助孩子完成把他自己的心理状态当成客体进行反思这个发展目标。他因此而有能力在当下把感情强烈而复杂的时刻当作内心冲突进行认知上的处理。Fonagy 和 Target（1996，p. 221）正是这样说的：在五六岁的时候，孩子应该正常地建立起心理现实的反思或者心智化模式，为了做到这一点，"孩子需要一个成年人或者年长的孩子'一起游戏'（play along），使孩子可以在成年人的心里看到他的幻想或想法，并内摄回去，作为他自己的想法使用"。

Fonagy 和 Target 这里所说的"一起游戏"在思考治疗的发展时也极其重要。他们这样认为：

> 我们所接受的自体发展的辩证观点，把传统的精神分析侧重点从内化包容的客体（containing object），转变成从包容的客体里内化思想的自体（thinking self）……分析过程中的反思指的是理解，不是简单的共情（对心理状态的准确镜像）。它不能简单地"复制"病人的内心状态，而是必须跨过它再往前一步，给出一种不同的但在体验上恰当的再表征。(p. 231)

也就是说，"一起游戏"的那个人，不管是父母还是分析师，在是可用的客体的同时，还必须是他自己；也就是说，他必须以他本人参与进来，而且必须以他本人与孩子或病人建立联结。这样，孩子或病人才能保持更紧密的自体体验而不会感觉到创伤，也就不会因创伤导致病态解离，符号化失败，或者使在"我"的自体叙事中从认知上表征情感强烈或复杂体验的能力受损。

我想通过他们在另外一篇论文(Target & Fonagy,1996,p.460)中的一项观察再次强调这一点:"在孩子对他自己和对他的客体的心理体验之间,存在着相互作用的关系。对他自己心理状态的体验是他察觉别人的条件,反过来,在发展上,他对他的客体怎么构想他的心理世界的察觉又是他体验自己心理状态的条件。"这样,如果别人系统地"不确认"(Laing,1962a)孩子在强烈的情感唤起时的心理状态,就像事不关己或无关痛痒,孩子长大后就会不信任他自己体验到的现实。他在认知上处理人际间他自己充满情绪的心理状态的能力——反思、当作内在心理冲突予以接纳进而当成"我"的一部分——就会创伤性地受损。解离,即把心理从身心中断开,就会成为保持自体连续性的最具适应性的解决办法。

就此而言,心理创伤可以大体定义为,因构成"我"这一体验的、内化的"自体—别人"意义模式失效所导致的、对自体连续性的粗暴打断(参见 Pizer,1996a)。Coates 和Moore(1997,p.287)称之为"对伴着毁灭焦虑的自体的完整性的压倒性威胁"[①],我认为这是对可以被称为"创伤幸存者"的大量病人们生动准确的写照。

心理创伤发生在或明示或隐含的人际关系情境中,在创伤中,自体失效(有时是自体毁灭)无法逃避也无法防范,也没有希望得到保护、缓解或安慰。如果这样的体验被延长或是充满暴力,或者如果自体的发展很弱或不成熟,情感唤起的水平就会显得过于强烈,对事件体验的自体反思将无法进行,也无法通过认知处理给予意义。从生理上说,所发生的是自动的情感过度唤起,无法在认知上图式化并由思想进行管理。极端情形是,主观体验是混乱而可怕的情感泛滥,威胁要吞没残存的清醒,但在某种程度上,这个阴影是一定程度上塑造了每个人的心理功能的诸多因素中固有的一个方面。

也就是说,解离作为一种防御,即使是在相对正常的人格结构中,也会把自体反思限制在安全的或自体存在所需的范围内,而在创伤严重的个体中,自体反思被严重削弱,使反思能力不至于彻底丧失而导致自体崩溃。我们所说的毁灭焦虑代表的是第二种可能性。这样,很矛盾地,自体防御性地分成不相连的部分,通过自体状态的解离性断开在自体和"非自体"之间建立起更安全的边界,从而保持了身份,而每一部分都有

[①] 在治疗那些解离和解离状态是核心问题的病人时,关于毁灭焦虑,Fonagy 和 Target(1995b, pp.163-164)认为,精神分析式治疗的目标是缓解"因触碰到过去的创伤而唤起的强烈的毁灭焦虑"。两位作者进而把他们的治疗模型和我的模型作了有趣的对比,二者包含了相似的观点,"治疗师必须克制纠正病人错误的现实知觉的倾向,创造一种关系,使之前未符号化的体验能够得到表达"。

它自己的边界以及它自己清晰地对"非自体"的体验。因此,关系的解离模式非常有力地界定了自体的私人边界。

在此之前是正常的解离,使人可以"在是(很多)自体时感觉像是一个自体"的多个自体状态的松散结构,现在变成了僵化的解离心理结构(最极端的形式是我们知道的"多重人格"或"解离身份障碍"),每个自体顽固地守在作为其自体意义真相模型的特定的人际模式中。因为各个状态是防御性地僵化地相互分离的,解离结构不仅建立起来了,还通过严格局限于特定时刻进入到意识和认知中的那个自体状态来定位个人身份,永久性地保护了主观上的自体一致性和连续性。人格的安全问题现在就与基于创伤的对现实的观点关联起来,于是,这个人随时都在为他认定就在下一个拐角的灾难做准备,自体的某个解离部分将处于"待命"状态。为此付出的代价是,此人再也无法感到安全,哪怕他很安全。

站在空间里

我们作为分析师的一部分工作帮助重建了自体解离部分之间的连接,为内在冲突及其解决办法的发展提供了条件。分析师协调于他自己及其病人自体状态的变化,并在关系中保持这个意识,使病人更能够在人际关系中听到那些之前不相容的由其他自体交替发出的关于现实的声音。我想补充的是,分析师会更容易与病人的几个不同自体部分同时对话,如果他能"不指望治疗总是进展顺利"——据传言这个常被引用的说法出自沙利文,他用这种夸张的表达方式描述了一个事实:成功的治疗不是一帆风顺的,好像你只要开心地看着病人成长就行了。大多数临床医生都知道,一个充满活力的分析治疗常常是相反的,是从一个僵局到另一个僵局,两个参与者不断增强互相妥协的能力,治疗性地使用双方不同的自体之间的关系碰撞。分析师们要么最舒服要么最不舒服的这个现象是围绕着"治疗框架"展开的不可避免的行动化,我更愿意表达成:作为移情/反移情领域的核心构造,"私人"与"专业"之间的辩证。

我们都知道,让病人感觉进入一个有这么强烈的亲密感的专业关系,对此是有很多反对意见的。但是,就因为"私人"与"专业"之间的界线是可以改变的,而不是楚汉分明的,我们所说的精神分析治疗关系才有可能存在。行动化,作为一个现象,在任何人类关系中都会发生,不管关系的本质是什么,但是只有精神分析关系,由于它固有的模糊性,才能允许行动化既能够发生又能够在同样的情境下得到分析。当情境变得过于私人化（或者不够私人化），就会失去矛盾本质，不再可用了。如果关系可以被无限度地付诸行动，它就无法分析自己了。行动化当然还是会发生，但是它将缺乏私人与专业之间可分析的碰撞，也就无法进行"对分析的分析"——把它从其他形式的精神治疗中区别开来的核心过程。病人得到了自由地表达自己的空间，但是，是在一个分析师设定了条件的"专业"框架内。哪些"专业"框架是分析师公开声明的，哪些是逐渐被病人"发现"的，哪些是悄悄地由分析师"管理"的，这本身就是每个分析师所采取的方法的本质区别。专业框架怎样由分析师传达给病人在临床医生间也许会有很大的不同，但是它的存在确实能被病人明显地感觉到，哪怕分析师否认它的真正意义。

专业与私人之间的碰撞往往是行动化的原材料。只有在分析师被迫脱离他用以处理体验的专业意义情境，无法舒服地坚持他赖以理解他与病人之间发生着什么的专业框架时，这种碰撞才会成为问题。只要感觉上他自己的意义—情境还存在，而且也被病人认可是有效的（或明示或隐含），私人情感就会被体验成是人之常情，而不会威胁到分析师的专业身份，因为不管这些情感在感觉上有多么"私人"，它们还是能够以"材料"的形式保持在框架内，以供研究。只有当病人严重威胁到，或者事实上已经使分析情境不再是研究他在该情境中的情感的有效方式时，私人与专业之间可渗透的界线才会（至少暂时地）被踏平，这时分析师就会没办法转换或重新夺回他用以理解这些情感的分析框架。

Spruiell（1983）把他所说的"分析情境的规则与框架"描述成分析师为了不受自身缺陷这一"真相"影响所采取的保护方式。Spruiell这样写道："那些固执地冲撞分析框架的病人被视为'困难'的病人"，而且，"有时分析师不得不暂时放弃分析框架，为了有可能工作下去"（p.18）。然而，在治疗这些个体时，经常由不得分析师选择要不要暂时放弃分析框架。有时分析师被逼得确实没有办法，能体验到的只有失控。但是，如果他逐渐可以开放地接纳所有的自体状态，不再被这些情感所"掌控"，他对病人的私人反应——他的感受中之前被解离的那部分——就可以传递出来，而且不仅作为材料也作为"真实情感"，得到*共同*处理。分析师总认为这是个矛盾，有些病人只有在相信了正在发生的事情不是"治疗"的一部分时才开始在人格上有所好转。我认为这些例子只不过是每个分析中都会发生的事情的夸大情形——僵局和修复之间的持续运动，通过让病人越来越多地进入到"别人"的现实而不必放弃他自己的，慢慢地建立起共有的"可能空间"。在我看来，就像后面的章节将详细展开的那样，正是通过这个过程，之前解离的自体状态在关系上变得与他自己关于他是谁的"真相"相一致，从而开始整合到

"我"这个紧密的人类体验中。

为了做到这一点,至少在某些时刻,病人的体验必须也得与分析师关于*他*是谁的"真相"保持一致。这可不总是轻而易举就能做到的。读者或许在猜我要到哪里去,或者过去二十年我的收获在哪里。小时候我因为坚持我的内在险些把我妈逼疯。而作为分析师,我发现我不得不允许我的病人把*我*逼疯,借用 Searles(1959)的贴切措辞,通过让他们使用我的内在,就像这是他们自己的,而这时我的内在其实还是我的。简单地说,病人把分析师的心理当成客体"使用"的努力不可避免地要受到分析师的阻抗,这样,病人只有通过把他解离的自体放到分析师的心理才能在分析师那里找到他自己。分析师有时会把这些感觉成是病人的,但更多时候会先把这些当成他自己的情感与之发生连接。

现在,让我以再次强调私人与专业之间的辩证来结束引言。在治疗的这些关键点上,分析师必须做些什么来"予以确认",但是"确认"并不是被动的观察。分析师始终是参与着的观察者,对于有些病人,分析师只有——再次借用 Horold Searles 的术语——通过被病人弄"疯",才能使他的参与成为可能。这促使分析师体验他自己自体的解离部分,以此来完成对病人自体解离部分的确认,当这个投射与内摄的振荡循环在他们之间得到处理和整理时,病人重新找回了属于他的部分。在此之前,病人与分析师都没法休息。Langston Hughes(1941)的一首绝妙的小诗最能抓住这一点:

似乎逼疯了我的

也没放过你

我会纠缠下去

直到把你也逼疯

有时候,某类特定病人的个案反应跟我的任何反移情反应都不一样。在这些时候,我毫不怀疑作为人际间交流渠道的投射性认同现象。"你为什么吼我?"病人会这样喊,重要的不是我"确定"我的音量并没有提高。我感受到的指责可能更准确的是:"你为什么凌驾于我?"我在这些时候的体验,一旦我可以开始处理它,这就成为我了解病人的一个有力渠道,但不同于共情(参见 Ghent,1994),这体验不是自愿的,似乎这个了解是"强加"给我的。努力找到词语来描述把我们隔开的间隙,这是架在病人解离的自体状态之间最有力的桥梁。我治疗性地使用这种体验的能力取决于我长久忍受并反思它们的能力。词语一旦找到了,并经过了我们之间的协商,就成为病人符号化并用语言表达他们无法言说的感受的能力。

哪些是病人能够接受并且进行认知符号化的,哪些是在没经过符号化处理的情况下接受因而必定要付诸行动的,这是关键问题。所有*那些*总要以这样那样的方式得到体现,其中一些未经处理的部分将被付诸行动。对分析师的挑战是,如何把它们变成有用的分析材料。分析师怎样做到这一点,是分析流派间"技术"上的区别,也是同一流派内不同分析师之间的区别,也有人希望,这是每个分析师所做的不同分析之间的区别。

第一部分

站在桥上看

2　艺术家与分析师[①](1991)

有时我会去我太太的工作室看她画画,虽然这样的时候并不多,因为她在工作时不喜欢有人在场。有个想法反复在我的脑海里闪现:她是怎么做到的。尽管我看着它发生,也目睹了技术上的每个步骤,我还是无法理解。我了解她的艺术背景,我知道她是跟谁学的,在哪个国家接受培训,哪些画家对她的影响很大,我甚至知道很多她遵循的基本原则,但是所有这些加在一起,除了在表面上,似乎仍然无法解释她创作时涌现出来的那些东西,不管是在一分一秒的过程里,还是在整个过程的某个阶段。她也教画画,她的很多学生举办了他们自己的画展——但是除了极少的例子,她学生的作品跟她的没有任何相像之处。那么,在一个画家当初受训时学到的那些东西所能起的作用,与他的创作和教学这二者之间,你能说有什么联系呢?

可能会有人反对说,分析师—画家的比喻太牵强,因为分析师的工作是随着与另外一个人的持续互动展开的,而画家只是随着他或她的内在想象单方面地对一些内部和外部现实进行转换。也就是说,与分析师不同的是,画家的创造力更多地是天分与学习的混合,当初的所学已经被"遗忘"成一套在绘画时可以简单应用的规则;所学的东西被吸收到画家的个人身份里,作为约束自我表达的一个因素体现出来,成为创作行为本身不可分割的一部分。也就是说,艺术家的"技术"是不表露出来的;最终的成品因此也看不出是"按套路画成"的。这个反对很有说服力,但是漏掉了一个使分析师—画家的比喻既有趣在我看来又很合适的方面。把内在想象力赋予客观现实使其成为该想象力的体现,那么一个画家不管多有天分或经验,都受到创造性表达的限制。和分析师一样,画家必须允许互动过程的发生,在这个过程中,画家对他或她想要创作什么以及怎样创作的理解,在通过画布表达时是变化着的。从这个意义上说,无论在

---

① 本章最早提交给1990年4月由 William Alanson White Psychoanalytic Society 组织的春季周末研讨会,作为"精神分析的学习、实践与教学"专题讨论会的一篇发言稿。

为了成为画家所接受的培训中学到过什么,每一次创作都是新的学习。每一幅画在创作时都必须有它自己不断变化的身份,这个身份必须不加约束地指导并告诉画家,怎样以发展的而不是既定的方式把它画出来。

同样地,任何分析师的每一次分析都应该是在互动的学习过程中产生的,它随着工作的进行而发生,形成了分析师对将要创作什么的想象(分析师的想象必须"超出"现在病人的样子)[1]以及怎样创作的想象;也就是说,那些当初学到的分析原则在与特定病人进行工作时是要不断协商的。如果不是这样,像画家一样,分析师就会退回到他或她拥有的基本技术以及当初所学的"正确"做法上。有些画将不可画,有些病人将"不可分析",任何成品都将带有"按套路画成"的明显痕迹。

我在怀特学院(White Institute)受训时,很幸运地有过三位督导(Edgar Levenson、Earl Witenberg 和 David Schecter),他们跟我的交往以及听我报告工作的方式都表现出创造性的开放思维。他们三位在教学中学习,在学习中改变。他们共有的这种方式,通过他们与我一起工作时所说的话对我产生了深刻的影响,尽管事实上他们任何两个人的说话方式都不一样,而且他们在看待治疗过程的本质时都各有其立足点。我最后终于明白,我在学院做候选人的那些年,让我收获最多的是这样一些相互之间的差异大到只有坚定的个人主义者之间才会有的思想家。但是直到毕业多年以后我才意识到这一点。所以,就我从每个督导"教给"我的东西里真正"吸收"的部分而言,以及这些被吸收的部分怎么对我产生了作用而言,在发生时我几乎是没有意识到的。但是,即使在当时我也确定知道的是,这些人不仅聪明,而且诚实;他们只说他们相信的话,让我按我的意愿……以及我的能力去做。他们是 Lincoln Kirstein(1969)笔下的摄影家 Eugene Smith 式的生活与工作的榜样:"诚实不是一种态度。诚实包含了一个人带到工作中的一切。沉默是金,但是一页白纸讲不出故事。"在我受训过程中对我影响至深的每个人都以不同的方式填补了这页白纸,他们为自己思考,从来不问他们所相信的是否是得到允许的。这就是他们对我的馈赠。我从每个人对我的教诲当中有所汲取并且得出我自己相信的东西,与每个人都不同的东西,在某些方面甚至跟他们的

---

[1] Friedman(1988,pp. 27-34)论述了分析师作为病人潜能持有者的矛盾,他(在 Loewald,1960 之后)指出,"在分析中寻求满足而且也得到了满足的童年需求是认同由父母看到的自己身上的成长潜能。得到上述满足不仅燃起了希望,而且让现实充满光明"(p. 27)。但是,Friedman 说,"希望只是当前的希望,由病人当前的心理构造所决定的希望……也就是说,分析师必须接受病人既有的样子,同时不安于现状。如果他不接受病人既有的样子,就像是要求病人成为别人,病人就不会感受到希望,也不会认可分析师想象中的他。如果分析师安于病人的现状,他就是在……背离病人寻求成长的愿望"(p. 34)。

观点格格不入，却明显地受到他们的影响。

为了便于讨论，我可以把我对精神分析的思考历史分成两个阶段。第一阶段大致始于1969年我开始在怀特学院接受分析培训，直到我于10年后发表了第一篇分析论文，"人际间精神分析及退行"（第3章）。第二阶段还在进行当中，感觉既像是第一阶段的精炼，又像是对第一阶段的再定义，再有就是我感觉这两个阶段都像是通往某个未知之地的临时阶段。

我的重点从开始就是临床过程而不是理论，特别是严重的人格障碍的治疗——所谓的"困难的"或者"不可分析的"病人。第一阶段，可以说其特点是我的学习与实践相一致；第二阶段，我的实践与教学写作相辅相成。

先从第一阶段开始吧。回首作为分析候选人的那些年，我惊异于我曾经在那么长的时间里一直无知地相信，除了一两个人以外，学院的资深人士们所代表的观点大体是和谐一致的，如果我能把接缝熨平，再这缝缝那补补，就可以得到一种代表学院的所有创建者（和所有资深教员）的分析思想的方法，哪怕为此我需要做大量的缝补工作。设法把弗洛姆和沙利文弄得像是同一个家庭中的成员就是一个例子。我从来没有把弗洛姆当成分析师来喜爱，但是我对沙利文的观点却非常着迷。我甚至喜欢他怪异的文风。我读他的书，试着去找到怎样才能使他的观点与我在课堂上和督导中所学的内容吻合起来。我不知道的是，在我受训的那个时期理解沙利文要比以前困难得多，因为有个哲学理念上的转变正在学院里发生：分析师在分析领域更开放地使用他自己。这个转变只发生在学院的某些资深人士当中而没有在其他人当中发生。这不是因为新的观点没有被认可，而是因为这个转变在分析姿态上与沙利文自己太不一样了，而候选人在督导中是按照沙利文的观点工作的，他很可能只把沙利文的 *The Psychiatric Interview*（1954）当成初始史料搜集技术来读，然后他就以"另外的"方式工作了；即，允许在移情—反移情领域充分使用他自己，而不是努力置身其外。虽然大家都默认，沙利文不喜欢把对移情和反移情进行工作当作分析交流过程的根本，但是在提到这个事实时总像这不过是他的偏好，在需要时他自然会恰当地使用它。

沙利文的治疗理论（至少在写作时沙利文是这样表达的）建立在两个相互关联的维度上：对细节的探索和治疗师对病人在面对询问时表现出来的他称之为"焦虑斜率"的关注。由于某些沙利文培训的第一代分析师把该理论解读成参与者的观察从根本上说是面质,双方公认的最终目标是修正歪曲的现实①,以至于从未得到明确的是,沙利文技术的核心其实是尽可能地远离移情—反移情。这可不是他的偏好。这是由沙利文认为具有至关重要的治疗意义的一个原则决定的——特别是在治疗那些他工作过的诸如精神分裂这类严重的病人时——沙利文相信,只有在远离病人的"歪曲"时,该原则才能得到尊重,特别是在工作初期②。Leston Havens(1973,1976)认为,沙利文(1954)的主张源于他对主体间过程的发现,人际间场里未经符号化的投射和内摄在主体间转换成可交流的经过心理表征的想法。Havens(1973)的看法是,尽管沙利文执着于操作主义并且远离移情—反移情,但他面对病人时的参与性观察方法并非简单地依赖外部的可观察数据场,而是建立在 Havens 精准地命名为"反投射"的背景上。就此而言,沙利文所描绘的"内部"和"外部"体验之间的模糊界面跟比昂(1955)从客体关系视角所进行的研究是一样的。"在传统的精神分析中,"Havens(1973)写道:

> 病人的注意力被引导到移情歪曲上。分析师想要病人理解他(病人)正在做什么。简单地说,分析鼓励而不是防止投射……(在)沙利文的技术中……甚至要避免察觉到投射,追求的是迅速减少或消除这种察觉……在帮助病人远离他想象中的假设的同时,沙利文也让他自己远离那些想象中的假设……因此,在当下的真实世界里,包括医生在内,都在参与病人的投射,如果想帮助病人对他的投射有所领悟,医生就必须把他自己从那个世界中解离出来。(pp. 195–197)

我在候选人期间并没有领会这一点,第一次读 Havens 时也没能领会。这跟我的信念太不相符了。多年以后重读沙利文时我才恍然大悟。从临床的角度来读沙利文就会确信无疑,不管他怎样用操作主义的语言在说,他就是这么做的,这也是他的"焦虑斜率"想要表达的。如果你发现自己陷在病人的投射里,你就已经犯错了。他没有使用"共情失败"这个术语,但其实沙利文早在科胡特想到自恋移情之前就已经是共情协调的大师了。

---

① Clara Thompson(1953,p. 29)简单地认为,"按沙利文的理解,治疗包括逐渐为病人澄清,由于他对他们的歪曲,他正在对别人以及与别人一起做什么。"
② 沙利文针对这个问题所做的最有力、最直接的论述可以参见已经出版的由沙利文主导的一次案例讨论会的会议记录,关于"对一例精神分裂年轻男子的治疗"(Kvarnes & Parloff,1976,pp. 122–124,215–217)。

但是怎样创造性地使用移情—反移情场呢？直接指出移情—反移情所能起到的作用呢？这里是沙利文的弱点，也是沙利文者们的分歧所在。他们不认为有分歧，即使是现在我也无法想象代表这个团体的大多数人会承认这个分歧。在我受训的那个时期，Edward Tauber、Edgar Levenson、Arthur Feiner 和 Benjamin Wolstein 都已经被公认为主张分析师充分利用自己与病人工作这个观点，而且很有影响力。Levenson 是我的第一个督导，在督导我时他正进行《理解的谬误》(*The Fallacy of Understanding*，1972)的收尾工作。他关于倾听姿态的"视角主义"(perspectivism)概念，在我领会之后，立刻彻底改变了我的工作；但是这也给我出了一道难题，考虑到不同类型的病人在使用该姿态时的能力差异，该怎样在分析时使用该姿态。我知道沙利文一方面是对的，另一方面又是错的。我知道对有些病人来说，脱身出去允许反投射的发生是完全必要的，至少在一段时间内。但我还知道，置身其中不是错而是不可避免，就像 Tauber、Levenson 还有其他人所认为的那样。学习怎样创造性地使用这种不可避免，这是我听到的说法，但我必须找到自己的方式来做到。有了这些领悟之后，我立刻停止了"按套路作画"，开始提出自己的问题。

然而，为了把沙利文"置身混乱之外"的方法跟（在我看来）变革中的"允许自己身陷其中并使用自己的主观状态作为可观察的数据跟病人探索"这个姿态达成和解，我还得做更多的缝补工作。我开始反思，在我的病人中有相当多的一部分，对他们来说最重要的事情是，允许他们呈现出他们本来的样子，而不是说出他们是什么样的。探索对他们来说意味着夺走他们唯一真实的交流机会。他们需要混乱地跟我在一起，我想了解他们就必须能够从内部感觉到我是混乱的一部分。这是视角论的探索框架所无法容纳的，他们不想、不能、也不会接受这种方法，只会把这看成是不必与他们本来的样子在一起的另外一种技术；在他们的体验里这是对他们本来样子的背离。对这些病人来说，在某些阶段，沙利文的反投射姿态更接近疗效，但还是没能切中要害；都没戳到痛点；它太逻辑化了；太理性了；太外部操作了。他们需要把注意力集中在他们的心理状态本身，而不是他们与其他人之间发生着什么。他们需要的是沙利文主张的对细节的好奇关注，而这里所说的细节是体验到的而不是客观事件。关注外部事件（即，在某个情境下病人与另外一个人之间发生着什么）就让目标又变成了"理解"。理解是为了看得更清晰，为了修正歪曲，为了用新的方式看问题，等等。这些病人在这些时候需要的不是被"理解"；他们需要被"知道"，被"认可"。这不可能发生，除非分析师可以跟病人一起经历混乱，感受所有的无望、消极和痛苦，并保持对病人心理状态细节的关注，而不是努力指出什么被忽略了或者把话题转移到离主观体验本身更远，也就是说，要远离"创造"共识的努力，就当共识只能在认知层面发生。

在这段时间的工作中我对英国客体关系理论和他们与人际间思想的对接开始感兴趣。顺着这个思路我写成了那篇"退行"论文（第 3 章），好像是在 1979 年我加了个副标题，"请不要因为我爆了句粗口就把我逐出家门"。代表英国学派"独立传统"的一段话把这个问题提到更突出的位置上。Duncan(1989)这样写咨询师：

> 在咨询室的信任关系里，他不偏不倚地，平等考虑客观上可展示的数据和不可展示的深层的主观现象。这个区别，跟任何区别一样，要在特定的情形下依靠分析情境来判断其相关性或随意性。他当然不是一直把它们放在严格分开的格子里。(p. 694)

沙利文的操作主义，其目标是用语言把体验符号化，关注的是可观察的内容（"客观上可展示的数据"），以此作为提高觉察能力（而不是简单的行动化）的最直接的路径。这个说法也可以用来描述构成英国学派的大多数理论。二者之间大的区别是，由于沙利文自己的哲学偏好，他的操作主义倾向于目标导向，而英国学派倾向于体验导向。沙利文所传递的对病人体验的兴趣更多地是实用性的，是达成共识的手段，从自闭的体验水平发展到符号化的可共有的意义情境。自闭情境（行动化）就是我所谓的"混乱"，事实上沙利文在写作时似乎就是这么觉得的。"原生态"(prototaxic)是疾病，"衍生态"(parataxis)要好些，因为至少它可以用词语表达出来，但是词语的意义才是最终想要的。其他都是达到这个最终目标的手段。这是彻头彻尾的实用主义。

另一方面，英国学派重视的是主观体验本身。它没有被等同于"疾病"、"自恋"、"歪曲"。事实上，它是温尼科特所谓的"真"自体的所在之处。而且，它不会因为它的意义无法用语言表达就被当成是"不可观察的"。如果不是从互动而是从主观体验上考虑，内部客体世界就像真实的人一样是可观察的，而且分析师无须刻意避免被拖入那些无法言说却存在于感受之中的意义的行动化。如果分析师不去避免这些（就像英国学派没有避免一样）"可观察的"数据，像 Levenson 和其他人已经证明的那样，就会在分析师与病人一起工作时从他的主观状态中出来。用这种还是那种理论的语言来表述并不重要（至少对我来说）；如果你允许你自己进到里面去，你就是在用你的感受、你的想法和你的做法能够观察到的方式在了解你的病人。这不是向着某个更理性、更健康的目标迈进了一步。它本身就对病人有意义,治疗师必须把它当作目标本身来感受并认可。这是沙利文在写作时没有表达出来的,但我相信他一定已经直觉地领会到了,不然他根本不可能帮助那么多严重受困的病人。

这个领域是由两个相互研读的主体之间的彼此回应形成的。分析师通过不做不说所表达的跟他通过做和说表达的一样多。这是一个尽可能地与病人的需要相协调的姿态:认可他的心理状态就是原本的样子,这就够了。沙利文的"焦虑斜率"观点触及了这一点,但是没有进行足够的强调,而英国学派马上就看到了——尽可能与病人的主观体验共鸣,这本身就是目的,而不是在达到创伤性的高焦虑水平之前的某个过程。当沙利文写到分析师的贡献时,他是以实用主义来写的;分析师被描写成熟练工人;人类关系的"专家",跟病人在一起时他自己未被处理的情感能尽量不被触动,用"客观的"眼光看待病人的"操作"。

我越来越关注患有严重人格障碍——分裂型、边缘型、自恋型——的病人是因为这些人在简单地应用我学到的方法后并没有任何好转。事实上,在我看来,当他们确实有好转时,是通过相信他们对我们共同经历而我毫无头绪的混乱有所了解,由于没有强行要求去"理解",有些东西从混乱中出来了,而我没有干预,既没有说"看看我们之间发生了什么",也没有说任何话来促成理性层面发生变化。最深地触及我工作的是那些来自当时的英国学派的概念——退行、投射性认同、过渡空间、可能空间、客体使用、抱持环境、部分客体、分裂妥协——这些概念可用于处理沙利文所说的不可观察事件,我越来越认识到,这些事件只有在分析师简单地以互动而不是主体间互感来定义该领域时,才是"不可观察的"。事实上,缺失的正是这些能够使主观体验可观察的数据——即分析师作为参与者在允许而不是阻止退行的领域里,对他自己的主观状态及其变化的使用。

为什么我认为我的立场在本质上是人际间的而不是客体关系的?Sandler 和 Sandler(1978, p. 294)认为"客体关系可以被看作角色关系。不管是对我们称为'内摄'或'内部客体'的各种形象的想象关系,还是自体与从外部环境中觉察到的人之间的关系,都是这样"。这个假设,其他人用不同的语言也表达过,在分析情境中"客观上可展示的数据和不可展示的深层主观现象"(Duncan,1989)之间提供了一个概念性的连接,使外部人际间领域的语言内容成为主体间体验到的没有语言的"内部世界"密不可分的一部分。换个不一样的说法,通过分析过程吸收到自体里的不仅仅是语义(分析师话语的"正确"),也不仅仅是分析师作为父母形象或者独立主体的表征,还不仅仅是科胡特(1971,1977)所看到的分析师作为父母的安慰功能,而且是作为不断变化的自体—他人结构的关系本身的表征。病人在结构上重新组织的不仅是分析师的品格或者分析师行使的功能,而且是在相关角色重新定义时,不断重新模式化的体验的关系整体(gestalt)。

这跟我对画家创作过程的看法是一样的。画作的成长建立在画家在绘画时与画不断变化的关系上,它变化着的身份一定会改变画家在作画时的构想。分析师也一样,在与病人工作时,为了达到效果,必须促进病人对分析关系的即时体验,随着病人的自体成长不断重新定义他们各自的角色。只有在共同创造的温尼科特称之为"可能空间"(参见 Ogden,1985)的主体间地带,对分析关系所做的此时此地的探索,才能使起源诠释和历史重建对新的自体结构的整合有帮助,而不是全盘内摄分析师的"正确"诠释。人际间观点与客体关系观点的直接联系在于,分析师把主体间场体验成一个过程,在这里,模糊、矛盾甚至混乱有时都被感受成在关系上对自体成长有效的因素。

质疑似乎是我天性的一部分。在读我写过的东西时,我没有一刻不想把它收回来再按我目前的想法重新写一遍。在教学中也是一样,我好像天生对任何事都要提出疑问,而且会关注学生或者作者仍在挣扎的地方,而不是结论的对与错。我也会质疑我自己的工作,事实上我并不认为我理解我们所说的精神分析是怎样发生作用的。从某种程度上说,不是我的成功而是我的失败更让我兴奋。我的失败证明,就像我怀疑的那样,目前让我满意地当成"真理"一样坚持的观点还有待完善。我有一些真实的东西可以拆开研究。只有失败才能推动我这么做;如果成功了,做与不做就无所谓了,而有时我又懒得问"为什么这样才好？真是这样吗？如果……会怎样呢?",如果我觉得我的质疑让我有了新的发现,有时我会写一篇论文出来。尽管这丰富了我与学生、被督导者和病人的互动,可还是有另一个声音说,"在你死去或退休之前,你告诉你的学生和被督导者应该做的那些事,你自己哪怕做到了一半,我也许都能放过你"。好像我能够做到的也就是这样了。

3 人际间精神分析与退行[①](1979)

精神分析师们早就察觉到,日复一日地从事有些主观艺术的工作使他们不由自主地形成了自己的解释建构。就像任何理论的发展一样,人们总能感受到一种内在压力,要把自己的技术在实践上的成功经验当作客观依据,来证实某个心理成长理论的有效性,驳斥那些对立的概念。这样,理论体系就变成了"事实",而"真相"也就此发现。Levenson(1972)称之为"受时间限制的精神分析真相",并从中发现了一些普遍问题。具体地说,一个相对有经验的成功的治疗师,在概念化他的工作时,一定是,至少部分是,从保持认知一致性[②]这个根本需求出发。他对来自咨询室的数据的依赖决定了能够解释和证明他的技术始终有效的一套理论体系必将逐渐固化。因此,笃信某个版本的精神分析"真相"不仅受到时间的限制,还受到认知需求的限制,既要保证特定时间点上的有效性,又要为重新概念化或修改留有余地。

Witenberg(1976)等人认为,精神分析各"流派"已经变得过于热衷客观化他们的集体"真相"。人际间精神分析的这种倾向尽管相比正统的弗洛伊德派并不那么明显,但是也发展出一揽子准神圣的教条,其中的某些内容正在被重新审视。

比如,很多作者(例如 Wolstein,1971;Crowley,1973)都指出,不需要把独特个体概念(unique individuality)挡在人际间理论之外,事实上,进一步发展沙利文最为重要的理论贡献有可能会用到它(Klenbort,1978)。Klenbort 认为,沙利文那么坚持一致确认(consensual validation)并非像 Crowley(1973)看到的那样是方法上的过度强调,而是针对精神分析理论有可能夸大个体独特性而做出的过度反应。她进一步指出,尽管沙利文"排斥人类辩证中的一半……以自性化和体验别人为目标的独特个体"(p.

[①] 本章的前一个版本最早提交给 1977 年 12 月由纽约当代心理治疗学院组织的研讨会,当前版本发表于 *Contemporary Psychoanalysis*,1979, 15: 647-655。
[②] 该理念的发展请参见 Festinger(1957),关于认知一致性及其对人格发展和态度形成理论的含义请见 R. Brown(1965)的评论。

133),在该理论中仍然有可能把这个间隙连接起来,就像在临床上总是能够"把每一个难以触摸且不断变化的精神分析体验"连接起来一样(p. 135)。

本章将尝试延续这种重新审视,为治疗性退行这个同样被排除在人际间理论之外的概念在框架内找到位置。当我说到治疗性退行时,我指的是与发展出引起自体表征变化的领悟力紧密相连的、病人的"原始"心理状态。

Stanton(1978)认为,尽管没有使用"退行"这个术语,但是这已经建构在沙利文的观点里,只是很多他的追随者没有足够重视;"事实上沟通中的这些重要状态并没有得到足够的确认和分析,它们是可以为病人和分析师更充分地理解并从中受益的"(p. 134)。Stanton强调的重点是,人际间精神分析的一个方面就是必须把注意力关注在病人的心理状态上,*而不是人际情境*。Stanton进一步指出,病人在退行时才是接受精神分析的最佳状态。

沙利文(1940)把治疗中的成长过程概念化为:通过一致确认,提高对人际间关系的领悟和察觉,从而使自体得到扩展。因此精神分析的治愈因素强调的是,尽可能使双方在知觉上达成一致,尽可能减少分析情境中不利于理性询问的状况。其结果是,像独特个体一样,退行因其隔离、非理性以及无法在人际场内予以"矫正"而更多地被看成负面因素。也就是说,退行被更多地与疾病而不是"治愈"联系在一起。

由此给人际间理论带来的难题是,沙利文经常绕开"病人的什么心理状态在询问中对自体表征最具作用力"这个问题,这反过来模糊了人际间与行为间的界限,也就无法防止一致确认这个行为过程替代而不是丰富人际间的即时体验。

有好几年的时间,我相信退行在人际间精神分析中是不必要的,它只会干扰而不能促进成长。好像"真"是这样。按我的工作方式,退行、躺椅的使用以及移情神经症的发展都像给公鸡穿袜子一样别扭。沙利文并没有系统地发展出一种技术,他只是提出了一个方法——参与性观察。各个治疗师对这个概念的解读很可能大相径庭;这个人的参与往往是那个人的观察。

我相信退行没有必要是因为我的病人好像在面对面时比在躺椅上效果更好。但我还是保留了躺椅并用在个别病人身上。现在回头看,我觉得我这么做的部分原因是我希望有一天我可以发现为什么有些分析师认为躺椅有用。渐渐地,我的注意力开始转移。其中一个重大变化是,我开始关注更严重的病患以及怎样用人际间精神分析模式与之工作。我发现自己越来越被客体关系理论所吸引,期望用它来解释我的工作。客体关系理论不仅允许退行,而且尊重退行。有一段时间,它成了我新的"真相"。退行不再是"坏"的,它现在变"好"了。不过我没那么天真。我在很多方面对英国流派也不满意。但是他们的概念能让我对工作有更深入、更丰富的了解,其中的确有涉及退行,也会更自然地用到躺椅。我还是人际间分析师吗?在我看来,尽管沙利文排斥退行,认为它没有治疗作用,也排斥经典精神分析的基本结构,但总体上他的方法并非与之不相容。

人际间模型能够有效的关键因素是一致性。一致性对人际分析师和对其他分析师一样构成约束,否则分析体验对病人就没有意义。某个积极互动的沙利文主义者突然后撤到发展移情神经症是很莫名其妙的。但是在不超出当前姿态背景的前提下鼓励退行对包括人际间分析师在内的任何分析师都不能算是技术错误。如果姿态不一致确实会有干扰,只会证实这是病态的*而不是*治疗状态这个"真相"。

临床经验越来越让我相信,没必要对退行是否有治疗作用抱有成见,同样没必要认为退行可以人为诱导,哪怕技术上确实能做到。退行在特定条件下自然会发生,首要条件是允许它发生。事实上,我在很多病人身上观察到,在治疗中不发生退行只有一种情况,我有意无意地用互动来阻止它发生。这时我才认识到,这些年来我的姿态已经变得很少互动,但是我的方法和作为仍然是人际间的。这两者并不是同义词。治疗性退行跟前者越不一致,就越能促进后者。

问题是,一个人对人际间精神分析的看法以及对分析治疗如何发生变化的理解,决定了他是允许退行还是阻止退行。人际间理论并没有绑定某种预设的技术。根据一个人倾向于互动的程度,技术上的某些维度自然会跟出来。如果不符合这个人对心理成长的总体看法,也不符合他的基本治疗姿态,退行也没用,就像技术上的任何努力如果与过程的自然展开不相符都会变得无效一样。Moore 和 Fine(1968)指出了弗洛伊德经典理论在移情背景下退行概念的核心。他们写道:

> 分析情境中对移情的呈现、诠释和解决构成了分析治疗的核心。因此精神分析中技术过程的设计就是为了鼓励并促进移情展开时的退行。(移情)中的情感和态度都指向分析师这个人进而发展出移情神经症时,在治疗中最能发挥作用……移情神经症是不可或缺的治疗工具,因为病人在移情中体验到的情感在当前最为生动,这时的诠释格外有效,病人也格外信服分析师。(pp. 92-93)

我相信这是对分析成长如何发生的一个准确描述,而且能够为持有任何观点的分析师所接受，只要他的技术不是高度互动的。我在定义人际间时是基于它看待人格发展与自体成长时的背景观点。Moore 和 Fine 强调的是病人在作为病人的过程中体验到的情感（他的心理状态）。这正是 Stanton(1978)所说的沙利文的学生和追随者们没有足够重视的部分。

我们在精神分析中努力促进的不只是行为上的变化，也不是认知理解上的变化，而是自体表征的变化，这时，行为才能自然而然地反映更高的人际间成熟水平上的自体重组，这是最难实现的变化，因为自体的两大核心性质之一就是保护并维持它自己的内在一致性，也就是保护它的稳定。

就像沙利文指出的那样，自体作为其内在完整的守护者这个性质保护我们不会发疯，如果自体失败就会导致人们常说的"精神错乱"——自体体验的"失整合"。沙利文(1940, p. 184)把这个守护过程称为自体系统的操作，自体系统通过焦虑调节发挥作用，"把所有以不安全为代价来扩展自体的数据排除在察觉之外"。这就是沙利文的关注点全力指向的那个自体部分，他在这方面的理论建树如此耀眼，以至于自我理论学者 Loevinger(1973，p.87)认为沙利文的自体系统概念堪称自我稳定的权威理论。

然而，稳定只是自体的两个核心性质的其中之一。另一个是成长（或者称为成熟、掌控、实现、效能等）。第二个维度是沙利文在理论上比较难有发展的部分，就像对*所有不愿依赖弗洛伊德的力比多概念作为心理能量来源的人格理论学者来说都很难一样*。沙利文(1940)的确有考虑到自体系统不足以取代力比多理论，还需要有别的架构才能解释为什么不能总是牺牲成长来维护稳定。他用来解决这个问题的方法是假设人格内在地倾向于人际间的成功适应。"有机体的基本方向是向前"(p. 97)。这就意味着自体不仅要通过阻止差异数据来确保稳定，还要为这些数据找到去处，才能满足人际间成长的内在需要——向前进。那么任何时刻都是力量平衡，反映"既保持不变又成长"这对同时存在的需求（见第 12 章和第 18 章）。

这个自我成长观点建立在结构主义原则上，组织的发展过程由其自身的辩证或内在逻辑掌控。这可以概念化为自体调节选择性地忽略与当前发展水平不一致的事实，以维持当前的结构平衡状态，同时也允许些许不平衡，作为同化不协调体验的必要条件。然而心理发展，不管是在自然的生长环境中还是在精神分析中，都不会保持有组织地进行，而是阶段性重组与阶段性稳定相交织地不均衡发展。最重要的是，个体总是处于打破旧的、重建更具差异化更复杂的模式的整合过程中。沙利文理论的弱点是一直没有把这个整合过程明确出来，导致他的追随者们不断地甚至是教条地片面强调

"建立"。

那么,在缺少力比多等能量概念的情况下,促进成长而非稳定的条件是什么?笼统地说答案一定是人际间的。通过精神分析的询问过程,像沙利文认为的那样,新的体验被同化,但是自体系统的内在操作始终是尽量产生最少的结构重组。因而需要一个分析环境,鼓励不协调体验生动地显现出来,持续的自体表征在这里感到足够安全,不需要以牺牲发展为代价保护稳定。这样,生动与即时就成为人际间自体在更高更具差异化的发展水平上重组的关键,而不是作为焦虑信号保护旧的组织不被"强制进食"或降低自尊。

分析情境的作用之一就是创造这样的人际环境,允许而不是诱发自我退行,即变得相对不平衡或"原始"。我的意思是允许它自己一定程度上放弃保护自身稳定的功能,因为这个人感到足够安全,可以把该功能部分地交给分析师。温尼科特(1955-1956)曾说,"这是无限依赖的时刻,也是充满风险的时刻,病人自然地处于深深的退行状态"(p. 297)。但是不管退行有多"深",我想说的是,我讨论的退行概念都不局限于自我严重受损病人的分析工作,而是所有精神分析的一个基本组成部分,尤其是人际间方法。自我(或自体)为了成长,必须自愿打破自身的完好无损——发生退行。在实践上可以这样用自我来定义退行。

沙利文的理论包含了这个概念,Stanton(1978)在谈及"作为病人的状态也是自我诠释状态的一种"时论证了这一点。他仔细区分了这种体验不等于精神分裂的退行状态,事实上两者是不相容的。通过部分地让出自我稳定的保护功能,病人允许体验的退行状态呈现出来,伴随着早期原始的想法、感受和行为模式的强烈再现。在沙利文的参考框架里,这叫衍生态(parataxis),而我认为这是通往最优整合态(optimal syntaxis)的必要条件。病人允许的退行越深,体验就越丰富,对自体整体组织的冲击也越大。精神分析变化不是简单地把一条新信息添加到本来完好无损、秩序井然的数据库里。为了发生最彻底的分析成长,现有的自体表征模式必须重新组织,为新体验让出位置[①]。从人类成长的认识论来看,这个理念并不新。就自体图式化水平而言,这是皮亚杰(1936)的顺应与同化原则以及梅洛-庞蒂(Merleau-Ponty,1942)的渐进永续重组发展观的另一种说法。Sandler(1975)在一篇关于皮亚杰和精神分析的精彩

---

① 如要需要富有启发且证据充分的从结构主义视角对自我和自我成长进行的精神分析式论述,请查阅 L. Friedman(1973)。

论文里,着重强调了在正常的认知发展中,成长总是以从结构不平衡到结构平衡为标志,"标志着进入新的认知阶段的结构不平衡经常伴有极度的无力感"(p. 366)。人际间精神分析的含义不是分析师必须减少互动,而是在与任何病人的分析氛围中,促进退行的条件必须与促进询问的条件保持平衡,这点必须纳入到理论当中去。

  问题的核心在于进行分析询问时对人际间氛围的管理,在这里,我们各自的人格决定着我们看到的个人"真相"。这个治疗师觉得能让某个病人安全退行但仍然在人际间场工作的"合适的"分析氛围,按另一个治疗师的体验相对他更积极的风格来说过于死板,可能第三个又觉得对自然展开的移情过于侵入。温尼科特(1962, p. 166)的座右铭是:宁可无为,胜过有为。在实践中,参与性观察包括大量的个人风格因素。我们的技能,有时是我们的运气,决定了在多大程度上我们的工作能够促进成长。起这个作用的很少是我们的"真相"。我相信,作为人际间精神分析的一部分,退行已经被排斥得太久,必须为它找回位置。

4 共情、焦虑与现实:从桥上看到的[①](1980)

沙利文的"人格化"概念(personification)隐含的是,与别人的联结方式反映的是"别人"在心理上是怎样表征的、"自体"在心理上是怎样表征的以及"关系"的心理表征处于哪个发展水平上。而且更重要的是,病人表征世界的成熟水平决定了沙利文的"一致确认"概念在多大程度上能够成为治疗过程,并决定面向特定病人时的分析方法。也就是说,它是连接发展理论与人际间参与性观察方法的桥梁。

我在另一篇论文里(Bromberg,1980)提出了一致确认的结构主义视角,我认为该视角更能从理论上支持一致确认对治疗性退行和我们在精神分析临床过程中观察到的深度变化的促进作用。我的观点是,有必要拓展人际间理论中的心理表征发展谱系,超越沙利文的"好我"、"坏我"、"非我"等人格化理念,沙利文已经为后续的深入研究打下了基础,尽管他本人并不愿意继续向前推进。

有人(比如Klenbort,1978)认为,沙利文不愿这样做可能是因为这需要更明确地区分*自体*和*自体系统*——他早年的自体动力理论(Self-dynamism)隐含了这种区分(Sullivan,1940,pp. 18-20)——并向独特个体概念敞开大门,而该概念是他极力挑战的(见Crowley,1973,1975,1978)。问题是,除非再把自体动力概念翻出来,并且跟发展了的含义更广的"人格化"理念相结合,否则,人际间理论只能局限在把自体看作"焦虑门禁"机制(Loevinger & Wessler,1970,p. 7),很难说清它怎样在精神分析中发生表征变化。

人际领域的心理表征

皮亚杰的"守恒"与一致确认

像皮亚杰一样,沙利文(1953)也为发生在婴儿一到两岁期间的显著的心理组织质

---

① 本章最初发表在 *Contemporary Psychoanalysis*,1980,16:223-236。

变所吸引——向表征思维的转变——以及后来向概念思维的转变。

最初的整合态体验(Syntaxic mode)出现在,我们通常认为,出生后的第 12 到 18 个月之间①,这时言语信号——词语、符号——已经组织起来,具有沟通作用……当然,生命的这个时期发生的大部分事件并不是整合态。(p. 184)

沙利文在这里用更通俗的语言描述了跟皮亚杰一样的观察,即,表征思维的发展经过了具备沟通能力但自我中心(前整合态)的组织阶段——皮亚杰称为前运算思维——在客观的言语概念化阶段之前。像皮亚杰一样,他把心理过程的发展看作既连续又不连续,在自然演进的阶段顺序上是连续的,但是在层级类和不可逆的飞跃上是不连续的,这二者需要概念推理能力——即,是由逻辑而不是自我中心决定的。

皮亚杰强调的是心理表征的内在发展(发生认识论 genetic epistemology);他把这个发展成就在经验上叫做"守恒",在结构上叫做"运算思维"。沙利文强调的是它发生的人际间场,关注"以一致确认能否发生为基准的、不同心理过程之间根本的图式差别"。但是皮亚杰和沙利文描述的基本是同一件事:能概念化地组织体验(因而是客观可修正的),从而具备像别人那样看待事物的潜能。两位理论家都认为,在从自闭到客观思维的过渡中,语言和人际沟通的发展扮演了重要角色。皮亚杰(1932)指出:

智力,正是由于经历了逐渐社会化的过程,才得以通过由语言在思维和词语之间建立的纽带越来越多地使用概念,而自闭由于停留在个人所以还依赖想象。(p. 64)

这段话与沙利文(1953)对一致确认的表述惊人地相似:

我该强调的是,得到一致确认的词语是整合态的最佳证明。当婴儿或儿童学到用于某个情境的准确用语时,一致就达成了,这个词语不仅表达了养育者的心中所思,也是婴儿的心中所想。(pp. 183 - 184)

---

① 也是在出生后 18 个月左右,皮亚杰(1969)心理发展理论中的感知运动阶段结束,马勒等(1973)认为从这时起开始察觉到分离。

很可能快到——比如说——三四岁时①,还属于孩子的特殊语言的大部分词语,其用法跟书上的插图差不多;它们对相关过程起到的是修饰或强调的作用,这些过程是非言语的,反映的是更早时候以衍生态(parataxis mode)组织起来的体验。(p. 185)

"人格化"的"柔情"概念

我觉得公道地说,尽管沙利文强调的是外部可观察领域,他其实明确地把通过一致确认实现的整合态思维建立在心理表征的不断重新结构化上。另一方面,对于他一直不愿意把"好我"、"坏我"、"非我"等用于组织焦虑的人格化往前发展的猜测也很公道。但是,他确实做过一次重大尝试(Sullivan, 1950a),只不过远未涉及他的理论主体,也一直没有整合进去,因此可以为客体关系理论者们所"内化"。比如 Sandler 和 Sandler(1978)这样写道:

> 我们始终强调客体关系可以看成角色关系。主体与他从外部环境知觉到的人物之间的关系是这样,来自"内摄"或"内部客体"的各种形象之间的想象关系也是这样。(p. 294)

对人际间精神分析理论来说,是时候重新概念化并拓宽内部世界与外部环境之间的发展桥梁了。当务之急是把"人际间"概念加以延伸,把因焦虑的在与不在而形成的结构化之前的体验也包括进来。我指的是由深深的"交融感"组织起来的、从相对未分化的自体和他人心理表征中发展起来的人格化,也就是沙利文所说的跟婴儿期的"需求满足"相关的那部分。这个被沙利文(1953, pp. 37 - 41)称为"柔情"(tenderness)的地方是人类对话的发源地②。后来出现的用于组织焦虑的人格化就来自这个心理结构,在我(Bromberg, 1980)看来,正是它为临床心理分析得以促成真正的自体重新结构化提供了前-整合桥梁。

---

① 据皮亚杰的观察,接近七八岁时从想象到言语概念化的转变最为明显(Piaget, 1969, p. 97),而沙利文描述的是早些时候在词语使用上同样显著的转变,在三四岁正常达到"力比多客体恒常性"的时候(见 Fraiberg, 1969)。

② 沙利文(1953, pp. 186 - 187)还认识到满足跟焦虑都是体验的组织者,同样需要在分析中加以处理。"出于对精神病理论的研究,我特别关注了隐性和显性的符号化行为——即,关注那些在组织早期的满足体验以及*避免*或*减少*焦虑体验时发生的行为"(斜体加注)。

沙利文(1950a)在他唯一的一次对早期人格化进行的论述中说道：

> 每个人都经历了这样一个发展过程，人格化就是从这里开始，它如浩瀚宇宙般无垠，充满了强烈的舒服与不舒服感，它们彼此不相关，只有瞬间的巧合与连续。这些感受杂乱无章地游走，慢慢地开始察觉到某些模糊但急切的需求，这些需求妨碍了幸福感和"圆满感"的发生。在浩繁的事件中……有个屡试不爽的工具，哭。逐渐清晰的是，这个魔术般的工具只在好妈妈面前才有用——而好妈妈突然就会被焦虑缠身的坏妈妈所替代……后来，常常唤来坏妈妈的坏我被分化出来……从这里开始……体验的分化过程一直进行着，直到现在。(pp. 310-311)

沙利文在这里说的是：(1)有个心理表征发展谱系；(2)表征世界从相对未分化的、围绕需求满足("舒服与不舒服")结构化的组织，经由为了回避焦虑建立起逐渐差异化但仍是自我中心组织(衍生态)的社会化过程，最终通过越来越多的一致确认过程到达概念表征(整合态体验)。

为什么经过了这么长的时间，前语言阶段的意义才得到人际间理论的充分肯定(不管是在理论发展上还是临床上)，而客体关系理论却变得越来越"沙利文化"？比如说，Settlage(1977)把马勒(马勒等人，1975)的"分离个体化"过程的阶段论改写成与上述沙利文提出的完整谱系相类似的形式。Settlage写道：

> 最重要的需求是通过与妈妈的互动对前认知或前语言的核心身份进行再确定。此外，当孩子经历这个亚阶段时，自体和客体表征自然地日益分化……随着这些分化的发生，前语言阶段的幸福感(well-being)变成自尊感的核心。跟身份感一样，孩子的自尊也有赖于妈妈对他持续的接纳与认可……内化了的爱的客体，最开始是妈妈，在客体不在场或对客体愤怒时继续得到力比多投注。爱的客体的内在心理表征包含的客体形象既有可爱的也有讨厌的，有爱有恨，有好有坏……在和解亚阶段，早年发展出来的通过把好从爱的客体的坏表征中分离出来以避免焦虑的正常做法，被压抑所替代。(pp. 814-816)

不管是称为"分离—个体化的和解亚阶段"还是"心理表征的前运算阶段"的开始，皮亚杰、马勒和沙利文都把生命的第14个月到第18个月看成从前语言幻想世界向外部现实中的言语世界的过渡。在这个阶段,另一个人第一次在心理组织的两个发展水平之间发挥了桥梁作用,用于组织焦虑的人格化第一次通过人际间调节完成了重新结构化。

现实的创造过程

沙利文认为真正的整合态沟通只有到皮亚杰的"守恒"阶段才能发生,因此,提出在现实中实现治疗成长(一致确认)理论时,尽管写的是未分化的心理结构,他还是写得像是发生在三四岁以后的可观察的焦虑组织变化。在这个年龄"力比多客体恒常性"正常实现,也就是说,孩子具备了不管妈妈有没有在那一刻满足他的需求他都可以把妈妈体验成同一个人的能力。从这个成就中逐渐发展出社会化能力:把"别人""表征"成"人格"——沙利文(1953, p. 111)所说的"人际情境的相对持久模式"——即,作为概念,而不是与刺激相关的"形象"。就像 Blatt(1974, p. 150)指出的那样,"概念化的表征建立在抽象的客体持久性上……它们超越时间,独立于物理性质或客体是否在场。"既然我们想做的就是在分析中带来这样的转变,那就很容易看得出,为什么认为前整合态体验无法沟通的沙利文会努力避免参与到任何形式的、没有办法直接进行干预的移情行动化中,以及为什么他在强调这一点时始终坚持一致确认理论。

沙利文倾向于认为最早的体验组织是没办法进行治疗干预的,因为它保持在自闭且不可沟通的水平上。在他的思想里,它更"需要得到治疗",而不能作为治疗过程本身。严重心理异常者的这种早期心理结构模式确实以病态共生的方式未加修正地表达出来,但是在治疗环境中,它被视为走向成熟的过渡形式。事实上,Bird(1972, p. 297)认为,它本身就是一种自我功能,他还进一步指出,"分析中移情的退行体验具有强大的力量,使自我能够唤起、保持并使用现实中的过去。"

共情、焦虑和现实

发展之桥

沙利文把治疗过程与早年发展作类比是很准确的,但是这个类比还不够平衡。在重新概念化时,必须仔细研究生命前三年的共情、焦虑和"现实"之间的相互关系。最早的人际间"不舒服"体验发生在自体—他人的分化之前。沙利文很小心地不把它说成"焦虑",因为在他的体系里,幼儿需要注意到自体—他人的不同才能从妈妈那里通过"感染"接收到焦虑。我认为更准确的看法是,早期分化前的不舒服反映了共生圆满的瞬间打断,也就是说,从共情一体的状态中坠落,而不是由外部事物所引发,至少在这个阶段是这样。实际上后来的"分离焦虑"可能就是由此发展而来。

在大约 8 个月时,正常婴儿刚刚能够在妈妈在场时保持妈妈的形象。"客体永久性"或"再认记忆"的能力使不舒服成为正在结构化的"其他"构造的一部分,进而重新结构化成自体和他人。正是在这个时候,沙利文用于组织焦虑的人格化"好""坏""非"开始出现,而且如果一切顺利,将参与自体—他人的正常分化以及外部"现实"的形成。到这个年龄,"不舒服"体验才可以准确地称为"焦虑",开始跟"圆满统一"的打断无关,而更多地与日渐痛苦地察觉到"妈妈"和"他人"的区别有关,比如七八个月时的"陌生人焦虑"。

在大约 18 个月时,这个能力发展成真正的表征思维——妈妈不在时她的形象也能得以保持。但是,由于这个"唤起记忆"(evocative memory)仍然是围绕着妈妈作为需求满足者的角色组织起来的,与这个崭新又兴奋的成长阶段相伴而来的,是心理上察觉到分离所引起的彻底而毁灭性的冲击,体验更充分地重新结构化成围绕焦虑组织起来的自体—他人表征中的"好"和"坏"。这就是马勒所说的"和解危机",妈妈和孩子之间的成功协商才能把极度不协调的自体体验"同化"成自体—察觉,即成为模板,通过它,在接下来的所有生命阶段,"非我"才能重新结构化成"我";"坏我"重新结构化成"好我"。"和解妈妈"的角色(18 个月到 3 岁)敏感地把共情言语交流作为前语言共生环境的过渡,用言语"镜映"孩子的内在世界,同时逐渐引入外部现实。这样,她就起到了桥梁作用,联结前整合和整合体验,直到三四岁时达到自体与他人的真正守恒(力比多客体恒常性)①。

精神分析之桥

在人际间精神分析理论中,同样的现象也可适用沙利文这个未经发展的"柔情定理"(1953, p. 39),作为治疗中的前整合桥梁,允许一致确认概念把共情和退行作为临床变量包括进来。Chrzanowski(1977, pp. 25 - 26)曾提出有必要扩展沙利文的柔情概念,把 Stanton(1978, p. 134)的"自我诠释状态"(ego-interpretive state)即病人在分析

---

① Steingart(1969)写过一篇证据充分、逻辑严谨的论文,论述了怎样以"自体保护"为认知基础,从精神分析角度理解人格发展。

中的最佳状态吸收进来。这不是向共生的退行。这是一种我—你体验，像 Settlage (1977)描述的那样，再次确认前认知或前语言期的核心身份，使"被理解"的感受能够作为认知桥梁来理解分析师。这正是沙利文在他的"柔情定理"中描述的自我—调节——幼儿需求的紧张水平和妈妈的回应之间的同步，这是对核心身份的第一次确定。它肯定是人际间的，但其意义有别于常与一致确认中单方面的"澄清"联系在一起的那个"人际间"。

一旦自体达到"恒定"（独立的存在体验成为不变的事实），一致确认就在精神分析里发生了，就像沙利文设想的那样——作为沟通场里的一个共有的过程，把表征思维从自我中心组织（衍生态）推进到客观组织（整合态）。对某些病人来说，这需要感受到前语言共情纽带的存在，作为心理表征的过渡形式。自体动力一生都在调用这个前语言纽带，作为"退行"的人际交融的一部分，调节自体—他人重新结构化中最为深刻的体验，包括在精神分析中。Leonard Friedman(1975)写道：

> 我们都知道与病人工作顺利时，我们处于注意力自由飘浮的状态。在深度和谐的关系中，我们开放地与病人充分交流，既能跟病人保持共情联结，又能作为我们自己对他的体验做出回应。我们能领会他的暗示，明白他的比喻。我们同时感受他的情感以及我们想做出回应的倾向而不卷入。我们不过分亲密地用简洁的话语表达对病人的理解。这对双方都是生动的体验，双方都在创造性地互动。一方延续着另一方的话题。这时分析师对病人的理解基本上是前意识的。他的回应可以脱口而出。(p. 143)

表征改变和临床方法

共情斜率概念

临床上，Friedman 的描述无论对哪个理论流派的分析师来说基本上都是熟悉且不言自明的。但是，我们该怎么用它来进一步发展通往人际间心理分析的表征建构的理论桥梁呢？

我建议先引入这样的概念，即分析场内的整合重组有赖于询问与两个主要的前整合表征模式之间的互相渗透。第一个模式（沙利文的人际间柔情区）构成了前语言共情纽带,使分析询问重新结构化。第二个模式(沙利文的人际间焦虑矩区)组织幻想(移情)体验,作为分析询问的内容。

下一步是思考,如果说人际间方法是最能回应焦虑斜率和共情斜率相互作用的分析询问过程,它有什么可能的优势。这个概念与"治疗联盟"或"工作联盟"相比有一个明显的优势。后两者都依赖比移情纽带更"真实"的分析之外的纽带(或广义或狭义),这一直是分析理论中一个难以解决的麻烦。而且,共情斜率概念是一个变量而不是静态因素,因此可以应对更宽阔的精神异常和人格结构谱系而无须修正精神分析的定义。它包容了对分析关系的"私人"成分或多或少、共情接触的"深度"或深或浅的动态要求,也包容了对病人在多大程度上"适合于"精神分析的能力要求。最后,它摆脱了引入其他"参数"的要求,比如说,用分析中的抱持环境(Winnicott, 1955 – 1956; Modell, 1978)来概念化自我严重病态的病人在分析治疗前期需要治疗师做出的更具适应性的回应。

重新结构化的临床过程

相对以前未符号化的(前概念的)体验,在认知层面用来交流的词语是更高级别的信号。把人际间的交流区变成自体—他人重新结构化的分析区,不是简单地让病人"直面"潜意识、压抑、解离或忽略的数据。这么做也许能带来有用的行为变化,但是不能带来表征的重新结构化。前概念或未符号化的体验之所以顽固不化,是因为"我—你"表征是围绕比理性更有力的因素组织起来的。那么在使用移情时,如果一味地讲道理,移情询问一定会失败;必须想办法触及体验,从体验里终将产生理性。真正的移情询问不会这样提问:"这时你为什么把我看成你父亲?"在理性层面总是有"说得通"的道理。相反,真正的移情询问指向的是让病人在那时*只*把我看成父亲的全部体验——超过了我们关系中任何其他方面的、对我的体验。从元理论来说,移情提问通常考虑的是:"干扰病人把分析师表征成持久人格的强大的前概念幻想的本质是什么?"从这个意义上改变我—你体验,衍生态表征必须尽可能生动且即时地直接出现。这时,也只有这时,"确认"才具有分析意义,因为只有这时,才能对超过理性的前整合因素进行一致交流。前整合因素在这时,也只有在这时,才能通过语言得以重新概念化。

我想说的是,得到"确认"的,与其说是对之前知觉到的歪曲所做的澄清或修正,不如说是新现实的出现。这么说来,分析询问过程是在不同的力量水平上发生,从探索个人生活事件本身,到探索病人—分析师关系本身。很多分析师(如 Bird,1972；Gill,1979)都觉得只有通过直接的移情体验的浮现,结构性的(实质性的)变化才能发生。沙利文的贡献之一是证明了参与性观察比"自由联想"更能识别并符号化衍生态的歪曲,但也由此带来一个重要推论：不能假定分析中探索的"真实生活"材料就是分析"内容"。病人可能确实"看见"了他之前看不见的行为方式,但是这些分析内容只是通向包含在询问过程中的焦虑组织体验的桥梁。后面这种体验得以充分探索的前提是,没有格外关注外部内容,以及在询问当中没有互动得过于积极以至于病人失去了治疗性退行的机会。

我不是在宣扬人际间理论把一致确认概念局限在"退行"体验或者移情材料上。事实上按照我的观点,甚至都没必要非此即彼。沙利文的场理论由于其自身非常适合结构主义视角,使得分析场内的所有因素都可以用它们在重新结构化过程中所发挥的作用进行定义,而不必定义成哪些是"可分析的"、哪些不是。

言语镜映

在写到共情斜率与焦虑斜率的相互作用时,我指的是分析师能够敏感地在询问过程中治疗性地改变沟通方式,充分行使沟通在表达共情接触和用言语澄清意义方面的双重功能。分析师做到这一点,才能使病人原本保持在解离状态的未分化的"非我"与"坏我"体验越来越多地浮现出来。从人格病态角度说,这包括客体关系理论者所说的"未同化的坏客体"。

为了最有利于治疗,不必非得诱发退行(见第 3 章)。大多数病人最终都会发生退行(如果不被干扰),只要分析师能够保持前符号水平的沟通,不把病人从该体验模式里拉出去,不在共情区以外对意义进行过度澄清或者自始至终都只是在"聊天"。

对某些病人来说,或者在某些阶段对所有病人来说,重新结构化过程都需要一个沟通场,分析师在场内提供高水平的"言语镜映"。[①] 在这些时候,询问过程更多的是对共情斜率的密切关注和沟通表达。分析师主要使用语言来保持前言语—言语接触,而不是展开意义；他"镜映"的是病人当时的体验,但是在言语上只属于*他自己*。

以上内容如果不是分析技术的核心我会很奇怪。而且尽管随着分析工作的进展,

[①] 我要感谢 Dr. Althea 和 Dr. David Schecter,因为人际间理论的"言语镜映"是由他们的相互妥协(give-and-take)理念发展而来。

病人对言语镜映的需求不断降低,在沟通场里有变化的只是各斜率的相对重要性。事实上,未来的发展方向或许就是从临床上研究,在焦虑与共情的交界面工作的人际间方法怎样才能在更大范围的精神异常谱系中以及在不同的治疗阶段得到更为有效的应用。

5 走进内心与走出自我

关于分裂过程[①](1984)

"原始"这个词是用来指社会还是指一个人的心理状态要看当时的语言背景。在用于社会时,原始文化指的是还没发展出书面文字的文化。当某种文化下的成员希望把他们的团体身份作为客观的社会现实超越当下传播出去,就需要用到书面文字,前提是他们已经具备了通过沙利文(1950b,p.214)所说的一致确认过程对社会现实进行规范的能力。这是一个标志,这时社会中的个体成员已经达到了一定的发展阶段,可以共同定义自体和客体表征从而超越个人主观需求对社会现实进行图式化,交流的过程不仅是把语言作为工具得到个体想得到的,还用语言来表达个体是怎样的人[②]。

当"原始"用于精神分析时(例如,跟一个人的心理状态有关时),它的意义要复杂得多,但同样是基于语言背景及如何使用。弗洛伊德(1913a)认为,原始是一种由坚定不移地相信思维的力量所主导的心理状态,这种现象在他看来是魔力思维的基础。魔力思维与内心世界的强迫思维之间的相关性一直是心理分析师着迷的主题。弗洛伊德提出的观点是,魔力无非是把心理生活中遵循的规则强加给真实事件,而不是由真实事件决定心理生活。这个观点在 Carlos Castaneda(1968,1971,1972,1974,1977,1981)的小说中得到了系统而详尽的发展,也是 Castaneda 向他的巫师老师 Don Juan 在萨满与科学的边缘进行探索学习的基础。从以下他们的对话节选中可以看出这一点:

"一个人时你做什么?"

---

① 本章最初发表于 *Contemporary Psychoanalysis*,1984,20:439-448。
② 社会心理学者 G. H. Mead 的研究深刻影响了沙利文,前者研究了想法在心理、自体和社会的相互关系中的关键作用。他(Mead,1934)写道:拥有自体的个人始终是更大的社区、更广泛的社会团体中的一员,只有作为自体时他才能即刻找到他自己,即刻属于他自己……能有这样的察觉是因为他们是有感觉有意识的生物,或者因为他们有心理,能够进行推理活动……任何社会团体或社区的普遍行为模式的关系内涵在原始人身上表现得最不明显,在高度文明的现代人身上表现得最明显。(pp.272-273)

"跟自己对话。"

"说什么?"

"我不知道;什么都说吧。"

"我告诉你我们跟自己说什么。我们谈论这个世界。事实上,我们用内心的对话来维持这个世界。"

"我们怎么做得到?"

"每次的自我对话结束后,世界就变成了我们想要的样子。我们更新它,用生命点燃它,用内心的对话来加固它。不仅如此,我们还一边对话一边选择我们的路。这样我们就一次又一次做着同样的选择,直到死去,因为我们直到死去都一直在重复同样的内心对话。"(Castaneda,1971,pp. 262-263)

"我们自以为是地沉迷于自己对世界的看法,以为我们对这个世界无所不知。老师该做的第一件事就是停止这样的看法。按巫师的说法就是停止内心的对话……为了停止这个从摇篮起就有的对世界的看法,仅仅许个愿望或者下个决心是不够的,还必须有实际行动。"(Castaneda,1974,p. 236)

沙利文(1953,1954)认为,人格发展背后的推动力是以概念化的、客观可修正的方式组织体验,从而能够像别人那样看待事物,并以此取代投入在思维上的力量。也就是说,魔力思维必须让位于公认的规则(通常完全察觉不到),以此对现实进行建构和评价。对功能相对良好的个体来说,这些规则都不在意识中;它们负责组织心理结构,把即时体验框在意义模式里。关注的焦点不是管理现实的规则,而是集中在当下世界的那些左右注意力的方面。也就是说,*现实是我们在参与的过程中创造出来的*,而不是我们出于适应需要简单地应用到外部世界的内在模型。在特定的社会情境中,我们"知道"哪些规则约束着当下的现实而并不知道我们知道,因为我们在应用内化了的公认的规则时一直都在创造"新"的规则。这种能力使我们的生活充满了自发性,并且在真实的世界里持续感到"真实",而长期处于分裂疏离的原始心理状态完全或部分缺失的,也正是这种能力。(Bromberg,1979,第6章)

分裂个体在情绪上切断了与外部世界充分的人际间交流,制造出单一的僵化现实。对真实的社会交往创造出的多元现实的情绪投入严重受限,个体生活在一个相对稳定但只包括事实和规则的贫瘠世界。他无法用当下直接的情绪体验重塑僵化的过去,也无法从内在世界里出来。有时候当事人自己都感到无能为力。其典型特征是病态的人格疏离状态——生活在内在世界,在没有真正地参与体验的情况下操纵对外部现实的知觉。这些个体的人格结构在分析治疗中非常难以改变,因为他们只是把外部环境(包括分析环境)当作控制和编排内部环境(见第13章)的资源而已。分析情境因此陷入两难。什么样的设置才能让病人感觉真实……怎么才能防止他无休止地把分析变成内在世界的又一个场景?分析师要怎么修正他的基本治疗模型、修正到什么程度才能让病人直接参与当下的分析情境,从而使分析师最有机会真正发挥分析作用?治疗是该面对面还是使用躺椅?分析师应该格外积极活跃吗?他需要不遗余力地"努力"做一个更"真实"的人吗?在我看来,参与性观察这个基本的治疗模型已经足够了,而且更适用,因为真正的问题不是怎样接近病人,而是怎样帮助病人变得更可接近。

Henry James(1875,p. 27)在一本名为 *Roderick Hudson* 的小说里写道:"有人说,真正的幸福在于走出自我;但重点是不仅要走出来——还必须能安下身;为了安身你必须找到有吸引力的事情。"最理想的事当然是全身心地投入到对生活的体验当中,但这恰恰是分裂个体无法做到的。因此,分析的任务之一就是在结构设置中体现出"使命",这个使命足以吸引病人在"走进内心"时能够"走出自我"。

"有吸引力的事情"

不管是否像 Guntrip(1961b)一样认为分裂过程的核心要素代表了生命的基本因素,通过全情参与真实世界而"走出自我"并安身都是自我实现理论的观点。这个观点不仅 Henry James 表达过,在禅师回答弟子关于智慧的提问中也有体现:"饿了就吃,累了就躺下。"

弗洛伊德(1911,1913a,1914)从自恋到客体联结的发展理论,沙利文(1953)的参与性观察分析方法,这两项研究在人格成长的影响因素、人类文化中的社会演变、对现实的知觉、精神分析的治疗行为等方面,通过不同的变量达到了同样的领悟。

传统上,精神分析被看作有意愿的个体"走进内心"的机会,病人同意遵守弗洛伊德自由联想(Freud,1913b)的基本规则时,这个过程就开始了。病人同意要努力感受和想起并随时不假思索地说出来。但是,只有当我们能够从自我约束中解放出来,不再维持在别人眼里应有的形象,而是愿意且能够知觉"现实"时,"走进内心"才能在精神分析中起作用。我们所说的"原始心理状态"通常是"走进"得太久的结果,或者不具备足够的自我结构在重大的外部现实和人际关系方面永久地走出"自我"。

对弗洛伊德的基本规则的经典解读是,它更强调"走进去"的体验而不是从体验里

"走出来",更确切地说,它关注的是进到什么里面去——即,"内容"——潜意识幻想的意识衍生物。因分析师的诠释而察觉到潜意识连接和"阻抗",病人通过自由联想方法更深入地"走进他自己",越来越多的潜意识内容的衍生物浮现出来,让病人能够加以整合。沙利文的参与性观察把"进去"和"出来"看作人际分析场里密不可分的组成部分。该理论指导下的精神分析临床过程对移情和阻抗工作时*内在地* 允许对严重的自我病态和原始心理状态进行分析治疗。它把内容看作过程的一部分而不是把过程看作揭示内容的手段。决定人的成长的不是管理和整合潜意识本能与愿望的能力,而是符号化能力以及使用语言与他人交流"你是谁"而不是简单地"你要什么"的能力。因此,精神分析的治疗行为发生的前提是,分析情境能够要求病人持续不断地在人际间背景下,把自体中未经概念化的部分逐渐予以符号化(第4章;也见 Bromberg, 1980)。从这个意义上说,弗洛伊德自由联想的基本规则——病人承诺尽力完全坦白他自己及其言行的意义——不只是通往"真实"材料的大门,在参与性观察的背景下,还是建构在分析结构中的一项长期"任务"。如果分析师能敏感而审慎地使用这个规则,它就可以成为 Henry James 所说的"有吸引力的事情"的一个重要方面。自由联想的性质决定了询问过程必然是人际间的,而不会变成唯我的,因此对治疗分裂障碍尤其有价值。同意努力遵守规则以后,病人在自由联想时就不能轻易地在主观体验上无视分析师的在场,不然他的疏离状态就会暴露。也就是说,基本规则能够使探索集中在疏离及其此时在咨询室的移情再现上,而不只是病人通过遐想或昏昏欲睡想要隐藏的内容。此时是在直接要求病人"走出自我",作为他为什么不想突破的探索过程的一部分,这时的他就不能轻易地在对疏离原因进行"伪探索"的同时,继续保持闭塞,隐藏在他进入的"里面"。

跟分裂型病人工作时,分析情境经常要冒着沦为关于病人的对话而不是*对*病人的分析的风险;他报告的生活内容,由于并非发生在当下,很可能僵化地成为框架,决定他在咨询中的现实。因为他很难把分析师的在场纳入联想背景的一部分,也就很难把自己的话听成过程而不只是外部内容。"今天没什么可说的",分裂型个体把这句话当作对分析的评论而不是分析*中*的一部分时感觉更没冲突。它就像一个许可,接下来他就可以要么进入遐想状态,要么"找"些事情来说。只要病人已经同意努力遵守基本规则,报告"边际"想法及感受,他就已经隐含地同意这类说法本身就是进一步联想的材料,而且察觉到分析师知道这一点。这使分析师可以更灵活地对移情和阻抗进行工作,跟病人一起逐渐创造一个分析现实,在这个现实中,就病人当前的任务而言,外部内容的不在或在都没有区别。也就是说,基本规则慢慢地成为病人"有吸引力的事情",难以轻易摆脱,这样分析师就可以在与分裂型病人的关系中保持参与性观察的分析姿态,尊重病人的防御,但要求病人自愿地直接参与外部现实。病人对基本规则的承诺始终不变,不管他最初的自我能力水平能否坚持承诺,为了使这种分析姿态有成效,分析师必须时时关注该情境对病人的作用,把它作为移情材料的主要来源。

分裂型病人的分析工作过程从某种意义上说是矛盾的。分裂的心理状态不只是分裂的情绪投入状态。它是一种对"此时此地"的世界无法真实感受的长期的绝望感。个体的参考框架是他的内在对话。他住在那里,从眼睛背后看这个世界,就像偷看一部有他参与演出的电影。在分析中他不报告他的内在对话。它不能作为概念化的体验加以报告。那是他的彩排间,为他的病人角色规定形式和内容,那不是人际沟通世界的一部分。在分裂病人的梦中它化身成各种比喻——住的是房中房;在监狱服无期徒刑但是每天都可以假释;开车时挡风玻璃上是一幅文艺复兴时期的风景画。里层的房间、监狱、车子的内饰,这些都在里面,分析师无法直接接触。外层的房间、犯人、风景画可以被接近,但它们都是"非—我"。在内部和外部之间架起桥梁的唯一希望是提供一个分析架构,使病人自愿地,哪怕是勉强地,让外部在人际间变得真实。分析师的任何探索病人内在对话的努力都是假的,因为整个设置在他看来都是假的,他已经学会了以"假释者"来应付。所以,他要么扮演这个新环境所需要的病人角色,看着他自己谈论自己,要么后撤到更深的疏离状态。这就是为什么分析情境必须包括一些他已经自愿同意做的"有吸引力的事情",要求他超越他的能力暂时适应这个真实世界——超越他的病人或者"假释者"角色。他必须有一项不得不带入内在世界的任务,要求他自己一点点从内在世界里出来。自由联想的基本规则成为这项任务,因为这是经过他同意的,分析师以参与性观察者的姿态提醒他这个事实。

我想用一个简短的例子作为总结,用同一个病人在治疗的不同阶段说的两句话。第一句发生在他的分析进行到第三个月时的某个小节。在那之前的一次分析中,他抗议他不知道我在说什么,我当时温柔地面质了他,指出他没有把他所有的体验都说出来,因为他没提到那个小节开始时他长时间的沉默。下一次开始时他就极其诚恳地说,他一到家就意识到了我在说什么,我说的是对的,他总是那样的。他说,"生活就像一间教室,而我只是个旁听生。"他的这句评论作为一个陈述句当然非常准确,而且非常感人。但在另外一个层面上,这只是他想达到的效果——既优美又能消除我戒心的"材料"。他的安全感还是来自他的内在世界,就像他的妙语所隐含的那样,他的"准确陈述"给了我一条精妙、准确、有移情色彩的内容——就像扔给狮子一块肉,他后来这么说过——供我"嚼"上一段时间,让他能回到他的清静里。在治疗的这个阶段,他的核心动力和冲突,除了偶尔出现,都被他的人格武装封闭起来。他的潜意识几乎无法进入:没有口误,没有梦,除了对好病人的"角色扮演",什么都没有。他消除我戒心的愿望还没有——像在后面的治疗中一样——被用来防御内化了的围绕权力、施虐以及被否认的俄狄浦斯愤怒形成的冲突。在那个时点上,他的愿望仅仅是想满足我——满足来自环境的要求——这样他就可以回到他自己那个舒服的疏离状态了。

第二句是在两年之后的一次咨询中。他比之前开放多了,对我也更挑剔,特别是当他认为我没能像他妈妈那样给他无条件的信任和接纳的时候。当时他会很愤怒,他知道他在隐藏移情感受,也知道我知道他察觉到了他的两难而我只需保持沉默其他什么也不用做。他突然脱口而出:"你为什么不能像我妈那样——也挑挑我的毛病!"这样的话放在从前他是不可能顺口说出来的,它指向的是他一直在回避的移情情感的核心,其中既包括相对过去而言的新的现实层面,也包括跟我在一起这个全新的现实。我们彼此都觉得这句话当中的幽默那么真实,而之前他总是把心思用在怎样"神奇"地把注意力从他身上移开。

在分析框架下可以*自由地*互动,这正是人际间方法的特别之处。而且在我看来,对基本规则循序渐进的内化才使病人有了"有吸引力的事情"。没有病人的承诺,分析师只能想方设法把疏离的病人从他的内在世界拉进分析室,假如病人没有自愿放弃自我被动性,主动性和自主性就无法逐渐整合进他的自体表征。在我看来,正是这两个要素的结合才使分析师能够最有效地使用他自己,帮助分裂病人走出自我并安下身来。

6　自恋和边缘中的疏离[①](1979)

当前精神分析理论发展的重点之一是把自我防御概念的范围扩大到连同自我和心理冲突充分发展之前的防御也一并包括在内。费尔贝恩(1944)、安娜·弗洛伊德(1946)、冈特里普(1961a)、科恩伯格(1966，1975)、马勒(1968，1975)、沙利文(1940，1953)和温尼科特(1960a，1963b)等在该观点的形成中起到了尤为重要的作用。举例来说，疏离被视为人类成长早期阶段自我完整性的守护者，它的出现是为了保护脆弱的、处于成长分化中的自体不被自我还不足以整合的内部和外部刺激所毁灭。而疏离在后期发展中对人格形成和自我功能的影响却很少有关注，尽管它的适应性和病态表现已经广为人知。

我在其他地方详细阐述过(Bromberg, 1979)，形成这个缺口的部分原因是，英国学派的大量论著倾向于把疏离看成"分裂"(schizoid)的同义词，在描述病人时，疏离像是铁板一块的未分化状态。这样，它在发展上的作用就很难与同样存在疏离的不同人格结构间的重大差异或者相同人格结构在治疗中发生的不同发展变化联系在一起。

疏离作为自我防御在某种意义上是一个独特的现象，尽管它跟其他防御也有些共同特征。它直接作用于外部世界——即作用于真实客体本身——而不是像压抑或情感隔离等相关机制那样作用于内部表征。真实客体*确实*变得不那么重要，不那么有价值，也不那么值得期待。但是对任何病人来说，我们都还是需要知道，疏离在当前阶段达到的是什么目的，它的作用是否已经改变。

持续评估疏离的操作质量在精神分析治疗中尤为重要，这样才不会误读自体和客体表征所处的发展水平以及建立联结的能力。比如说，在治疗初期，疏离对自恋和边缘病人的意义可能很不一样，而且跟治疗后期相比也有很大不同。这种差异有时被轻

[①] 本章的前一个版本提交给1978年5月于佐治亚州的亚特兰大召开的第22届美国精神分析协会年会，当前版本发表于 The Journal of the American Academy of Psychoanalysis，1979，7: 593-600。

视甚至是忽略了,为了直奔最根本的共同因素——由于抛弃和早期客体丧失产生的焦虑。其后果是,过早地把病人看成处于动力冲突当中,其实他在相当程度上是脱离在外的,这样就无法在他体验自己的时候回应他。对边缘和自恋病人而言,这当然会加剧原本已经严重的人格病态。

边缘状态的疏离

对疏离的作用的传统看法是保护与依恋相关的痛苦情感,比如分离焦虑、爱的丧失以及无望的渴求。然而疏离并没有自己的内在辩证,它的目标因此就跟成长过程中某个时点上的人格整合水平密切相关。举例来说,有一种与上述依恋问题都不*直接*相关的焦虑源,在边缘病人对疏离的使用上起着重要作用。我指的是那种深深的、由自身爱的破坏力投射出去的恐惧,它在精神分裂症的需要—恐惧两难中以及边缘状态死板的分裂过程中都发挥着重要作用。温尼科特(1963b)在讨论无法发展出关心他人的能力以及婴儿对乳房依恋的无情本质时,对此有过生动的描述。

就像 Buie 和 Adler(1973,p. 130)所说的那样,病人试图通过退缩把客体从他的破坏冲动中拯救出来。但是那么做将"带来不可忍受的孤独。投射将被用来处理他的愤怒。但是投射到客体上就把客体变成了可怕的危险来源;于是再次通过远离和退缩寻求自我保护——也就再次面对孤独"。

那么,尽管对抛弃和内部混乱的恐惧可能确实是这些病人终极的焦虑源头,但是当疏离开始松动的时候,我们最先看到的并不是真正的客体联结,而是坚持得到满足又难以满足的饥饿,伴随着破坏和消耗对方的强烈恐惧,而对方也被知觉为怀着可以吞噬他们的报复需求。

事实上,这可能就是为什么跟某些边缘病人工作的初始阶段会有长时间的恨,这恨先于原始的"爱"以及需要—恐惧的两难而出现。或许这其实是在说:"如果你能在我恨你时对你做的一切当中幸存下来,不报复我,那么在我爱你时不管对你做什么,我们也都能幸存。"

临床片断 1

L 先生,40 岁,剧作家。前来治疗是因为极度不安,无法写作,难以压制满腔怒火。跟他一起同居了若干年的女人刚搬出去,他对这个世界、对她、对接受治疗,在前三个月里也包括对我,都充满了恨。我做什么说什么都不对;治疗只不过在浪费他好不容易赚的钱;我表现出的任何关心或关注他都报以蔑视或更多的抱怨;任何探究他的生活或情感的努力,不管是过去的还是现在的,他都认为是在把他当成"显微镜下的标本"。

第四个月开始时他通知我,他已经决定终止治疗,原因是"治疗对他毫无用处"。在那个时候,在他决定离开的时候,他才扭捏地承认他是想要些什么的。我承认,治疗确实看上去什么也没给到他,尽管我不确定为什么会这样,但我还是希望他能再待上些时间,也许我们可以一起找到答案。他同意再给点时间,然后像往常一样说了句"下周我还是会来见你的"就离开了。尽管这句话的口气仍然带着恶意嘲讽,听起来却少见地言不由衷。而且,还隐约流露出这件事*很*重要。下一次他过来时给我讲了他的梦:

> 他住在一个陌生的小镇上,小镇被纳粹占领了,他决定逃跑。他需要确保有充足的食物,所以想从当地的一家小店里弄些果汁,他觉得这家的店主应该跟纳粹不是一伙的。但是小店里的两支大包装的果汁太重了,没办法拿,小包装又不够路上喝,他开始焦虑。他意识到他不得不在店里先喝掉一些,但又害怕如果他逗留得太久就会被纳粹发现并枪杀,店主也会因为庇护罪犯而被枪杀。

在治疗的这个时点上他的迫害感才开始消退,被他疏离的像对纳粹一样的恨开始让位于底层的感受——贪婪的、占有性的饥饿和对迫害后果的恐惧以及为了控制这些而使用的疏离。

如果说作为自我防御,疏离最早的功能是防止对自体体验的严重伤害,那么这个病人的恨的本质就格外有趣。它首先是被疏离的。它冷漠、疏远、明确而坚定。它包含着强烈的伤害企图……想要*伤及*我。我认为这是因为在这样的恨里没有对客体的依恋,成功地伤害他人的体验证实了自体破碎感的存在。恨的感觉很真实——当自体自身存在的能力受到威胁时,如果像边缘病人那样只有极少的客体恒常性,疏离就至关重要。它表达并确保了病人"幸存的权利"(Buie 和 Adler,1973)。以施加影响来确认自体的能力通过伤害别人得以保存,而不必害怕失去爱或者被抛弃。L 先生的转折点就是他能够通过威胁要离开治疗对我施加影响。我从他的恨中幸存下来,并且认可了*他的现实*——治疗确实没有给他什么,而不是以"接受"他的离开来报复他。

L先生像很多边缘病人一样，顽强地保护着他恨的权利，以恨来作为他对生存权利的表达。他只能当我是个坏人，直到他相信自己有能力以恨以外的方式对我施加影响。这时他才开始慢慢地冒险建立依恋，释放原始的"爱"，这些如果不能马上得到充分认可，将变成对丧失的恐惧，更深地埋藏起来①。在这个时点上，疏离才开始与依恋以及与之相伴的对抛弃的恐惧直接相关。

病态自恋中的疏离

通常，疏离防御试图把被抛弃的恐惧，一种自我—被动的恐惧，转化成主动的对关系的远离。像Schecter(1978a)指出的那样，其后果是疏离得越深就越无奈；即，对"好关系"不敢指望。

我觉得大多数情况是这样的，但至少有一个特例需要甄别——病态自恋。事实上，无奈体验的*缺失*正是这种障碍的标志，情形严重的会抗拒分析治疗，这不啻是对分析师的考验。跟神经症、分裂人格和边缘状况等不同，这些情形下的疏离主要是保护自我不受与依恋相关的痛苦情感的侵袭，而在自恋人格障碍中，疏离的作用是保护病态夸大自体结构的完整（见第7章）。因此，在该结构开始松动之前，恶劣心境与无奈并不是源于对良好关系不抱希望，而是源于任何对关系的需要；也就是说，源于病人在任何无法满足自己的时候产生的匮乏体验。

夸大自体结构开始弱化时，疏离作用的相应变化也会显现出来。这种变化经常出现在对语言的使用上，特别是在表达跟自己的某个局限性相关的概念时。比如说，*选择*和*决定*这两个词的区别。

临床片断2

R小姐已经接受治疗很多年了，人格异常主要体现在自恋上，她刚遇到人生中的一个重大危机，面临着不可调和的抉择，要么马上结婚，要么接受一直渴望的职位但需要经常不定期地出差。她跟男友的关系非常亲密，她深深地爱着他，但是这个职业机会也是她期待已久的挑战。她最终选择了工作，失去了男友，但是对她来说，问题还在

---

① 关于该理念与沙利文的恶毒转化（malevolent transformation）之间的有趣对比，请参见Chrzanowski, Schecter和Kovar(1978)。

于她纠结于痛苦和快乐、失去和得到的过程中能够保持的人际间成熟水平。

这个时刻让她认识到,跟以往的类似情况不同的是,这次她作了一个选择而不是一个决定,她感觉到悲伤和丧失但是并没有失去自体和自尊。她以往的模式向来是为了保护她的夸大自体表征而疏离那些她无法完全把控的关系。任何关系的结束都被体验成她的*决定*。"决定"意味着掌控——统领事实并且知悉选项后抉择出*正确的*选项。"选择"传递的是困难的抉择过程,某些有价值的东西只有在失去另一些有价值的东西时才能得到。它需要承认对局势的掌握不够完美时的那种矛盾感受,这是测试自恋者无力程度的试金石。

在过去,面对这样困难的权衡时,R 小姐的典型反应是疏离一个选项、"决定"另一个选项。疏离不是用来直接防御客体丧失体验,而是作为保护依附于夸大自体的完美掌握幻觉的手段。她总是引用她最喜欢的流行歌曲中的一句歌词:"自由就是没有什么可以失去。"没有什么可以失去当然是自恋者维系自体的必要条件。如果在现实中感受到的是需要作出真正的*选择*,带来的不是悲伤和哀悼,而是严重自恋受损后的自尊丧失,对她来说这更接近真实的自体丧失。

并不是说这个例子里的选择过程中没有疏离,但是这里的疏离是不一样的性质,体现了她在自我整合水平上的变化。疏离没有拿走她的丧失体验,而是能够让她在放松情绪作出选择的同时,保持完整的自体感。

总结起来,通过研究疏离问题在不同人格结构的精神分析式治疗中的组织与表达,我们发现分析中迫切需要恰当的人际间环境。在与疏离病人工作时,能否在远离与靠近的维度上占据一个恰当的点,取决于能否对最接近疏离的那个自体部分保持共情"感受",这不是仅凭经验或者对疏离的诊断概念化就能轻易解决的问题。

第二部分

安全、退行与创伤

7 镜子与面具

关于自恋和精神分析成长[①](1983)

从当前的精神分析文献中关于自恋的争议里提炼一些连续的观点，大概相当于用冰块冰镇俄罗斯伏特加，可以做得到，但是体验中的精华已经被稀释了。Levenson（1978，p.16）认为"治疗的精髓有可能并不是最后得出的真相，而是得出真相的方式"。这让我联想到是否同样可以说，近年来精神分析思想发展的精髓可能并不是定义了自恋，而是在定义自恋的过程中所经历的那些争论。争论包含视角的转变，这已经开始影响我们对临床诊断、人类心理发展的实质、精神分析元理论以及精神分析式治疗本身的参数等问题的概念化。

在过去的二十年里，精神分析的主流已经缓慢但持续地向场理论的方向发展，认为人际背景既是正常成熟也是治疗改变得以发生的媒介（见第3章）。这就把精神异常的发展模型和分析技术前所未有地联系在一起，也更加关注"自体"成长与"自体与他人"相互关系的紧密联系，不管是在父母环境中还是在治疗环境中。

分析师们一直在研究人际间场怎样影响自体和客体表征的产生并形成结构；不同成熟阶段的人际间体验匮乏怎样导致表征世界的结构异常；这种结构异常怎样造成传统上认为不能用精神分析加以治疗的特定形式的人格障碍；跟这类病人之间的精神分析关系怎样通过场理论建立起来。

这种范式转变的结果之一是，自恋这个主题在以前有多无趣，在如今就变得多有趣。元心理学的"木偶"，像匹诺曹，现在活了起来而且有了"自体"。这样一来，对精神

---

① 本章的核心议题来自另一篇未发表的论文，"自恋的心理学概念"（Current Psychological Concepts of Narcissism），该文提交给1978年由布鲁克林社会科学学院（Brooklyn College School of Social Science）和怀特学院（Alanson White Psychoanalytic Institute）联合举办的研讨会。这篇论文的当前版本最初发表在 Contemporary Psychoanalysis，1983，19：359-387，作为"自恋论文精选"（Essential Papers on Narcissism）中的一章，由 A. P. Morrison 编辑（纽约：纽约大学出版社，1986，pp.438-466）。

分析师们来说,不管是在治疗方法上,还是作为对歇斯底里临床数据库的补充,都比弗洛伊德(1914)最初的理论建构有趣得多。

对自恋人格可以进行精神分析式的治疗了,但是"自恋"作为一种诊断假设和一种病理类型——"自恋型人格障碍",现在却变得更加模糊不清。事实上,它几乎成了某些个体的统称,它们的客体关系对应的心理表征发展水平处于安娜·弗洛伊德所说的"需求满足"、马勒(1972)的"神奇全能"以及伊曼努尔·康德的对绝对命令的违背;这些个体把别人体验成达到目的的手段而不是目的本身。他们在精神分析书本里常被描述成自负、爱出风头、傲慢地不知感恩,这些不管褒贬(Lasch, 1979, p.33),都是"自恋"通常所代表的含义。

Bach(1977, p.209)把分析师在躺椅后的感受描述成"对着空气说话或者在沙滩上写字,一会儿就被海浪冲没了。对分析师所说的话,病人不管是喜欢还是反感,总是不记得内容。看上去促成了某种理解或体验的一个小节,可能24小时后就被忘光了"。

没能发展出自发的、稳定的、理所当然的自体体验,其内涵是未联结。个体不觉得自己是生活的重心。他无法全身心地投入生活,因为在发展过程中他卡在了"镜子与面具"之间——别人反映的对他的评价,或是暗地里寻求别人的评价,自体借此发现或找到对他自己重要性的确认。生活成为从面具后对环境和他人进行控制的过程。成功了就兴高采烈,失败了就无聊、焦虑、怨恨与空虚。但是最关键的事实是,不能全身心地投入生活而自己还察觉不到。本应发自内心的成就体验变成了操纵、利用和愚弄别人。自在成为生活的目标而不是生活本身的状态,分分秒秒的存在只是为了迎接下一秒,没有任何其他意义。生存只是为了寻找或等待真实的生活与纯粹的爱到来的那一刻。现在作为其本身永远都不完美。

驱动一个人向前并且过着表面上功能良好的生活的,是精神分析文献称之为"夸大自体"的内在结构(Kernberg, 1975; Kohut, 1971, 1972, 1977)。它的主要任务就是变得完美(见 Rothstein, 1980);也就是说,得到赞许,绝不依赖他人,绝不在任何方面感到匮乏。尽管对这个"夸大自体"是怎么来的在理论上有分歧,但大多数分析师都比较认同的是,在夸大自体下隐藏着一个 Kernberg(1975)描述的自体形象:

> 一个饥饿、愤怒、空虚的自体,充满了受挫之后无能的哀怨,害怕那个像病人自己一样充满仇恨和报复的世界(p.233)……这些病人最大的恐惧是依赖任何人,

因为依赖意味着恨和嫉妒,暴露于被利用、被虐待、被挫败的风险之中。(p.235)

因此,对这个完美的自体形象的任何质疑都会立刻唤起自我保护的需要,要么越发轻蔑地疏远对方,要么理直气壮地感到愤怒。这常常给同伴、恋人、老板、朋友以及分析师带来麻烦,如果他们不只是充当"满足需求的客体"。

我以上呈现的是病态自恋的画面。是否单独存在着"正常自恋"这种东西目前还是个有争议的问题。Ernest Becker(1973)提出了一个特别有说服力的社会学立场,把精神分析的神经症理论放在应对生存焦虑的需求背景下进行研究与重建。"在人身上,"Becker 这样写道:

一定的自恋水平是自尊和基本的自我价值感不可或缺的……过度的自我沉迷才是病态;它表达了人类的内心:期望出人头地,成为人中龙凤。把天生的自恋和自尊的基本需求结合起来,就创造出一种感觉自己最有价值的生物:宇宙第一,他就是一切。(pp.3-6)

Becker 在这里表达的是,人们都不可救药地迷恋自己,如果"每个人都诚实地承认他成为英雄的渴望,将是一次彻底的真相大白"(p.5)。但是希望拥有个人英雄主义感觉这个真相并不容易得到承认,因此,"意识到为了获得英雄主义感受自己在做什么,是自我分析的主要难题"(p.6)。他的立场并不是说自恋在精神病理学上是正常的,而是说它是一种不可避免又至关重要的疯狂,保护我们不必经受另一种更严重的疯狂:时时都在忧心我们终将到来的死亡。就像 Becker 看到的那样,正常的自恋使我们得以不必"一辈子都活在死亡的阴影里"(p.27),赤裸裸地面对这个真相简直能把人逼疯。Becker 认为,精神分析所做的就是向我们揭示否认人生的真相将会在内心以及人际间遭遇的惩罚。假装成我们不该有的样子时所付出的心理及社会代价,被称为"神经症"。

在这个框架下,病态自恋指的是当代社会特有的、人们在努力否认非存在(non-being)时越来越多地付出的那种代价。其实质是自体缺乏足够的内在资源,无法仅仅通过活出自己来赋予生命意义。以没完没了地证实"自体"为生活目标,这可能是我们这个时代的精神分析师们最感兴趣的人格障碍形式,因为无意义体验或许是非存在(non-being)最典型的表达方式。Peter Marin(1975,p.6)认为在当下的社会,"个体代替了社区、关系、邻居、机遇或上帝",他把这种文化上盛行的心理人格组织称为"新自恋"。

从精神分析的角度,可以说按照 Becker 持有的关于人生本质的观点,发生正常自恋和病态自恋的可能性在出生时是同时存在的。马勒(1972)指出,之所以在发展上要经历分离—个体化过程是基于以下事实:

> 人类婴儿的生理出生与心理出生在时间上不一致。前者是明显可以观察到的清晰的事件;后者是一个缓慢展开的心理过程。对基本正常的成年人来说,既完全存在"于""外面的世界"又同时与之分离,这一体验是生命固有的秉赋之一。(p.333)

但是他也承认,从出生开始,就算不需要适应外部环境,人类也:

> 永远都要与融合和隔离进行斗争。整个生命周期都是离开并内摄失去了的共生母亲的过程,永远渴望或真实或幻想的"理想化自体状态",后者代表了与"全好"的共生母亲的共生融合,这个母亲曾经是处于圆满的自在(well-being)状态的自体的一部分。(p.338)

也就是说,就是因为跟动物不一样,我们的心理出生发生在生理出生之后,发生在子宫外而不是子宫内,心理成熟在一定程度上才必然是创伤性的,"自体"安全从来都不是完全稳定的。自恋病态——难以既完全存在"于""外面的世界"又同时与之分离——的可能性从出生时就已经有了,但不是一定会发展成成年人的夸大"自体"。

快乐原则占绝对统治地位、外部世界的现实都被排除在外,就这个情境弗洛伊德(1911)给出的例子是鸟蛋,因为食物供给都在蛋壳内进行。费伦齐(1913)拓展了弗洛伊德关于快乐原则的原型是自给自足、外界刺激无法侵入的存在这个说法,他强调说这其实就是在子宫里度过的生命阶段,作为人类发展的一部分,这个阶段完全可以作为弗洛伊德的例子。费伦齐认为,只有这个阶段才是真正意义上的全能。这时不是所有的需要都得到了满足,而是根本就不需要有需要。这是一个完全自足的状态。Glatzer 和 Evans(1977)把费伦齐的观点归纳如下:

> 这个第一阶段……这个无条件的全能时期隐含的是,无论环境怎样,成长都是痛苦的。潜意识对令人挫败的"外界"的想象是必然的。它是出生的必然结果。费伦齐的贡献的重要之处在于:孩子对没人喂食的愤怒反应不仅是因为他很饿,他很有可能会抑郁。他愤怒的主要原因是他的自足幻想不断被打碎。(pp. 89 - 90)

费伦齐关于创伤性地丧失全能感的理念,与存在主义把自恋看成"试图否认真实状况而假装正常所付出的代价(Becker,1973,p. 30)",这两者有鲜明的相似处。从这一相似性出发,所谓的"夸大自体"结构或许可以看成不惜一切保护自足感的自体—他人表征模式,因为在病态自恋中,这个结构还用于掩饰充分的个体身份感的缺乏。这类病人怎样用疏离进行自我防御是有据可查的。Schecter(1978a,p. 82)指出,在大多数人格结构中,疏离防御试图把被抛弃的恐惧,一种自我被动的恐惧,转化成主动从关系中离开;结果是,"疏离得越深就越无奈";即,不敢指望"好关系"。但是我相信,在病态自恋中,就像我在第六章中阐述的那样,与疏离相伴的空虚和无奈不是因为对好关系失去了希望,而是因为隐约感觉到了对关系的需要。这种无奈大多直接体验为"自我消耗"。这是一种认识到自身有所欠缺唤起的夸大自体的"匮乏"感;事实上,它相当于暂时摘下了自足幻想的面具。

不管我们是否接受 Becker 的理论前提,即自恋是基于人们需要用完全自足(他称之为"英雄主义")的幻想来否认死亡,他的观点在基本假设上都与沙利文(1948,1950b,1953)和弗洛姆(1947,1956,1964)相一致,而且是在人际间精神分析和客体关系理论的发展方向上;也就是说,关注的概念是,所有的自恋病态在根本上都是由夸大的人际间自体表征所决定的心理活动,用于保存它的结构稳定,并维持、保护或重建自在体验(见 Schafer,1968,pp. 191 - 193;Stolorow,1975,p. 179;Sandler and Sandler,1978,pp. 291 - 295;Horner,1979,p. 32)。Becker 的观点也同样与科胡特(1971,1972)的立场有明显的共鸣,尽管二者在概念上有区别,后者认为自恋和自恋暴怒在发展上是正常的,如果早期环境适宜,将发展成健康的自信,牢固的自尊,整合成相对平衡的既出世又入世。Becker 写道:

> 得到滋养和爱的小孩发展出我们所说的神奇的全能感,他自己的坚不可摧感、确定的力量感和安全的支持感。他能够坚定地把自己想象成永生。把死亡的

念头压抑下去对他来说很容易,因为正是他的自恋活力增强了他与之战斗的能力。(p.22)

然而,当代精神分析面对的临床问题不是超自然的,也不是神话,尽管据说每个问题都开始于神话。

可分析性问题

书上说,仙女 Echo 爱上了年轻英俊的 Narcissus,很不幸地,Narcissus 除了他自己谁都不爱。Echo 也有自己的问题。她之前被一个嫉妒她的女神惩罚,失去了说话的能力,只能重复别人说的话。有一天,Narcissus 在一个平静的湖边弯腰喝水时,在水面上看到一张他见过的最英俊的脸。"我爱你,"他对那张英俊的脸说。"我爱你,"Echo 热切地重复着,她就站在他的背后。但是 Narcissus 没看到她,也没听到她的话,而是被水面的倒影迷住了。他坐在那儿对着自己微笑,忘了吃喝,直到虚弱而死。按照某种说法(D'Aulaire 和 D'Aulaire,1962),这可能是因未解决的镜映移情导致夭折的第一个有记载的例子。

Narcissus 的后人们现在躺在分析室的躺椅上,一如既往地自我陶醉着,在他们身后,就像在神话中一样,坐着一个坚定但还是受挫了的 Echo 一样的角色,努力想被听到。不管是旧自恋还是"新自恋",这都不容易。但是,从某些方面说,从湖边发生不幸的那天起,作为 Echo 的我们已经进步了。精神分析师们已经开始认识到,不是说只有在病人那里才能找到问题的解决办法,也许 Echo 和 Narcissus 原本就不是理想的搭配。有人甚至认为 Echo 毫无必要地把她自己束缚住了。

为了在公认的框架下进行精神分析工作,精神分析师们被一种特定的姿态约束着,像 Echo 一样,在促进自恋病人的结构性成长时,这种姿态或许已经束缚了他们。Echo 的桎梏不仅在于她只能重复她听到的话,还在于在这么做的时候,她无法自主行事,也就无法知道是否可以有别的方法来接近 Narcissus。

分析师们基本上都同意,自恋障碍很难治疗,所谓的"未加修正的精神分析情境"在这里不管用。Gedo(1977, p.792)曾经说,"实际上,对移情中呈现的夸大自体怎样才是适当的回应一直也没达成共识。但是每个人都同意,在回应这些婴儿式的要求时,充分的策略考虑和共情是绝对必要的……这方面的任何失误都一定会引发羞辱和愤怒。"

在讨论自恋人格障碍的可分析性时，Rothstein(1982)准确地观察到，某些病人缺少使他们能够参与到分析过程中的自我资源，这些资源相对独立于分析师通过他自己的人格和方法所作的贡献。原因是这些自我资源在他看来是产生真正的分析体验的"必要前提"，他们的核心病理无法接受诠释，这些病人被看作是不可分析的，因为他们既有的人格结构所要求的不止是未加修正的精神分析情境。"试图以诠释来促成修通将唤起精神病性退行（以及）严重的付诸行动，有时还包括工作关系的当即中断"(p. 178)。Rothstein认为强调这一点很重要，因为：

> 是有一些可以适应分析情境的主体，但是他们的分析过程只是退行地内化分析师，作为修复性的自恋投入的内摄物，这是咨询过程进行到中期的特征。这些主体或许能够从这样的关系里体验到显著的疗效。但是，如果通过非言语的"镜映""抱持"或"包容"得到修复或"转化"内化成为主要的治疗行为，那么完成的就是治疗而不是分析。(pp. 177–178)

也就是说，分析只有通过以诠释为主要治疗手段的治疗模型才能实现。Rothstein描述的病人被认为是不可分析的，因为他觉得他们无法利用言语诠释，只能从"镜映"当中治疗性地受益——通过"囫囵吞下"分析师非语言的积极态度和无条件的接纳。

或许真是这样。但我还是想问，问题和解决办法难道不是要在Echo和Narcissus两个人的关系中才能找到，并不是在Narcissus一个人那里？分析成长的"真正"途径是诠释还是对分析师的内化，这个问题或许不仅与此无关（见Strachey, 1934; Friedman, 1978），可能还会把分析师，比如Echo，推向一种注定失败的技术。

病人从面具后面控制客体的需要常会阻碍病人在移情里"工作"，即直接体验并说出对分析师和咨询过程随时产生的想法和感受。为了保护夸大自体的稳定性，任何导致他放弃由他自恋地投入的分析师和分析情境表征的体验都会被他屏蔽。因此，为了防止直接的移情体验，分析本身的设置和结构从一开始就会不断受到挑战。通过建立自恋的移情架构，病人限制了分析师，使他无法创造出能产生移情退行以及让病人体验到对分析师的需要的分析设置。病人对治疗所抱的唯一希望，也是潜意识里指引他的余生的唯一希望——是表现给分析师看并得到"治愈"作为回报。分析师因此经常处于压力之下，在见面频率、躺椅的使用、咨询费的支付、他惯用的回应水平等方面突破分析设置和方法。

如果分析师坚持经典的"未加修正的精神分析情境",那么任何出于"治疗需要"做出的让步,他都会当作对尚未开始的"真正的"分析的"阻抗"来处理,而且在时机合适的时候予以诠释。对某些类型的病人来说,这个观点是合适的,而且经常带来成功的结果,但是对其他病人来说——特别是自恋障碍——则很容易事与愿违,很有可能导致治疗僵局或过早地作出不可分析的诊断。

让病人体验并接受移情过程而且分析性地对移情进行工作,这个目标才是关键。但是这些病人的核心病理就集中在他们最欠缺的能力上;同时既"在世界之中"又"与之分离",而不危及他们赖以维系身份感的内部结构——夸大自体。希望病人进入"真正的"分析,这个愿望本身并不是非治疗性的、不恰当的,甚至从狭义上说连"反移情"都不是。但是在治疗自恋障碍时,这个愿望如果对分析师过于重要,可能就会微妙地成为病人的潜意识焦点,让他安全地待在镜子与面具之间。诠释,不管组织得多么策略,只要指向的是病人的移情阻抗,病人在处理这个体验时都会把分析师当成自私又自恋的父母形象的翻版,更想拿病人来满足他自己的需要而不是帮助病人。为了屏蔽对分析师的这种知觉,自恋移情架构将变得更加顽固或更加脆弱。也就是说,病人要么会更加理想化分析师,更加疏离,要么会出现移情精神病的迹象。

临床上确实有这样的两难。有些病人,至少在很长一段时间内,确实只是把诠释当成分析师的个人感受,从未修正的分析姿态来看,病人如果很有可能出现自我解体或付诸行动,他们就是不可分析的。在这个时候,如果不优先考虑我们的做法是否符合正统的精神分析定义,那么那些不同意见就要让位于跟大多数分析观点都能相容的一种方法,尽管它更多地体现了人际间观点和客体关系理论的影响。该方法把分析情境看成开放、共情的人际间场,在这个场里,病人的表征世界最有可能在更高的发展水平上系统地重新模式化与结构化。这个观点可以追溯到很多不同的分析师在精神分析发展的不同阶段所做的开拓性工作,它代表了不同流派的一个共识,这些流派的代表人物有:Ferenczi(1909,1930a)、Strachey(1934)、Fairbairn(1952)、Sullivan(1953)、Thompson(1956)、Guntrip(1961a, 1969)、Gitelson(1962)、Winnicott(1965)和 Balint(1968)。

Ernest Becker(1964)在论述他认为的后科学主义"精神病学革命"时,在没有借助任何精神分析学派的理论建构的情况下,对这个观点作了生动的说明。他写道:

> 病人不是在跟他自己、跟他的动物本性里深藏的力量进行抗争。他抗争是为了不失去他的世界,不失去他以前辛苦培养起来的一系列行为和客体。简而言之,他抗争是为了不在他所知道的唯一世界里颠覆他自己。每个客体都是他的一部分,跟客体交往时的内在行为模式也是他的一部分。每个行为都出于他的天性,在做出该行为时产生的自体感受也出于他的天性。每个行为规则都是他的一部分,他的新陈代谢、他生命的前进动力也是他的一部分。(p. 170)
>
> 一个人将很容易改变先前"不真实"的风格,如果放弃自己对此的承诺。但是,规则、客体、自体感受是水乳交融的——共同构成了这个人的"世界"。怎么放弃他的世界,如果不先得到一个新的世界?这是人格变化中的基本难题。(p. 179)

Becker还谈到另一个问题,它涉及分析师在治疗自恋障碍时面临的两难境地。即病人缺少一个观察性自我,把他从他自己的世界里抽离出来,跟分析师一起审视那个他一旦清楚地察觉到就可能会失去的结构。Becker(1964)观察到,"有些人在他们先前接受的培养中很幸运。"(p. 179)

> 他们可以控制自己的价值感……因此,他们能够从任何特定的客体中"后退",以批判的眼光审视它,他们不必仓促行事。在实施任何行为之前都能深思熟虑,这需要安全地拥有积极的自体感受……自体形象并非完全依赖某个客体或者任何不可质疑的规则……这样的力量显然将不复存在……如果规则不容置疑地跟某个特定的客体融合在一起。(pp. 179 - 180)

最后这句话是可分析性问题的核心所在。有些人的人际间规则僵化地与特定的客体表征融合在一起,他们带入分析情境的"自体"表征也僵化地与相同的人际间模块融合在一起。这些人没有足够稳定的核心身份,在分析过程中不能灵活地在沉浸其中的同时"退后"观察自己。他们将无法在移情里"工作",除非他们可以至少在一定程度上,把自己从决定了他们的基本自我价值感的特定客体或特定部分客体(Fairbairn, 1952)表征里解放出来。

在那些病态自恋病人的发展过程中,"夸大自体"表征与"满足需要的客体"通过一套人际间操作融合在一起,使客体不至于只是一面镜子,也为这些操作的真正性质罩上"面具"。分析师和分析情境只不过是僵化的心理表征的外部版本，这就很难帮助这些病人调动他们自己的批评性观察能力客观地审视他们的自恋移情。像 Becker 所说的那样，如果他们不觉得"一个新世界"已在掌握之中，就无法真正"放弃他们的旧世界"。按这个思路，分析过程的一部分就是促进病人发展出必要的心理结构，对分析过程加以充分利用。这时，分析关系就会成为治疗过程中最有力量也最微妙的工具。它代表的是能够灵活地适应病人的发展水平及其变化的治疗环境，而不是病人必须适应的一套既定角色，或者当病人不具有"必要的自我资源"时，分析师必须扮演进行"修正"的角色。

分析师选用某种方法而不是受制于某种技术。不管是什么样的病人，他都不必在促成变化的诠释和完成修复的镜映之间作出选择。这两个因素对所有病人来说都是人际间场必要且固有的部分，包含在分析进程的治疗行为里。对任何特定病人来说，各因素在整个人际间场的相对重要性首先取决于决定他的核心身份的心理结构发展水平。那么对有些病人而言，充分利用分析情境的能力就取决于稳定的分离的身份感建立到什么程度，而在另外一些病人（传统上的"好的分析病人"）那里，这不是问题。

Pine(1979，p.93)区分了由早期情感转化而来的情感（比如创伤焦虑转化成信号焦虑）和内在心理结构成熟时创造出来的情感。他特别强调了"围绕儿童完成自体—他人差异化建立起来的"情感状态，"在发展过程的后期，当它们出现的心理条件具备时才初次产生。这些心理条件包括学到新知识——获得新的心理生活"。在我看来，分析中还没开始出现充分的分离的核心身份感时也有同样的问题。这意味着在治疗初期，必须先创造出"合适的内在心理结构"，以此为基础才能获得后续发展。如果能够利用分析师及其情感回应，病人就有了一个设置，在该设置下开始建立这个"先决"结构，慢慢"治愈"在发展中固着的、与自体和客体表征自发的紧张缓解模式——即稳定性相对独立于外部滋养的核心身份——没能充分发展有关的焦虑源。在病态自恋案例中，在病人建立起真正的工作联盟并有能力评估和使用由另一个人传递的对他自己新的体验之前，他必须先对夸大自体进行足够的修正，允许另一个人作为分离的主体存在于他的表征世界。没有这一点，像 Rothstein(1982) 所说的那样，他还得主要依赖镜映作为调节焦虑的手段，还会继续屏蔽那些与他什么都不需要（除了他自己有的，或者他在被他自恋地投入的"别人"身上可以完美控制的）的自体形象不相符的体验。

对这些病人来说，提高焦虑容忍能力对分析过程非常重要。它跟"自体"和自体结构化的发展同步进行，是决定这些个体能否在移情里工作的重要变量之一。分析工作如果执行其主要任务，这也是一项应该得到显著改善的自我功能。像在任何分析中一样，工作的目标都是让人格发展能够自我延续；也就是说，病人把分析师的分析功能内化成他的自主性（Loewald，1960）。这个目标的实现要求分析把病人解放出来，不再依赖自恋移情来滋养自我，不再让自我耗竭（或"非存在"non-being）的恐惧成为最可怕的焦虑。

焦虑问题与"自体"发展

鉴于以上内容，我们不妨考虑这种可能性，即治疗中的焦虑容忍能力和更高水平的"自体—他人"心理表征的发展与早年生活中正常的认知—情绪的成熟之间的相似性，对这些病人格外具有意义。Schecter（1980）提出的观点是，我们可以把每种形式的婴儿式焦虑——被感染的焦虑、分离焦虑、陌生人焦虑、爱的丧失引起的焦虑、阉割焦虑和超我焦虑——都看成是始于童年贯穿成年的发展线。和 Pine 一样，他也认为，每种焦虑的最初形式的性质都与那个时期心理结构的发展水平相关，尽管每种早期焦虑都被后续新结构的发展或老结构的成熟所修正或"治愈"，最初体验的性质依然会不同程度地对任何个体的一生产生影响。

在区分哪种治疗方法适用于个体化的核心身份十分确定的病人，哪种方法最能帮助到自恋障碍这类需要通过分析本身才能完成分析任务的病人时，这个思路特别有用。在后一类病人中，治疗开始时最深的焦虑源要回溯到自我和心理冲突得到充分发展之前，以及高水平的自我防御发展起来之前。它源于保护脆弱的未分化的"自体"不被内部及外部的体验摧毁的需要，这时的自体还没有足够的主动性，无法整合体验，所以感觉这些体验是侵入性的，或者"陌生"的。事实上，Schecter 认为分析中呈现的最强烈的焦虑是他所说的"陌生焦虑"（strangeness anxiety）——从之前的陌生人焦虑体验衍生而来。Schecter（1980，p. 551）写道，在临床上已经很清楚的是，"我们在精神分析治疗中所说的阻抗，大部分都与焦虑有关，因意识层面发现了自体中陌生的、新的、与自我不相容的部分，或者发现了重要客体及它们之间的关系时产生的焦虑"。

"陌生焦虑"作为一条情感发展线，直到现在都难以在弗洛伊德的焦虑理论里找到位置。也就是说，直到最近才开始重视分离—个体化进程中的结构问题，以及在更原始的焦虑源随着后续结构发展而正常疗愈时起调节作用的人际背景。从这个意义上说,它在把焦虑看成源于冲突的弗洛伊德理论,和把焦虑看成源于"自体"结构不平衡的沙利文理论之间,搭起了桥梁。

陌生人焦虑有明显表现时,常见于七八个月大的幼儿,这时大致是认知发展中最开始有客体概念的时候。Fraiberg(1969)把这个时候称为"再认记忆"的开始。尽管幼儿在这个时候还不能说有了真正内化的客体心理表征,因为这个形象在客体不在场时还不能被唤起,但是从这时起,全能感的逐渐丧失开始依附于外部世界,即幼儿逐渐开始接受的"现实"。从这里开始是因为这是认知结构最早诞生的时候,从此有了外部和内部。这个新的心理结构的存在其本身就是一条潜在的新的焦虑线,该焦虑与对"自体"的威胁有关,因为"自体"从这时起有了表征,用于组织对"客体"的体验。也就是说,随着分离—个体化过程的进行,焦虑源慢慢地(有时是突然地)从分离转换到个体化;也就是说,转换到"自体"及其自我防御或安全操作上。自体和客体在人际间分化得越充分,"自体"的整合就越受到个体体验和高水平自我防御而不是不—分离幻觉的影响。我们看到的8个月时的陌生人焦虑是最易观察到的幼儿开始向分离的"自体"体验过渡时人际间矩阵调节失败的例子。对于幼儿来说,如果这个新的心理结构突然打破完美,与先前的心理组织太不协调,这种情形就会发生。这么说来,这有可能是创伤性的,正如Sandler(1977)所说,感知到"别人"时,唤起的是一系列无法提供满足的"不是妈妈"的形象;"陌生"和"陌生人"因此成为对孵化中的自体的整合来说无法忍受的威胁。外部现实与自给自足(全能)的体验过于不协调,为了保持安全的全能的自给自足感,更加需要控制而不是内化现实。有人可能会说,Narcissus和Echo在湖边就是从这里开始;除了夸大自体的延伸什么也无法"接受"。更成熟的焦虑调节、人际联结和自体成长模式的正常发展遇到困难或许也是从这里开始。它发生在分离—个体化过程中的某个时候,按马勒(1968,p.20)的说法,这时,自体和客体表征的最优发展依赖的是"孩子在妈妈在场且有情绪回应时实现了分离"。"即使是在这种情况下,"马勒说,"这个过程本身也还是会不断地让孩子面对客体丧失的威胁。"像马勒所描述的那样(1972,p.336),"早期实践亚阶段"(七到十个月大的时候)的这种创伤,会干扰幼儿后期"把他神奇的全能感替换成自主和自尊"的能力。成年后,这个在发展中一直未能"治愈"的焦虑可能还是会让他感到无力,而且如果这个发展停滞足够严重,他的"膨胀的全能自体—客体表征就会成为病态自恋者夸大自体的核心"。(Horner,1979,p.32)。

那么,什么才是治疗这些病态自恋个体最有用的分析方法?这样一个病人怎样才能跟分析师有足够的真实联结从而建立起通常所说的分析移情神经症？或者从更具操作意义的角度来说，分析怎样才能让病人不把分析师的话当成恭维来同化，不用夸大自体来组织体验？

治疗：镜映的整合与面具的消融

在病态自恋背景下谈及以上问题之前，不妨先回顾下当精神分析式治疗的基本人际模式涉及同样的问题时我的方法（见第3章和第4章）。是什么让病人对分析师有足够的"信任"，可以跟这个在当下的移情里威胁他的人一起拆除他的保护系统？沙利文（1953，pp. 152-154，pp. 217-239）的回答是，分析师的工作状态就像一个敏感的音乐家，根据病人在焦虑斜率上的位置对其进行回应，并尽量保持在一个最恰当的低焦虑水平上——要低到病人的防御不抗拒分析询问，但高到防御结构本身能够被识别出来并加以探索。

依我的经验，这个把手指搭在病人自尊水平脉搏上的描述很准确也很有价值，但是并不完整，它没有提到病人—分析师组合的本质，该组合跟其他低焦虑关系不一样，有可能促成非同寻常的成长。我曾指出（第4章），这个组合的本质既包括病人克制但用心地沉浸于外显因素，也包括回应不在场的内隐因素。这部分我觉得可以看作病人和分析师共同的共情矩阵，它像 Settlage（1977）所说的那样，再次确认了病人的前认知或前言语核心身份感，使病人的"被理解"感受能够成为潜在的认知桥梁，用于理解分析师的那些他原本体验为过于有威胁因而不能"理解"的部分。如沙利文（1953，pp. 37-41）所述，这个自我调节功能衍生于核心身份感在人际间得到的人生中第一次确认——婴儿的需求—紧张水平和妈妈的回应之间的共时性。

与适当的焦虑工作水平共同起作用的是共情矩阵，我觉得有了共情矩阵才使分析成为可能。Tolpin（1971）是这么说的："通过重新创造融合及其赖以存在的母亲功能，在心理上建立辅助路径，以获得缓解紧张的心理结构"（p. 347）。在分析中需要明确的一个重要问题是，这不是回到共生，而是在分析中重新创造过渡性的心理结构，通过该结构跟分析师交流，使病人越来越有能力像分析师对待他那样对待他自己。在一个进展顺利的分析中，病人的"自体"不需要有这种体验当拐杖，而是像 Tolpin 所说的那样，自体本身就能"为自己进行安抚操作，而无须幻想有个外部安抚者"（p. 329）。内化安抚功能使病人能够最大限度地利用分析，就像 Rangell（1979，p. 102）所说的"一系列持续的……对分析师分析功能的微认同",这只是病人获得的能力的一部分。就这个问题我已经在第4章提到过,如果把分析治疗的人际间方法看作对焦虑斜率和共情斜率的相互作用所做的回应,这种方法具有什么优势。在我看来,这个概念相对"治疗联盟"或者"工作联盟"来说有个明显的优势,那就是它可以兼容不同分析之间以及每个分析当中的各种变化,因为:(1)分析关系中的"私人"成分可多可少,(2)共情联结的"深度"可深可浅,(3)适应病人的"可分析性",(4)事实上自我病态更严重的病人需要更多来自分析师的适应性回应,特别是在分析治疗的早期。

也就是说,我认为不管病人是谁,分析设置都需要满足自我早年更基本的对确认的需求,才能实现自我的成长,并获得掌控内部冲突和挫折的能力。那些自我损伤更严重的病人显然更需要这样的设置。按这个观点,诸如严重的病态自恋这样的自我病态,需要的不是不一样的治疗形式,它需要的是分析师有能力更老练、更成熟地回应病人不断变化的对确认的需求,从而丰富而不是侵蚀分析场。

确认,或者镜映,作为分析过程的组成部分,并不排斥诠释,只要我们接受这样的理念:对诠释的使用不必拘泥于传统意义,只关注移情和阻抗。比如说,"精神分析是作为一种高度专业化的游戏形式发展起来的,为的是与自己和他人进行交流,"当温尼科特(1971a, p. 141)这样说时,他用"游戏"这词只是打个比喻,并不是替代诠释。在这样的氛围里,适时而有创造性的诠释可以得心应手,从而最大限度地帮助病人创造性地使用分析体验。

有这么一些自恋病人,对他们来说,在分析的某个阶段所进行的传统的诠释,跟父母的消极归因行为如出一辙。诠释行为跟"无所不知"的父母无视他们所认为的现实而一味地把他们的行为归因于自私和失败,这二者难以区分。在这些人那里,针对某个阻抗进行的诠释被看作是*分析师*的*自恋*,是对他们的不回应,也是没有只因他们原本的样子而欣赏和看重他们。这些病人在移情里工作的能力要一点一点地培养,直到最后有能力把移情阻抗知觉为移情阻抗。

对这些病人来说,分析的成功依赖的是能够参与不确定有多久的初始阶段,在该阶段,分析在一定程度上保护病人不必面对无法整合的赤裸裸的现实,同时向更成熟更分化的、能够自行调节并改变"现实"的自体和客体表征过渡(Winnicott, 1951)。在这个阶段,Schecter(1980)所说的"陌生焦虑"更多地源于无法控制分析师和分析情境——夸大自体遭遇失败——而不是源于应对那些唤起了特定心理冲突的事件。这个过渡时期的"阻抗"更应该理解为防御"旧世界"的轰然坍塌,而不是抗

拒新的领悟。

病人在这个阶段的幻想是他什么都不用做；他不需要为自己获取任何东西，相反，分析师有能力使分析成功。在这个阶段，保持共情和焦虑适当平衡的分析方法能够试着挑战这个幻想而不严重威胁到病人在移情里使用幻想的能力。我不认同 Modell 的观点（1976），即在这个阶段，病人的"蚕茧"幻想一定不能被挑战，只能等他自己孵化出来，我也不同意科胡特（1971）的类似观点，即如果共情"氛围"适当，自恋移情将经历自然的发展演化。在我看来，这两个观点都低估了一个事实：病人是个成年人，他只是自我功能没有在人际关系中充分发展，并不是扮成成年人的婴儿。某种形式的诠释可以而且必须从一开始就进行尝试，才能使"共情"有意义，而不只是一种人为设计的旨在重现婴儿期并修复先前缺失的技术。

对那些深受病态自恋困扰的病人，分析初始阶段的共情—焦虑平衡偏重在共情这一侧。在这个阶段作出的诠释分两种，相互重叠，总的来说，哪种都不指向移情阻抗或分析阻抗，但并不是因此就没价值。其治疗行为只是属于不同的类别，在我看来跟以促进领悟为目的的诠释一样是"分析性"的。但是在这个阶段，他们的分析价值跟准确性关系不大，更在于病人感受到被理解。第一种形式的诠释是 Horner（1979）所说的"结构诠释"（structuralizing interpretation）；回应的是病人对现有的自体和客体结构的正当需求，而不是表达对这种结构的需求时所说的内容。在治疗的早期阶段，这样做有助于病人了解，他特有的结构是他人格的一部分，而不是允许别人以"帮助"为名指责他的一种"病"。举例来说，指出他在想要却得不到时用疏离或自给自足来避免匮乏体验，基于的想法是病人能够接受甚至能够开始在表层工作，而不威胁移情本身的自恋基础。这种形式的诠释通常是为了让病人习惯于从外部观察他自己，作为人际间过程的一部分，同时对他依然赖以工作的"面具"不造成任何威胁。第二种形式的诠释确有涉及内容而且着眼于病人的行为，但尽量避免过早地把问题带到移情里。尝试让病人说出某些外部事件和互动的详尽细节，尽管对病人和分析师都是一种折磨，但在治疗的这个阶段经常会促成重要进展。这个阶段的目标不是探究他为了回避细节而呈现的移情阻抗，而是镜映和理解他因为逼迫自己而感到的不舒服，让他觉得足够安全，可以冒险。他暴露的细节越多，就越能够自我察觉。通过透露那些他为了从面具后面保持对自体形象的控制而原本可以省略的细节，他人格的某些方面呈现出来，有时他自己能发现，有时甚至要分析师强调，但病人在准备好之前不必非得接受分析师的现实。总而言之，这个早期治疗阶段的分析方法是通过针对病人被接纳与被理解的需要而提供高水平的言语和非言语回应,帮助病人接纳可容忍的挫折。① 在这个阶段,要尽可能多地共情,尽可能少地面质,但是要有足够的焦虑把大部分核心问题摆到桌面上。

分析师保护病人的权利幻想不在移情中突然共情性地中断,随着病人退行体验的加深,最初被自给自足的幻觉屏蔽的渴望和对分析师的理想化将在治疗情境中逐渐显现,共情和焦虑斜率之间的平衡开始向相反的方向倾斜。由此进入一个新的阶段,更有对抗性,同时也更"真实"。哪些因素对进入这个阶段起的作用更大,这个问题在精神分析的不同派别之间产生了相当大的分歧。

对于某些轻度受损的个体,科胡特描述的相对顺畅的发展变化确实会发生,我个人认为,对自恋人群中的大多数来说,相比基本上靠"推"的初始阶段,过渡阶段远没有那么顺畅。形式上是对抗性的"推",不仅必要而且在发展上也有促进作用。它会帮助病人运用他们新学到的观察自我,一点点地从他们的核心权利幻想中挣脱出来,不仅要关注身外的生活,还要关注自恋移情本身。在这个时点上,病人可以自行对镜映进行整合。它的治疗价值不再局限于帮病人获得新的心理结构,而是帮助病人运用这个新结构去摘掉面具。Rothstein(1982, p.177)的观点里我同意的部分是,"决定一个主体能否被分析的不是建立稳定的自恋移情的能力。被分析者能够修通这些才是关键。"在我的经验里,这个转变的发生取决于分析师对病人的不联结和自我中心能够忍受多久。当病人的自恋需求在治疗情境中更多地呈现出来,分析师将变得更有对抗性,不仅是因为有了更多可以对抗的内容,还因为一架通往这个新的"现实"水平(见第4章)的桥梁已经搭建起来,那些在移情以外讨论过的问题正在当下的病人—分析师的关系中被体验到,被识别出来。慢慢地,可以对深层的权利感进行渐进的系统的诠释,真正的情感和新的自身真实感将会出现。从前被夸大自体回避的愤怒、空虚和绝望都开始被感觉到,并且被掌控。

这个阶段标志着某些学派所谓的"真正的"分析的工作。在开始时最突出的是移情里强烈的愤怒。有些病人还会在移情神经症和移情精神病之间的狭小空间反复进出,经常伴有付诸行动。在表面上,好像在这个节点上我们又退回到 Echo 和 Narcissus 所在的湖边。为什么要期待分析结果而不是发生移情精神病或终止分析?病人在被面质而且被激怒了。为什么实施面质的是分析师就有治疗意义?在我看来,

---

① Lawrence Friedman(私下交流)把这个过程称为"把诠释走私到自恋里去"。

答案是分析师跟 Echo 不一样,他的出发点不是为了一己私利,而在这个时点上,病人至少是隐约知道这一点的。经过了初始阶段,病人已经有了基本能力,把另一个人体验成分离的实体,在人际间背景下客观地审视他自己。他们有一段 Echo 和 Narcissus 所没有的经历,如果面质和诠释慢慢地共情地进行,愤怒本身就能够支持个体化进程,也有助于对深层权利幻想的分析以及面具的消失。因渴望被否认而带来的愤怒和嫉妒逐渐整合成正常的自信和自尊①,分离感不断增强,治疗联盟以及可交流可分析的移情体验开始发展。当病人逐渐开始接受甚至是享受他也要对分析工作负责时,就会越来越感觉到分析是两个人的。失去面具的恐惧会降低,相应地也不再那么害怕在移情里工作。诠释以及更多地从自身以外的视角看问题不再带来"陌生焦虑"。它更多地变成病人成长中的喜悦感受,而不是需要回避的外来威胁。

这个方法独立于分析师个人的元心理学理念。它不要求分析师认同有不同类型的病人:比如,用未经修正的精神分析就能解决内在心理冲突的移情神经症,以及需要用修正的精神分析修复破损结构的前俄狄浦斯期自我受损的病人(自恋、边缘、分裂等障碍)。它既能包容 Kernberg(1975)的观点,即自恋移情防御的是天生的婴儿式愤怒,也能包容科胡特(1971,1972,1977)的观点,即自恋是在正常的发展过程中受到干扰或发生固着。该方法的价值在于,它的的确确是……一种方法。它不预设技术。分析师没有必要觉得自己不是在做分析,即使他不对特定病人在特定治疗阶段的移情进行诠释,分析师也没必要觉得自己非得进行诠释,仅仅因为他自己的分析理念要求他这么做。真正有必要的,是分析师要有一套他赖以工作的、关于自我发展的理论,在该理论框架内,他能灵活地对分析过程的不同成长阶段进行概念化,包括性心理成长,如果这是他使用的一个比喻。

我想说的是,如果在治疗的开始阶段不是非得端着经典的诠释姿态并且以为只有这种姿态才是真正的精神分析,那么很多困难的自恋病人都能被分析。这些病人可能会慢慢地打开自己,能够听进去他们以前不想听到的话,而不必不惜一切地防止自恋损伤。但是,我不相信所有的病态自恋个体都可以被分析。在我的经验里,有些病人不管用什么方法都无法分析,还有些特定的自我发展受损问题限制了他们能够被分析的深度。早期心理异常是一个重要因素,潜在的精神病性移情也是,但我更倾向于根

---

① 关于这个问题的详细论述请参见温尼科特(1950,pp. 204 - 218;1971a,pp. 86 - 94)和科胡特(1972,pp. 378 - 397)。

据这些数据来决定分析工作所用的方法,而不是作为可分析性的诊断标准。

至于在治疗自恋障碍时精神分析到底能起多大作用,我认为我们并不知道答案。我相信不可否认的是,我们除了对抗心理力量,也在对抗文化力量,尽管我并不觉得是文化产生了病态自恋。我倾向于同意Kernberg(1975)的看法,它更像是与抚养相关的发展上的结果,但是我怀疑发病率的增长(Marin,1975;Lasch,1979)以及治疗的难度是受到了社会经济环境的影响。

精神异常只是对同一个现象的不同比喻之中的一种。我们所说的病态自恋在别人看来有可能根本就不是病,只不过是某个人需要"成长"。从某种意义上说,这当然是对的。"自恋型精神异常"是对那些卡在特定的情绪水平和人际发展水平上,试图以后续成长为代价来维护自尊的人的一种说法。只有让一个人体验到不同的自己,成长才能实现。它需要一个能促进接纳和整合不愉快但真实的自我体验的环境,否则这些体验就会因为与人际间的自体表征不协调而被摒弃。精神分析旨在创造一个受控制的环境来系统地达到这一目标。它显然不是那些卡在早期发展水平上的人实现成长的唯一途径。宗教,关键时候的一段重要的友情,事实上任何重要的关系如果是合适的时点恰好需要的合适的关系,往往都能使成长进程得以延续。在这方面,自恋人格跟其他人格组织没有差别。关键时期天然环境的积极变化带来的影响力将促进关怀、温暖、联结与感悟。但是如果某个社会环境在政治和经济上注定的是相反的特质,夸大自体就有了一个天然的联盟支撑它谋求原本已经强大的主权。因此,如果在更大的格局下可以暗地里跟自己说:"大家不都是只顾自己么。"那么,在其他文化氛围下能够帮助严重自恋的病人客观地审视自己的一段关系,包括分析关系,在这里都只会影响力大减。尽管如此,我还是相信,在人际间背景下把人作为整体进行关注,精神分析中的这个新的重点作为一股新生力量,只会让精神分析的后续发展更加开放,在严重人格异常的治疗方面展现出更多可能性。

8 发生在分裂病人身上的 Isakower 现象[①](1984)

在一篇经典论文里，Isakower(1938)描述了一种少见而匪夷所思的感官现象，该现象是他的某些病人在入睡前的半梦半醒状态时经历的。这些现象基本覆盖了哺乳期的前认知因素，在 Isakower 看来构成了一种独特的体验。有关该主题的后续精神分析文献都尝试通过研究这些病人的人格结构为这个入睡前事件建立准确的精神动力实质及病理。这些病人在分析过程中要么把它作为童年记忆报告出来，要么重新经历了这个事件。

这里所说的 Isakower 现象，其特征是当事人想起或重新经历的视觉上又大又柔软的模糊一团。它越靠近脸部就变得越大，膨胀得像要压垮他。然后慢慢地变小，离开。经常还能依稀知觉到一个紫色的像是乳头的东西。这个不断靠近的一团渐渐地像是变成了这个人的一部分，模糊了他的身体和外部世界的边界，让他的自体感越来越不清晰。这一切往往伴随着皮肤以及嘴里的粗糙感，而且会在喉咙的后部有奶味或者盐味。经常还有飘浮感或失去平衡。有趣的是，有的人会记得他在主动产生这种体验，或是延长该体验。

Lewin(1946,1948,1953)和 Rycroft(1951)相信，该事件有几种不同的变化形式，Isakower 现象即"梦屏障"或"空白梦"，是这些形式对应的根本体验；Stern(1961)则认为，这些都该包括在知觉障碍这个更大的类别中，他称之为"空白幻觉"。

过往的案例和文章从不同的临床和理论视角描述了这个现象——口欲饥饿、口欲挫败、对未满足的口欲需求的防御、对原始场景(primal scene)记忆的防御、被动目标

---

① 本章的前一个版本于 1984 年 5 月提交给 William Alanson White Psychoanalytic Society，作为主席致辞，并发表在 *Contemporary Psychoanalysis*, 1984, 20: 600 – 624。修改后（以当前版本）成为 *Relational Perspectives in Psychoanalysis* 中的一章，编辑是 N. J. Skolnick 和 S. C. Warshaw (Hillsdale, NJ: The Analytic Press, 1992, pp. 257 – 279)。

的典型表现、妈妈的脸而非乳房的早期表征(Garma, 1955; Sperling, 1957, 1961; M. M. Stern, 1961; Dickes, 1965; Fink, 1967; Easson, 1973; Blaustein, 1975)。有些发展正常的人也报告过这样的体验(Heilbrunn, 1953)。因此,它看上去本身并不是病态现象。

该现象的每一种诠释都把它的发生背景局限在某个发展危机或创伤、对创伤的防御、某个特定水平的性心理冲突或不同水平之间的互动等。但是,回顾之前关于该现象的报告,显而易见的是尽管这些人之间有明显的一致性(这也是不同作者们都在尝试解释的一个方面),但也有大量的特异性,而这部分都被当作"噪音"过滤掉了。比如,有人说它是友好甚至愉快的体验。有人说它很可怕。有人说两者都有。有人是被动地体验,有人却在刻意地控制它。

我将以我跟一个焦虑的分裂病人的工作为背景讨论这些问题。该病人持续了7年的分析就是从回忆儿时的 Isakower 现象开始的,在分析进行到中段的某个小节里还直接发生了这个现象。在我看来,至少对于这个案例来说,Isakower 现象的出现跟口欲冲突、被动目标、对原始场景的防御、创伤焦虑带来的无力感等确实都有关系——但是其中的任何一个都不是对该现象的最佳理解。这些观点都是由更复杂的因素决定的。我相信该事件再现的是早年的挫败体验,那时保护他不受复杂的人际联结干扰的、稳固的人格结构尚未发展起来(见第13章),他还无法创造性地、适应性地处理沉重的人际间体验。我希望证明的是,就这个人来说,只有把 Isakower 现象看成他的人际联结能力的体现,跟他的梦、白日梦和分裂的生活方式一样,反映的是特定时刻他独特的人际间心理表征模式,而不是看成力比多的衍生症状,才能理解该现象的重大意义。

分裂结构是联结与疏离之间受到严格管制的一种平衡。作为人格障碍,它体现了一种生活模式,我曾在其他文章中(Bromberg, 1979)称之为"病态稳定性"(psychopathology of stability),它允许病人通过操纵幻想保持对内在世界的控制感,那里是他的原生家园。Guntrip(1969)认为这种自我收缩的做法帮助病人在保护自我的斗争中建立起"分裂妥协":

> 分裂型人,出于恐惧,无法把自己完全或永久地交给任何人或任何感情动物……这让生活变得极端困难,所以我们发现典型的分裂倾向是实施一种介于中间的妥协,不进去也不出来……但是在这个妥协位置上他们远远不能发挥潜能,生活得乏味而没有成就感。(pp.59-62)

"分裂妥协"问题对治疗过程的把握尤为重要,因为它不仅仅是通常所说的人格阻抗。它是工作联盟本身的一个基本性质。一方面可以把它看成分析长期受阻或治疗僵局。另一方面它表达了分裂病人的稳定感和安全感,因此是成长的必经之路。也就是说,分析本身成为理想的分裂妥协——关系很安全,不需要充分的情绪回应,哪怕这本来是咨询中言语探索的主题(见第5章)。为了让分析和病人都变得真实生动,分析师必须从内容和过程两方面同时对当下时刻进行工作,还要考虑到治疗的整体氛围引起的焦虑要足以让病人在调节焦虑时不断提高掌握感,但又不能让过多的焦虑唤起依赖人格疏离作为主要的防御方式。因此,怎样概念化自我发展阶段的前期与后期之间的关系,对于创伤焦虑是核心问题的分裂病人来说就变得格外重要。

比如说,在婴儿的前逻辑体验里——语言和更高级别的符号化过程得到发展之前——严重的心理创伤一再发生。感知运动组织下的体验留下的记忆痕迹将以身体感觉的前认知形式保留下来,作为泛化的恐惧与真实世界连接起来。不管是用哪种人格发展理论,我觉得都可以假定这个状态将对后续发展阶段产生影响,并与后续阶段一起决定成年后的人格。我相信还可以假设的是,等到后期发展中与重要人物的人际间体验不能形成认同,无法促进自体感的结构化,不能用紧密积极的自体感"治愈"早期的前认知伤痛时,情况将变得非常困难。这时,个体将不惜一切地避免早期创伤的重演,在安排生活时把遭遇创伤的可能性降到最低。这么做带来的羞耻和焦虑将逐渐把他的生活方式背后的动机变成潜意识,使他更加不可能参与人际体验并在体验里促进成熟,培养带着掌控感投入生活的能力。最好的结果往往是越来越退缩到内在世界,"假装"主动地对抗恐惧,却只是在掩盖他对摆脱生活羁绊重获安宁的深深渴望。

面对这种情况,这个人很可能无法在人际关系中兼顾方方面面,也不可能在安全的人际间整合他的自我功能。尽管他也尝试进入真实世界,在内心世界他总是感到孤独。外部世界——平凡生活及日常压力——依然被表征成潜在的前语言恐惧,继续在梦里、在身体上,有时在入睡前缠着他,以最具威胁性的方式在最缺少言语和认知结构化的情境出现。

这个人在日常生活中的现象体验(phenomenological experience)是被他无法处理的事件所威胁,包括方方面面。"我组织的聚会可能很无聊,我会觉得丢脸;考试时我可能不会答题;看演出时如果我去洗手间可能会踩到别人的脚,所以我还是老实坐着吧;我睡着了可能会做噩梦;如果有人愿意跟我上床我可能会表现很差;我进了地铁可能会晕倒然后就出不来了。"

依我看，想要充分理解处于这种状态的人并且在精神分析设置下最有效地与之工作，任何理论都不足以单独覆盖所有意义。这里的自尊问题刚好可以用沙利文（1953）关于焦虑的人际间本质予以考虑；但是我要讨论的这类病人（我们称他C先生）跟弗洛伊德的设想一致，经常感到原始情感才是焦虑的源头，因为自我表征的认知模式化无法控制这些情感的表达。这些人的感受是弥散的，未分化的，"非我"的。因此一直都被当作外来力量，其本身就构成了潜在的焦虑源。

C先生的案例

对C先生来说，任何可能导致失控的内部或外部体验，他都觉得会对他的自尊和稳定的核心身份感构成威胁。钟表的滴答声、他自己的心跳以及落在身上的雨滴等这些再正常不过的事都会让他焦虑得再次躯体化，并蔓延成惊恐或轻微的人格解体。

这些状况随时可能突如其来地发生，对抗这样的威胁需要感觉足够安全，有能力防范或逃离。于是被动成了他的标志。在现实中，被动是无处不在的屏障，对抗着来自外部世界和内心生活的刚性需求——工作需求、性需求、睡眠需求、强烈的情感等等。他的生活方式是"被动"的，因为自主和自信没能在他的自我表征中发展出来，在真实世界里他缺少这部分功能。自主和自信也*不可能*发展出来，因为不然他就不得不全身心地投入到人、义务、责任和目标当中，逃避的时候就会遭到谴责。由于全然的情绪卷入意味着交出一部分控制权，这样做就会激起各种各样的无助感和奴役感，被强大的施虐外力埋葬。

于是，当他在生活中为没有能力管理自尊而恐慌和焦虑时，疏离成为主要的防御方式。他抓住自己制造的软弱无能的现实，不接触外部世界就不会被戳破。被动行为成为维持"分裂妥协"的安全操作。也就是说，它避免了正常的自我被动状态，即随着一定程度的退行，信任地将部分自我控制交给外部世界和自己的感受，使相互依存、爱、绽放的生命和踏实的睡眠都能如愿。

如果在人群中无法感觉到自己，那么发生退行或可能发生退行的任何情境都会充满焦虑。比如说，在睡眠第四阶段的退行状态，C先生特别脆弱。他小时候曾经尿床、梦游、夜惊——躯体化的焦虑爆发成恐怖的梦，就算醒了也还感觉像真的一样，身心都长时间无法缓解。① 在入睡的过程中,随着控制的逐渐放下,作为精心策划的睡前仪式和部分结构化的事件,Isakower 现象出现,并允许一定程度的自我参与。在清醒状态,本来是自愿放弃控制却感觉身不由己时——比如乘车时——对事件的预期会引发心悸并可能演变成全面恐慌。

C 先生很有语言天分,是未婚的中产阶级,新教背景,快四十岁时开始接受治疗。他长得特别高,胃口奇好却瘦得像营养不良一样。从小时候戴到现在的一副厚厚的眼镜掩盖了他脸上的紧张,倒让他看起来像是从望远镜后面盯着你。他是一名自由的演讲撰稿人,为当地的政要写稿。就像那些有严重性格缺陷的聪明人一样,他在很多方面都对自己有透彻的认识,可是不敢指望他的洞察力真会带来变化。比如说,他很清楚他的职业选择是因为他很难发出自己的声音,借别人之口发声是个不错的妥协。

他有幽闭症,还失眠,人生的大部分时间里都深受各种焦虑的困扰,从躯体症状到惊恐发作。他感觉人际关系不真实,让他有压力,他总是预感关系会随时结束。他觉得这些都不可能发生变化。唯一真实而稳定的关系是跟他妹妹,他妹妹小他六岁,已婚。他开始接受分析是想解决一个逃不开的真实难题:跟一个他开始用心的女人在一起时的性无能。治疗的设置是一周三次,在躺椅上进行,这对他来说既恐惧又像他生活中的其他部分一样不真实。

还是小婴儿的时候,不管饿不饿,在 6 个月之前他都会被按照既定时间表喂奶。一岁到两岁时,他一直不能睡整夜觉,总是哭得怎么安慰都停不下来。他的父母在怎么对待他的问题上无法达成一致,最终形成的模式是让他哭到歇斯底里,直到父母某一方的意见占上风,要么是他妈妈把他从婴儿床里抱起来四处走动,要么是他爸爸冲到婴儿床边对他吼。如果哪种办法都不管用,他们就把他抱到大床上,让他躺在两个人的中间睡。他在父母的房间一直睡到六岁,这时父母之间又面临同样的权力斗争问题,是逼着他长大让他自己在另外的房间睡觉,还是让他感觉"舒服"些仍旧睡在他们房间直到他长大。

这样的联结模式贯穿在他的成长之中,并且以不同的形式在不同的情形和不同的时点一再重现。他的父母在怎样抚养他的问题上不断地打来打去,不管是对彼此还是对他的身份认同都没有表现出尊重。因为跟同伴的联结要么是被宠爱的对象要么是

---

① Fisher 等人(1970,1974)和 Broughton(1968)所做的研究提供了关于睡眠第四阶段现象及其相关异常的精神分析和精神生理治疗。

被欺凌的受害者,此外他不懂别的方式,他成了一个孤独的孩子,把妒忌和隔离藏在合群、顺从的面具后,用语言操纵现实。他的生活中互相尊重、互相支持的部分是跟他妹妹的亲近,由于妹妹的出生他才最终离开了父母的房间。

C先生在分析开始阶段的任务是发展更加个体化的自体和客体表征,并且跟他的呆板、没有人情味、充满恐惧等整合起来。目标是让他逐渐不再把内在世界当成现实来依恋,参与外部的人际互动时能体验到真实,哪怕并不愉快。只有当我能在他的多个未连接的体验之间起到桥梁作用时,他才跟我有联结,还需要我能够直接施加影响。暗地里我一直在想,我坐在那是否有助于他保持一个可信赖的、不仅是支持性的外部人物表征,还是说,分析情境只不过是又一次的分裂妥协——只是在检验他能否在分析师的曲子里加一段独奏。多数时候,尽管我觉得我的影响是二者兼有,但也不确定在前三年里我们之间有任何看得见摸得着的变化。我最深的体会是,我的影响只是我自己创造的一个幻象,让我不至于灰心,我只有接受这种体验并且表达出来,才能让真实的影响有一丝可能。① 通过我自己的无助我才能在他感到无助的时候把我的体验表达出来,把我的"虚假"感觉作为整个互动过程"虚假"的一部分表达出来。他偶尔会有些真情实感,但是我很难确定我的话是怎样在更深的创伤和信任层面得到加工的。

那次"Isakower 咨询"

我们刚开始第四年的工作就发生了一件意外的事。躺在躺椅上的C先生直接经历了 Isakower 现象,在这之前他曾经在回忆三到六岁的童年生活时说起过,从那以后再也没提起。事情发生在他每周三次的咨询中的第二次进行到一半的时候,当时他刚漫不经心地说完前一天的事情,然后就陷入了沉默。他最近经常长时间地沉默,比平时更加坚定,在移情里确认他保持疏离的权利,作为自我协调的性格特征,并以此暗地里对抗我为促成他的自我察觉做出的努力。我并没有知觉他的沉默有什么反常,因为看起来他只不过再次进入了遐想。事实上,在他沉默地躺在那里的时候,他的心理状态已经发生了变化,他放任自己到了入睡前的意识半醒状态。就在这个时候,他经历了 Isakower 现象,并且继续在半醒状态沉默着,他深深地参与其中,几乎完全闭上了

---

① Feiner(1979)通过从临床和历史的视角研究反移情问题,创造性地发展了同样的观点。

眼睛。按他事后自己的估算,过了大概两三分钟,他让自己从里面出来并报告了经过。他对感官部分的描述跟他之前的回忆几乎完全一样,只是多了一部分,但是他的情感体验完全不一样。[①] 它并不可怕,也不像是他的自体体验以外的经历。他并没有感到无助,因为他记起来这是发生在过去的事。他把这次重新体验描述成愉快的:把那团东西推开,让它靠近,再推开,不断重复地推拉,好像在跟来自过去的某个幽灵打闹——他不再把这个幽灵体验为敌人,但也不算是朋友。

他之前对这个事件的记忆只是视觉和动觉现象,没有提到过任何皮肤、嘴、或者味觉方面的感觉。在报告这次的体验时,他增加了左边脸部的粗糙和刺痛感,这是他在回忆童年时没有的。(没有提到嘴里的触觉或者不寻常的味道。)这个增加的部分是他主动说出来的(不是我问出来的),这就不可能说C先生是在有意无意地"演一出戏"给我看,编出一件事,他知道这件事的细节会引起我的兴趣。他以前对这件事的描述是他在初始访谈中回忆童年的时候,当时并没有特别引起我的注意,他自己也没怎么注意,只是把它跟他的其他症状列在一起,还开玩笑说它是"夜里来找我的一个大奶头"。我从没问过他就这个现象他有没有没说的部分,所以,当这个经历再现时他就是把它看成一件怪事,跟他的其他奇葩症状一样,没有什么特别意义。也就是说,就他能想起来的部分而言,增加的皮肤感觉是全新的信息,是个意外。但他马上就联想到只有在左侧卧并且用手臂托着左脸时,他才能入睡。

这个事件可以从多个理论视角进行概念化,但是其中最突出的主题是像C先生描述的那样,一个小孩发现了一个新的身体能力,想知道他能在多大程度上安全而创造性地使用它。在某种意义上,这让人想到 Silberer(1909)的实验,在他自己身上制造半梦半醒状态的幻觉并进行观察。温尼科特(1971a)关于"游戏"是幻想和现实之间的桥梁的说法,以及马勒(1968)对于分离—个体化过程中"实践"亚阶段的描述,都是从不同角度对该事件的延伸。考虑到C先生特定的生活经历,可以推测他在那个时点上是有一些安全感的,他让自己退行到小时候他曾经很想掌控的人际间情境,但当时他缺少足够的自我力量借此实现成长。在咨询中通过跟 Isakower 现象的"游戏",他让自己再次直面早年的人际间创伤情境,并在半梦半醒状态下与之嬉戏,同时也是在以相同的方式跟以前让他恐惧的分析情境做"游戏"。也就是说,理解这件事不能只在他的

[①] 他在初始访谈阶段报告的儿时记忆是躺在床上,看见一个又大又"柔软"的灰色东西(有时是圆的有时又变化不定),中间有个模糊的结节,他试图推开它,它却慢慢地向他压下来;他记得自己越来越恐惧,直到他睁开眼睛坐起来,感到头昏眼花。

心理层面，更要放在一段关系里，这段关系让他感到足够安全，他既可以允许现象发生，又可以在我在场的情况下自己应对——跟现象也跟我同时做"游戏"。

后来他说，这是他的背景体验的一部分，他知道他必须选择是说出来还是自己留着直到憋不住的时候。他还说，这次跟以前的咨询不一样，以前他会担心如果他睡着了我会不会生气，这次他没考虑我会有什么反应，就是让自己"任性"了一次。① 有趣的是，这件事就这一点而言对我比对他更重要。他有点意外我会那么兴奋，我兴奋一方面是从没见识过这种现象而他是经历过的，但更多地是因为他开始对有些事情感兴趣了，不再只是关心自己能否受人追捧。我指的是有些更重要的事情在他身上出现了，这次的体验只是象征性的有些夸张的表达：他开始有真实世界里的真实感，可以接纳我的在场而不失去他自己。就像是在这个时刻，他的前认知和认知体验又得到了一次机会，在新出现的自体感的庇护下得到了整合。这种自体感他是知道的，而我却以为是幻觉。

半梦半醒与"醒来"

在接下来的那次咨询中，这个看起来很"死板"、症状却很生动的病人透露，在电视上看到接吻的画面时他总是转过头并摘掉眼镜。但是在"Isakower 咨询"后的第二天晚上，他察觉到同样的场面出现时他没有再那么做而以往这都是自动发生的。他说这个察觉在他看来很重要。这不算什么大事，对于一个名片上写着长期失眠、抑郁、夜惊、幽闭症的人来说，而且上次咨询他已经用戏剧性的半梦半醒现象引起了我的强烈兴趣。跟分析的开始阶段不一样，他在组织"Isakower 咨询"后的自体体验时不仅是按照他表现或"显露"了什么——通过给别人留下印象而存在——还按照他"给"了什么——他自己决定什么时候怎样放下对体验的控制并报告给我从而"给"到我。② 也就是说，这件事（他看电视时的行为）本身是一个有重大意义且激起了他的好奇心的事件，而不是他的一次有趣的表演。

---

① Silberer(1909)的观点是半梦半醒现象发生在睡意（被动状态）和思考（由意志控制的主动状态）之间，Tauber 和 Green(1959)在展开该观点时说："这两个对立状态之间的斗争引起了 Silberer 所说的自动符号化现象……他强调，重要的是这两种状态中的任何一个都不能战胜另一个……第一种状态占优时会睡觉，第二种占优时会正常思考"(p. 42)。
② 我参考的是 Fairbairn(1940)的观点，分裂人群自体体验的内在不确定导致了一种人际间姿态，"显露"而非"给"是联结的主导模式，因为"给"在感觉上太像自体清空了。在本章结束时 C 先生的梦里，这个问题会再次出现，在满足为朋友们准备一桌美食这个愿望时痛苦地哀悼表现能力的消失。

由这个看电视行为上的变化，他联想到一些生动的原始场景（primal scene）材料，后来的分析工作集中在这些材料的修通上，这些材料在他治疗期间一直以各种各样的梦或者不同形式的症状表现出来，但一直很空洞，我问起时他总是表现得理智化或过度戏剧化。他早年生活的这部分及其对他的人格发展的影响现在变得生动而真实，他跟我及生活中的其他人相处时表现得更加直率。这个新的"直接"包括性无能问题的消失。他能够想起看电视时转头并摘掉眼镜，能够在我面前自己主动谈起这件事，这对他产生的作用要远远大于他用 Isakower 现象给我留下的印象。

但是重要的是，他的性问题只有放在他的心理个体化水平和人际联结水平背景下才有意义。尽管 C 先生的性冲突很重要，但在治疗的大部分时间里，我跟他的接触中都很难深入这个问题。直到他发展中的这个关键时候，我对躲开这个行为的理解——而不是躲开的是什么——成为精神分析中的治疗行为。这时候他的冲动，情欲冲动或别的冲动——以及他对这些冲动可能带来的创伤的恐惧——变得足够真实，作为他自体的一部分成为真正的分析材料。过去很多年里他确实一直对电视上的亲吻画面"不理睬"。事实上生活中的一些跟性无关的事他也不理睬，比如说跟朋友聊天时当话题从政治转移到更"真实"的方面，像怎么理财、尝试有特色的餐馆等，他就开始眼神空洞地发呆。其共同特征不是他想躲开的内容，而是躲开本身。投入到自我疏离中这个行为决定了他的人格结构，包括一直伴随他的各种陈旧的心理状态。*长期自动地"躲开"对外部世界的全情投入，以防止触发可能淹没自己的情感，造成了他病态的内部世界以及对真实生活的病态知觉。*转过头并摘掉眼镜的行为只不过是无法整合两个世界的诸多表现之一。从这个意义上说，这也反映了他在相对安全的幻想世界里睡觉的愿望，而不是突然被推醒，就像有人在厉声要求他去面对在他看来完全陌生的人际情境，让他再一次藏起绝望和恐惧，假装参与其中。

出现 Isakower 现象的那次咨询对我来说很特别，因为我是第一次见到这么少见的心理状态。从更广义的层面来说，这次咨询很特别是因为他的半梦半醒行为是在他跟我互动的框架下发生的。他自己拿定主意，主动把我推开，直到他自己"玩够"了才报告给我，不讨好也不焦虑。这就是对*他*的意义，既可以说是言语的也可以说是前言语的修通过程的开始。在这个背景下，他在那次"Isakower 咨询"中的言行可以看作创造性的行为，像 Tauber 和 Green(1959, p. 42)提出的那样，半梦半醒现象展现了想象力的创造功能。

但是它是怎么发生的呢？哪些因素综合起来让他在咨询的这个时点上有了这样

的体验,并且抓住这个时点为自己所用,让这种体验成为成长中的转折点?尽管对这些问题我给不出像样的答案,但是可以假定的有两点。首先,他越来越难以把内在世界当成安全的藏身之处。咨询中我们对他的疏离所做的工作正在变成一种内化的体验,对此他无法逃避只是还没跟我讨论。我着力于他最疏离的时刻这个方法开始奏效,他已经不能再撤回到退想状态,安心地待在沉默里。① 这时候他已经在开始加工他的沉默,他沉默就违背了要把任何体验在发生时就报告出来的承诺,不管这沉默意味着什么。他不能再无视这个*内在*指令,把我的沉默当成默许他逃避自己的体验。也就是说,因为他现在不能再解离,即当他需要逃避焦虑的时候在情绪上与我疏离,他"清醒地"知道我是存在于他的内在世界的一个真实的人,因此也清醒地体验到了被冒犯被贬低——按照他的内在剧本,我们其中的一个人必须服从另一个人的意志。

被迫服从并因此而愤怒,我们的关系一直以这样的主题在他的潜意识幻想生活里进行表征,但是到目前为止只是以解离的方式(通过他的梦)表现出来。最近,它开始在移情关系里直接出现,因为他不能再用疏离状态逃避当下。前不久他自己这么说过:"我恨的是你知道我不能一直沉默所以你只要坐在那就行,而我必须得考虑我还什么都没说。我能想起来的事都太琐碎,说了会很尴尬,但是什么都不说也很尴尬。其实连这*些*我都不想说。"这么来看,"Isakower 咨询"或许确实可以看成是在修通同一个问题,它重新激活并且整合了心理表征中最早最深埋的部分。

那么,为什么这个现象发生时他的表现是自在地独立存在,而不是叛逆或者出风头?回头看那次咨询,我怀疑移情已经发生了转变,而我当时并没有察觉,这个转变使他能够信任我,也信任我可以尊重他的自主性,尽管我的分析姿态很"强硬"。为这次转变提供源泉的,最先想到的是跟他妹妹的关系,然后哪怕是像我在那次咨询中的"无知"这样的小事都有可能在决定该事件对他的意义时起了很大的作用。当时我像一个睁大了眼睛的天真的孩子,而他则是老练的专家,我的惊奇让他觉得很有趣。第二天晚上,他留意到他不再像个天真的孩子那样把眼睛从电视上移开。如果我的天真真的意义重大,它证实的恐怕不仅是保持好奇心的重要,还证实了分析技术最准确的定义可能就是我所说的"自我的后见之明"(hindsight in the service of the ego.)。

---

① 我指的方法在第 5 章曾经详细论述过。我讨论了分裂过程和作为对病人"有吸引力的事情"的弗洛伊德自由联想的基本规则之间的关系。从这里看,"基本规则"确实是两人过程,它需要病人逐渐但更多地自愿参与当下的移情背景,而不是被"拉"进来对内容进行伪探索,实则继续保持分裂妥协。

梦、白日梦和现实

在C先生接下来的分析中,在治疗前期已经工作过的很多内容再次浮现出来,而且更丰富更完整,成为移情中积极的可分析的部分。他特别爱做梦,有一阵我们分析时说的全是梦。他这么没完没了地做梦所具有的自我保护功能和表达功能我们都做过探讨,但是这方面的工作总是感觉没有生气,也没有说服力,像他这个人一样。相比之下,梦倒是异常生动,到处都透着意义,求着被分析。治疗前期,梦像是C先生理解我们之间关系时唯一可用的渠道。咨询中我们在处理他的梦时互相做了什么变成他下一个梦的内隐内容,从来没有任何直接或外显的表现看得出他是有意识地记住了我们的互动,他不过是在我需要时尽职做出回应。在这段时间的工作中,梦更像是建构现实的材料,而不是揭示现实的渠道。

在治疗中他最早的梦是创伤性的、混乱的、原始的,经常很奇怪,充满了他严重受创的自体形象和面对世界时可怕的无助感,精神分析这个陌生情境也是他的世界。在这些梦里,抠出的眼球从眼前飞过,奶牛被挤奶工割伤了喉咙还浑然不觉,电台节目突然活了起来,让他无处躲藏。夜惊更是家常便饭——突然被猫吃掉,这种生活在美丽的热带岛屿上温顺的居家宠物突然毫无征兆地从地狱里窜出来。一个又一个可怕的比喻,试图揭露C先生的过往和人格中那些支离破碎的现实,做梦者为此遭受着虐待或报复性的自我惩罚,惊恐地尖叫,像是在发出信号:"为了保持冷静和情绪正常,那些能让他看见、知道和说话的危险器官都必须丢掉。"事实上,这些事情正在发生。

随着这个治疗阶段的进展,C先生越发明显地用分裂来防御这些解离的施虐愤怒。这时分析开始进入Guntrip(1969)描述的"分裂妥协"。他的人格结构的实质,而不是他的现实的不可控的创伤施虐本质,成为他梦的想象核心。他做了大量看电影的梦,也常梦到监狱和集中营,每次都是他趁着看守不注意迅速逃跑。他是这么说的:"就算我最后还得回去也无所谓;我*居然*出来了,这件事他们必须一直记着,这才是真正的自由。"在这段时期的分析中,在他昏睡的意识面前我很难扼制持续的无助感,总想做些什么来保持警醒,让自己有用。我的话他都照单全收,但只是用他的"假嘴"——他真实的嘴里的一个看不见的夹层,这也是他在梦里梦见的。从他的嘴里出来和进去的话都是"假"的。

Isakower现象的重现开启了分析的一个新的阶段。就连他的梦都呈现出不同的特征。这些梦还是只有C先生自己能够认得出来,但现在*他*和他的梦生动起来。他直接跟我说他想一直在躺椅上"睡着",这样就不用跟我有接触,还说他害怕表达对不得不遵守我的规则的愤怒(还没带到咨询里),比如说躺在躺椅上、为错过的咨询付费等。

他希望回到以前死板的分裂状态但又做不到,他用一个梦表达了这一点,他决定死掉,但是当他躺进坟墓时他觉得自己不像是要死的人。在这个梦里,他害怕墓地的管理员(像我一样的人物)在他还没死的时候就把他埋了,于是从坟墓里爬出来,向远处的一个城市走去。不难看出我自己就是那个往他被动的身体上堆了很多话的管理员,而他则希望在想死的时候死掉——特别是当他提到他的墓碑上刻的死亡日期是4月15日,他的报税日。

像他在真实生活中一样,C先生在分析过程中的进步不是突然从半睡状态变成全心投入,而是有个转变过程,在这个过程中他对我就像他对Isakower现象一样:半睡着躺在躺椅上,跟我的那些让他窒息的想法做游戏,把它们推开,从不同角度看它们,用他自己的想法对抗它们,逐渐创造性地充分利用人际情境,越来越多地感觉我们两人都身在其中。就这样,分析进入到最后阶段,这时"假嘴"以及通过疏离来逃避生活都变得跟他的自我不相容。在他的外部生活中,他的个人生活及职业生活中的关系更加丰富而有意义,他打算跟一个同居了一年多的女人结婚。至于分析过程,他已经不仅能够不带焦虑地接受我的话,还能不再赋予它们任何魔力。他自己也不再用语言做掩护来抵御另一个人可能带来的创伤打击(参见 Sullivan,1956,pp. 229-283),而是全情投入到外部世界里,用语言更真实地表达自己的人格。

比如说,他的白日梦变得更真实,引起了他自己的好奇。"有个周末,在散步时我察觉到,"他说,"我的白日梦让我看不到周围有什么,而且我意识到当我在家时我就没有白日梦。这让我想到我的白日梦的作用就是屏蔽外面的世界,就像看书或看电视的作用一样。当时我不需要白日梦是因为我已经在家里了,窗帘也放下了。做白日梦时,我常常因为我在真实世界有可能遇到的事情发怒,我因为自己吃亏而生气,我骂他们。这就像我边走路边写演讲稿,不同的是这个演讲是在我心里的。我觉得我做白日梦的目的还可能跟我在夜里做梦一样。我能在我的脑子里应对真实世界但仍然像是睡着了一样,不用真的跟任何人有瓜葛。"

C先生获得并且说出了这些领悟,在我的积极参与下,他不断地想起一些很早期的原始场景记忆并披露了一些与之相关的生动幻想。从那以后我很快惊奇地发现,C先生努力处理的那些点点滴滴,跟 Lewin(1950,1952,1953)描述的做梦的功能以及原始场景和他所说的"口欲三元素"——吃的愿望、被吃的愿望、睡觉的愿望之间的关系,紧密呼应。Lewin 认为,在幽闭症中,"幻想待在妈妈身体里,吃呀睡呀,是在乳房旁吃和睡的愿望向下和向内的置换。"他说:

> 我再提出一个可能是最基本的因素:名义上,睡觉的愿望是对喂食的重复,也是防御来自原始场景的干扰……因为原始场景干扰了睡觉,它激起了全部的口欲三元素。对失眠的某些研究可能会涉及这些。不眠可以追溯到原始场景体验,但入睡困难表达为口欲形式。病人持续表现出这样那样的饥渴……原始场景下的失眠在潜意识里等同于未喂食的婴儿的不眠。病人想吃是为了睡觉,原始场景下的失眠被纳入喂食范畴……防御原始场景刺激的第一道防线是熟睡,对口欲程序成功的完整重复。第二道防线,在受到一些刺激之后,是做梦,用梦来中和入侵者,守护睡眠。(pp. 120‑121)

C 先生的就寝模式一直是吃撑为止——只要有一点饿的感觉他就没法入睡——然后上床,盯着电视直到困得不行。有时候他要用强迫性的反复思维来争取入睡,直到最终彻底累了。他生命中从清醒状态到睡眠的这个过渡阶段一直在牢牢的控制之中,直到视而不见变成睡而不眠。

原始场景和终止场景

对 C 先生来说,在激烈对抗的终止阶段,"看见"是最后一个要解决的问题。结束的提出在他看来完全是我单方面的专权,因为这个话题明显是由我发起的而不是他。他觉得我先提出这个话题相当于强加给他一道"命令",让他"感觉可以了"就离开。那段时间他去了几次验光师那里,想把厚厚的眼镜换成新的更舒适的隐形眼镜。他开始把旧眼镜看成一个假体——他身上的人工附加物,类似打比方的"假嘴"——让他看起来无害,从而保护他不被那些他看不清楚的有可能伤害他的人所伤害。而隐形眼镜则是另外一回事。它们直接跟看见的愿望相关,这是一种性能力,性吸引力,显示的是性主动。[①] 在配眼镜这个背景下,他看见、被看见、有所行动的愿望在他的自体感觉里开

---

① Fink(1967)在报告他的一位在分析中体验过 5 次 Isakower 现象的病人时,提到过一个惊人的事实,"对该现象的前两次报告是在两次连续的咨询里发生的,在这两次咨询中病人都戴了他很少戴的隐形眼镜,他对隐形眼镜的联想是性能力强且看上去性感"(p. 238)。跟 C 先生一样,Fink 描述的这位病人后来也联想到丰富的原始场景幻想和记忆。

始跟前期发展中的三元素吻合起来——即,吃、被吃、睡觉的愿望。他在治疗中第一次体验到对一个男性或权威面对面的强烈愤怒。C先生感觉他的眼镜以及由我提出结束分析都有些不对,这两件事都让他无法"看见"而他本来是可以看见的。他的愤怒同时指向了验光师和我,在工作的最后阶段,之前无法控制的施虐感逐渐得到修通,整合成坚定的、权威的自我表达。在每个关系里他都觉得能够施加影响,跟对方一起解决问题,达成虽然不够"完美"但他能够接受的结果。

在移情里,一直以来也是同样的因素在起作用——口欲冲突、情欲愿望、对父母权威的害怕——而现在,他有了足够个体化的自体感,可以让他的愤怒为成长所用。甚至还有可能看到由他与父母、妹妹的关系表现出来的不同层面的冲突之间的联系。在口欲剥夺的层面上,他是那个把自己的全部存在都体验成被对他没反应的母性人物控制的小婴儿,母亲不是什么都不给,而是无视他独特的身份,只在她认为他需要的时候才给。从这个意义上说,Isakower现象当然是指乳房,但它也是一个人际间现象,这表现在C先生做出的象征性的也是创造性的努力,试图克服他早年跟母亲在喂食问题上的前认知体验的自我被动性。伴随他一生的无望感跟他与外部世界互动时长期的无能感并存。在口欲层面,世界体现为母亲,如果他不会自我保护自我喂养,这个母亲可能会在他很饱的时候撑死他,因为她觉得他*应该*很饿,或者在他很饿的时候饿死他,因为她觉得他不应该还饿。这个层面的体验在他就结束分析的问题对我的感觉上,以及在他就眼镜是否还需要校正问题对验光师的感觉上,都表现得特别生动。

在俄狄浦斯体验和原始场景幻想层面,这两个男人在他看来像是复制了他那个专制、危险、竞争性的父亲对待他的方式。他又听到了"我知道怎样对你最好",但是在这个层面,他听到的是因为他能看得更清楚导致的对他的报复。他在性和攻击性上都看得更清楚,开始直视我并把他看到的说出来,他在从我的角度看我。原始场景对C先生来说那么可怕,不是因为他在出生后的前六年都睡在父母房间,而是因为他把他看到的和幻想出来的,组织成了刻板的人际间参考框架,哪怕那些事跟两个人愉快、兴奋、满意地在一起没有关系。从C先生跟父母的关系中,找不到能够让他相信互相尊重的事情。因为在他的体验里,一个人必须服从于另一个人的意志,他的俄狄浦斯幻想必然是可怕的,因为他已经感觉到"前俄期被阉割"。创伤接着创伤,在发展过程中没有安全的人际情景,除了跟他妹妹的关系,从她的出生很可能看到了治疗的希望。

不管在咨询中有多少诱人的发展资料可以信手拈来,在分析的早期阶段最有意义的维度还是结构性的,而不是动力性的。在C先生的人格成长中起重要作用的并不是由未满足的口欲愿望或俄狄浦斯阉割焦虑所定义的性心理冲突。对他的早期发展以及分析治疗进程最有影响的,是在特定时点上存在的心理表征结构水平能否参与并利用跟发展阶段相适应的新的人际体验。在很长时间里,他的表征世界的不稳定决定了他在多大程度上能够加工并拥有全部的人类情绪,而不是身陷他唯一信任的安全来源——他的内在阶段及其提供的两人结构。(参见 M. Balint, 1968)

C先生治疗的结束可以用一个梦来总结,这个梦是他在说好的结束日期前三个月时报告的。就像分析本身一样,这个梦没有把所有的问题都解决,但是传递出新的希望、能力和在外部世界的安全感,还有愤怒,因为为了达到目标他不得不放弃旧的自体夸大源头。它还传递出对失去我们的关系真实的伤心之情。

> 有些很重要的儿时朋友去他家,他想取悦大家,给大家做饭,但是他家的光线太暗。他跟他的朋友们一起去找更亮的灯泡,为此遇到很多困难,他们都齐心协力克服了。最后,他们脏兮兮但兴高采烈地拿着灯泡回到家。他换了灯泡,房间明亮起来,让人心情大好。但是这时他的朋友们已经没有时间了,不能留下吃晚饭。他们很高兴见到他,跟他一块儿做了这么好玩儿的事情,但是现在必须去忙自己的事了。("真是扫兴",他在咨询中说,"他们要走了,不能留下吃晚饭。我多想他们能待得久一些。我费了那么大的劲儿让房间亮起来,可是已经太迟了。那个时候,我已经不能取悦以前生活里的那些人了。")

在最后的三个月里,每个"老"的主题都无比真实地浮现出来。由他的父母在怎样才是"正确做法"上有冲突带来的不确定性,好像我们又跟着复制了一遍。我们是不是结束得太早了?像他梦里的朋友们那样,我"走得那么快",是不是想维护我作为分析师的形象,而除了在极个别情况下,我就是"不能取悦"的?如果是这样,我是不是不经意地实践了父亲潜意识里想把他从卧室"扔出去"的愿望,因为他已经足够成熟了能够看清我的意图并且挑战我?还是说,我在扮演母亲的角色,只要她的支持对他非常重要,她就把他留在身旁,一旦我帮助他实现了充分分离的身份认同,我就准备接收一个"新的婴儿"来代替他?在结束之前这个不确定性必须解决吗?能解决吗?不管是按我自己的标准,还是按他的标准,分析都是成功的。那么为什么他的结束过程会如此生动地勾起往事呢?

Levenson(1976a)从他所说的"结束的美学"的角度出发,提出:

> 可能有人期待病人在他的操作架构内结束分析。可能有人希望病人的提升能够体现为架构的延伸和调整……我想说的是，想知道什么时候结束跟想知道什么时候死一样没有意义。结束是治疗过程中自然发生的事。(p. 341)

我认为在C先生的案例中，这个比喻恰当而讽刺。C先生人生中的大部分时间都在问什么时候会死。在他的潜意识体验里，他一直保持着对生活的疏离，仿佛"生命"根本就没开始，以此来控制死亡。就像那个他躺在坟墓里等死的梦一样，只有通过爬出来寻找真实世界这个行为，死亡，如同分析终究会有的结束一样，无论好坏，才能成为生命的一个自然的组成部分。

9 困难的病人还是困难的组合?[①] (1992)

在一篇题为"不可理喻的病人"的论文里,Giovacchini(1985)把病人的病理与治疗过程相冲突这种情形统称为精神分析悖论。他认为,"移情重复对分析结果是必不可少的,但有些病人,其问题的实质似乎就是阻碍分析"(p.8)。比如说,有些病人在治疗过程中就是要显示他们有权做出不可理喻的行为,他们对行动化的需要主导着分析情境,已经丧失了自我观察的功能。在临床上,分析师的无助将使他无法保持分析角色,所以通常会把病人体验成"困难的"。他所说的悖论在于,分析过程的关键是让病人在治疗中体验他的"原始"情感和心理状态,而病人领悟之后就可能再也无法充分体验情感直到释怀。"从某种程度上说,每一次诠释可能都太早,因为不可能知道某种情感要体验多久才能释怀"(p.6)。

分析师该怎么做?当某些病人"不可理喻"地在移情中把未符号化的体验付诸行动,在传统的分析情境下无法感到被理解,分析师该怎么跟他们工作?

下面我将忍住笑给出几个片段,摘自一位"不可理喻的病人"的初始访谈,这是我们知道的最早的临床案例之一(Carroll,1871)。这位年轻女士(可能是被动攻击人格)曾经创伤性地垮掉,从那以后一直顾影自怜。病人(爱丽丝)来到矮胖子博士的办公室,看上去显然没有接受能力。她的第一反应(像很多这样的病人一样)是贬低明显不平等的座位摆放以及分析师的职业中立态度。在她看来胖子博士是坐在一堵高墙上,她"想知道他是怎么保持平衡的——他的眼睛盯着相反的方向,根本没注意到她,她觉得他肯定是个玩具人"(p.251)。访谈开始时,分析师已经识别出病人患有严重的人格问题,既然她把天真当防御,就"不说废话"了。当务之急是让她尽快认识到她的现实检验能力已经严重受损,甚至都不太知道她自己是谁。

[①] 本章的前一个版本提交给 1990 年 11 月 William Alanson White Institute 的临床研讨会,"精神分析实践中的人际间领域"。当前版本发表于 *Contemporary Psychoanalysis*,1992,28:495–502。

"别站在那儿自言自语，"矮胖子说，第一次抬眼看她，"告诉我你的名字和职业。"

"我的名字是爱丽丝，可是——"

"什么破名字！"矮胖子不耐烦地打断她。"它有什么意义？"

"名字一定要有意义吗？"爱丽丝疑惑地问。

"当然了，"矮胖子笑了下，说："我的名字说的是我的身材……你那样的名字配什么样的身材都可以。"(p. 263)

爱丽丝模糊的自体感就这样得到了澄清，然后轮到职业，分析师为她完成了相应的角色定义。在下一个环节他们建立了分析框架的结构，包括设置这些病人需要的适度的"限制"。健康的和受损的现实判断进一步得到区分，其效果明显地体现在爱丽丝更加通情达理。

"我用某个词的时候，"矮胖子傲慢地说，"它代表的就是我想要的意思——不多不少。"

"问题是，"爱丽丝说，"你能不能让词语有那么多不同的意思。"

"问题是，"矮胖子说，"是谁说了算——就这么简单。"

爱丽丝越发迷糊了，不知道说什么好；过了一会儿矮胖子又说……"一切尽在我的掌握之中！毋庸置疑！我就是这个意思！"

"你能不能告诉我，"爱丽丝说，"你到底是什么意思啊？"

"你这么说话就像个通情达理的孩子了，"矮胖子说，看起来心情好多了。"我说'毋庸置疑'是指这个话题我们已经说得够多了，你不妨说说接下来要干嘛，你该不会想把后半辈子都扔这儿吧"。(p. 269)[①]

访谈结束时，胖子博士再次让爱丽丝领教了分析中的节制，在总结中他告诉她，他知道她想被镜映的自恋渴望，但是这种渴望不会被满足。

[①] 这里有人建议可能是反移情问题（分析师潜意识地害怕被不可终止的分析所吞没），爱丽丝这样的困难病人（那些不知道分析规则并且过度在意"框架"的人）经常唤起这样的恐惧。

停顿了好久。"就这样了?"爱丽丝怯生生地问。

"就这样,"矮胖子说。"再见。"

这太突然了,爱丽丝想;但是,已经这么明显地被提示该走了,她觉得再待下去就失礼了。所以她站起来,伸出手。"再见,下次见。"她打起精神说。

"就算再见我也认不出你,"矮胖子的口气很不满,给了她一根手指头握手告别:"你跟别人没什么两样。"(pp. 275-276)

我们这个行业刚兴起的那些年,精神分析师们可以相对安全地维持舒服的幻觉,也就是在必要时,他的困惑、走神、没记住、没听懂,甚至他的无知,都可以巧妙地藏在分析角色背后;对技术上允许的不回应姿态,至少大多数病人都可以忍受,哪怕暗地里(有时公开地)会不信任和反感。在那个年代,从"困难病人"的立场,分析情境可以说是"困难的过程"。出于很多原因,包括我们在文化上对父性权威的态度的显著变化,在过去三十年里,接受分析的病人越来越要求他的搭档开口说话,在关系中有回应,表现得更加人性化。借用一个老笑话,"对于分析师来说,仅仅啥也不懂已经不够了;现在你得说出来才行"。不做回应的分析师时代已经基本成了回忆;"困难病人"的时代到了。当精神分析已经成为"不可能的职业",当它的执业者们都在冒着随时被"耗竭"的风险,是时候允许分析师公开讨论他们的"困难病人",作为小小的发泄了。

在精神分析背景下写作困难病人时,大体都会反映作者的理论倾向或者对其他更基本问题的敏感。比如说,经常能够看出分析师在多大程度上执着于两个对立的往往被狂热拥戴的参考框架中的哪一个。第一个代表的观点是,存在于病人和分析师之间的纽带仅仅是催化剂,使真正促进变化的因素——领悟力——能够重新建立心理工具的结构平衡。另一个代表的观点是,这个纽带的一部分,不管它是依恋、联结、抱持、共情协调还是别的什么,都是结构变化过程中跟发展相关的因素,因此都是治疗行为。深受第一个观点影响的分析师倾向于把困难病人看作"不可分析的病人";用传统的元理论所说的"未修正的精神分析情境"是不可分析的。在这个参考框架下,治疗"困难病人"的指导原则是,按照经典的精神分析定义保持基本的治疗模型,同时在弗洛伊德的理论允许的边界内扩展临床视野。着力点是怎样让困难病人适合于躺椅而不必延长或缩短躺椅或病人。其结果是我们都熟悉的,就是从分析师的技术列表上引入额外的最终能够被分析的因素,即参数。在这种情况下,在定义"困难的"分析病人时,至少是隐含地,参照的是病人利用某种分析情境模式的能力,这种能力取决于他能否把自我资源带入到该模式,使他可以参与分析过程,而与分析师通过他自己的人格或方法所作的贡献无关。①

另一个极端是 Haley(1969)这样的作者们,他们在使用"困难"一词时是有讽刺意味的,用来形容"基本"治疗模型理念的荒谬(甚至自以为是),这个模型在定义病人的心理健康时依据的是他能否长期忍受某种关系,这种关系不需要在他而不只是他的搭档的影响下不断做出修正。Haley 强调说,困难病人之所以"困难",主要在于"一旦他们开始感觉到一些信心,就会直接针对分析师"(p.18)。实际上,Haley 是把前一种情形完全倒过来,主张(我认为这个观点异常耀眼)那些"疯狂"到不可分析的困难病人只不过公开表达了可分析病人被动地忍受的东西。我说"异常耀眼"是因为我觉得 Haley 削弱了另外一个重要理念,很多人需要树立而且已经树立起来的一个现在几乎成为共识的理念,这其中包括很多经典分析师齐心协力、处心积虑的努力。Haley 是在形象地强调 Stone(1961)一度委婉地指出的事情,即在分析中已经形成了一种不必要的刻板,迫使某些病人接受被"裁剪"得适合分析过程,而不是相反。如果病人不能(或者像 Haley 说的那样,不想)适应,他就被定义成"不可分析",某种"修正了的"精神分析技术就会被拿出来跟他们工作,以此来固守基本的治疗模型,而不是对该模型提出疑问。

精神分析史走到今天,当我们都已或多或少熟悉也或多或少厌倦了分析政治,"困难病人"这个话题就更有意思。对这个说法谁都不满意,谁都有想法,唯一能够达成共识的观点是大多数学派都不喜欢这个话题。甚至在写作时,作者们一写到这个词就会批评它。比如说,Feiner(1982,p.397)在一篇题为"对困难病人群体的评论"("Comments on the Difficult Patient")的文章里,开篇就是"也许我们应该思考的不是'困难'这个词,而是'群体'(the)"。"困难病人群体",Feiner 认为,隐含的是我们把问题看成是出在病人的某些特征上(比如不可理喻,死板,矫情等等),而把病人看成是与之分离的个体。也就是说,一旦我们用"群体"来描述一类人或一群人,我们就限制了自己了解任何特定个体的能力,这样贴标签暴露了病人的问题也同样暴露了我们自己的不足。他建议如果我们把关注点从泛泛的分类上转移开,就可以不把"困难"看成特征而是在某个背景下发生的行为,在两人情境中尊重病人的特质,把该特质当成两人情境的一部分,从而更有可能在分析设置下理解和治疗他。无论如何,"困难病人"这

---

① 对该观点的充分论述请见第7章。

一概念就像抓痒痒时没有抓到的那个痒痒，就算抛开分析政治它也一样存在，它的拒绝消亡在我看来更多地是基于临床上的生命力，而不是理论上的必要性。我们都知道，这个说法绝不是正式的诊断，就算它是凭印象贴上去的标签，也不是说存在着一组大家共同得出的能够支持它的数据。我认为"困难*组合*"这个概念也一样。这两个词组我觉得都是个别分析师在符号化病人带给他个人的郁闷——身心俱疲。

是什么使病人在临床上困难，这才是问题。我们怎么才能从诊断上、人格上、个人心理动力上把病人跟每个独特的病人/分析师组合对接？难道"困难"只是旁观者的痛苦？我怀疑真有人认为是这样，但是如果不是这样——如果一个分析师的困难病人在另一个分析师那里也不是平常病人——那么我们在谈论"困难"时到底在谈论什么？如果病人和分析师真正构成了浑然一体、相互渗透的两人组合，那么每个病人不管怎样都会至少在一段时间内被体验成困难病人；也就是说，如果分析中一切顺利，这个分析就一定是哪里不对了。那么问题就变成了"困难体现在哪儿？"，什么样的分析师，在什么背景下，参考什么心理动力问题、行动化、移情/反移情以及基本人格结构，才能最有效地在治疗中理解某个特定"困难组合"中的病人？

比如说，与一位潜在病人进行初始访谈时，为了给某个特定病人提供条件以结成治疗联盟，分析师在决定他有多大意愿调整框架时影响他的选择的到底是什么？也许某些病人的初始会诊其实就是围绕是适应还是诠释进行的协商。有些分析师比其他分析师更愿意调整框架。这是特定分析师的个人特质，还是说某些病人身上的某些东西让有些分析师更愿意出于个人原因来适应他们，而另一些分析师却不愿意？同样地，分析师怎样才能理解他的选择背后的原因，他用什么标准来判断他愿意在多大程度上为某个病人调整框架？哪些是在刚开始就应该跟病人公开谈的？那些认为框架本身就是不断协商的产物而不是要么坚守要么"调整"的"基本"结构的分析师呢，他们用的是什么标准，他们对"困难"病人的意识或潜意识体验在多大程度上被考虑在内？适应与反移情之间的界线有时很模糊，在很多时候，所谓的"容易"病人本来是"困难"病人，是分析师避重就轻不让他变成困难病人。有个例子是，那些个性随和可靠的人让分析师感觉太好了，他都注意不到自己在跟病人合谋，对治疗僵局避而不谈。在这种情况下，分析师对病人的私人反应，如果加以关注，往往是有用的数据来源。有时候这很微妙，比如注意到潜意识地对某个病人有剥削倾向，一旦遇到日程安排问题需要调整咨询总是会最先想到这个病人。并不微妙而且很可能对病人有害的是，跟其他病人相比，分析师更愿意允许这些病人长时间地搁置悬而未决的问题，就因为这些病人一直在治疗中很努力,而"那些问题到时候自然会解决"。对有些人来说这当然很对,但是对另一些人来说,这只是为维持"困难"病人是"容易"病人这个幻觉而找的理由。

总之,当分析师感觉自己跟"困难"病人陷在僵局里,他能找到的最好的安慰是:理应如此。我的观点是,当分析师左思右想发生了什么时,如果他能关注他跟病人之间发生了什么而不是在病人身上找问题,他就更有可能回到正路上。

10 从里到外了解病人

潜意识沟通的美学①（1991）

> 小时候有人对我说，静脉里的血是蓝色的，跟透过皮肤看到的一样，露在空气里才会变成红色。把它留在里面它是那样，露出来就完全变了颜色。
> ——Robert B. Parker, *The Widening Gyre*

人类的天性是，"内在"体验保护自体不受过度的外部侵扰，而人际间沟通又把自体从过度的内部隔离中释放出来。如此说来，我们可以把"个人自体化幻觉(illusion of personal individuality)"(Sullivan, 1950b)看成心理上的矛盾状态，是内在创造力和社会化联结这两个主观现实之间，或者稍微换个角度，是内在想象和外部适应之间，持续进行的协商。

通过分析关系中的互动，病人逐渐敞开他自己，分析师也越来越了解病人。分析师试图把这种不断变化的体验通过临床过程中的交流和诠释用语言表达出来。任何一位分析师都知道，事情从来不是这么简单。在任何时候——甚至话刚出口——分析师用言语描绘出来的病人都是错的，分析师经常在意识里注意到这些错。我说的"错"不仅是指不完整、不贴切，或者跟病人眼里的他自己不一样。我的意思是分析师自己对病人的体验是错的；是古董商人在用这个词来拒绝他觉得不是"真"货时的那个意思；是"不对"的那个错。从根本上说，语言就是会不可避免地过滤掉病人的主观体验所拥有的很多颜色、质地与活力，特别是开始用词语*替代*体验的时候（见第 1 章）。不管语言多么传情，词语都只不过是体验到的真相（"真自体"的力量所在）的符号。但是如果分析师能够倾听，有时他的话就会产生回声，用它的空旷重新建立联结，通过心照

---

① 本章的前一个版本提交给 1989 年 3 月由 Institute of Contemporary Psychotherapy 在纽约主办的研讨会，当前版本发表于 *Psychoanalytic Dialogues*，1991，1：399 – 422。

不宣的秘密:"我内心的体验超乎我的言语表达,也超乎你眼中所见",创造相互理解的纽带。大多数人都觉得他们理所当然有自己的内在主观状态,坦然接受他们的内在超乎别人所见,这种心理状态把他们融入人群而不是情绪隔离。他们能够既在世界之中又与之分离,这种整体体验使自体和联结协调一致。而另外一些人,因为发展得支离破碎,一辈子都在保护主观内在,为此付出的代价是无休止地确认自己或者绝望的孤独。对他们来说,被人从里到外地了解既是最可怕的噩梦,又是最热切的渴望。"我的内在超乎你所见",是战斗的呐喊,也是求救的呐喊,这是他们主观现实的写照。

在第 11 章我会给出一个简短的临床例子,在这里我想先借用过来。这个例子说的是一个病人用梦作为与分析师的潜意识交流,以移情的方式告诉他,他在"执导"分析时与她联结的临床姿态是她不能忍受的,他过于相信自己技术的正确性,以至于他的感觉与该技术对她的实际作用是错位的,她无法协调既做她自己又做他的病人。① 病人用梦来达到目的的做法提供了一个创造性的渠道,把他们当前的关系结构无法加工因而她无法在意识上表达的想法展现出来。在梦的想象里,她开始不再指望他能认识到"做"分析只会让她更加不能表现她是谁。梦里发出的信息是:"我是那种觉得关系很假很有压力的人;我没办法像你以为的那样回应你的行为。允许我按照我的样子跟你在一起,你才有可能开始了解我。"如果分析师听到这个信息,他应该"做"什么来回应呢?毕竟梦里传递的指令并不是该"做"什么,只是"不该做"什么。而且,如果他能认识到他的自负姿态的负面影响,他就必须承认他在梦里听到的"信息"只是一种可能性,不一定是事实。简单地说,我的立场是,他应该尽可能仔细地倾听每时每刻他的存在对她的影响,并且在回应时记得这一点。也就是说,他应该依照他对她的心理状态的体验来决定他以什么姿态来看待她的梦,因为他的姿态将构成诠释背景,他说话的内容将在这个背景下产生意义。事实上,他把他对梦的理解交流出来的程度,要让他的"做"更加能够体现做梦的人通过"不做"表达的意义,也就是说,他(分析师)要表明他不期待或要求关系独立于他们的主体间协商。而且,万一病人觉得他从梦里听到的是不准确的,或者只有部分准确,他必须能接受听到这样的可能性。病人在那个时候所需要的是她的分析师承认,沉溺于他自己的方法就是剥夺她退行的机会,退行到一个在人际之间无法表达只能用行动展现的水平上——并且只能展现给能在那个水

---

① 在梦里,未经掩饰的分析师以诚挚的态度带着真诚的温暖笑容向病人的膝上扔了一个装着双头妖怪的袋子。病人吓坏了,因为她知道她得打开袋子,但是她不能告诉分析师她有多害怕,因为她说了妖怪就会变大。

平上参与进来的人,而不是要求她过早地放弃退行而代之以适应性的伪成熟的解离。

能否把分析师对这种移情行动化的参与看成潜意识沟通的一部分?我认为可以,它体现了人际间的认可,把分析师从里到外了解病人的意愿以唯一可行的方式表达出来——直接而且个人化。然而这个比喻的有用之处并不在于它在逻辑上的说服力,而在于用它来规范分析过程时能够产生的具体的临床价值。我将尝试探索以这种方式研究潜意识沟通的治疗含义,特别是对某些病人来说。因为解离的作用如此重要,我想先从更广阔的分析视角对它的临床特征进行研究。

解离

Rycroft(1962,p. 113)曾经说过:"精神分析式治疗的目标不是让潜意识意识化……而是重新建立已经解离了的心理功能之间的联系,使病人不再觉得他的想象能力和适应能力是对立的。"Rycroft 在这里表达的是,如果发展得一切顺利,成年人应该不会体验到内部和外部现实之间的不连续,也不会总是需要在创造性的自体确认和适应性的人际联结之间作选择。也就是说,应该能发展出一种能力,让自己很自然地在亲密关系中从里到外得到了解,不担心放弃内在就会谋杀灵魂。通过仔细研究那些早年发展不够顺利的人怎样在分析治疗中达到这种状态,我们发现其内在的关系实质十分清晰。从出生起,人类就需要通过与其他人的关系媒介来结构化他们的体验。只要个体早年的客体关系能够适应这种需要,通过言语沟通来共同符号化主观体验的过程就是相对非创伤的,除非暴露于重大的创伤事件,一生都会如此。

如同以任何其他的方式了解病人一样,诊断也从来不是非黑即白的,Edel(1980,p. 9)观察到,"不安全和焦虑滋生对他人的需求。有时这会变成分裂和麻烦;有时会变得铁石心肠"。如果解离发生在相对紧密的人格中,自体体验的不同部分由核心的共性和相同点联结在一起。自体的各个解离部分具有不同水平的心理功能,比如感受并忍受需求与愿望的能力,判断适应性的社会行为的能力,出于个人喜好或目标做出行动的能力,保持客体恒常性的能力。这是在神经症的临床治疗中处理解离现象时我们习惯工作的部分。我们希望病人身上存在紧密的核心人格,哪怕每时每刻的自体状态和心理功能都在转变,甚至意外地出现沙利文(1953)所说的"非我"体验,我们和病人也都能感觉到他还是同一个人。然而,就算面对这样的病人,分析师也必须带着 Enid Balint(1987,p. 480)提出的疑问认真对待每个人:"如果一个人由于过于创伤或过于疏离失去知觉能力,他还是真正有意识的吗?"

比如说,一个 30 岁的女病人,四姐妹中最小的一个,在陌生场合发言时总会陷入"不真实"和"空白"的解离状态,因此前来寻求分析。在成长过程中,她在不熟悉环境中的体验总是很恐惧。把这些感受跟家人沟通时,她的父母和姐姐们要么忽视她的主观现实,要么以他们想象中的她"其实"是怎样来反驳她。因为她总是一个人面对那些痛苦的感受,很羞愧,不能把这些感受纳入由社会决定的她的自体表征,在解离过程的影响下,在她成年后的人格中,她的任何不熟悉的自体表达行为都会触发她称之为"旁观者"的自体状态,观察她的"非我"投射进行无意义的机械的表演。治疗进行到第三年时,她在一次强烈的移情行动化中再现了以下回忆,她称之为"旁观者的诞生":

> 我当时上小学二年级,大家一起做游戏,我们给其他孩子写信,他们回信。我写信给 Meg,想跟她约会。她没回信。我又写了一封信,她回信说不行。我很意外,感觉被彻底孤立。那是我第一次察觉到有一个"我(me)"。我有了自我意识——意识到我有个自体,而且它出了问题。我特别羞愧。我为发生的事情羞愧;我为约她羞愧;我为自己的敏感羞愧。我妈妈不理解。我跟她说起这件事时,她告诉我不用担心,因为还有那么多别的孩子可以约。

这个女人尽管有解离症状,还是有很紧密的核心自体感,是 Edel 所说的那种发展出"铁石心肠"的人。但是有些病人的解离过程不是发生在自体体验(self-experience)之中,而几乎是(有时就是)发生在自体存在(self-existence)之中。对这些人来说,早年客体关系的缺失严重损害了用于缓解恐惧的心理结构的正常发展,某些无法用自体认知进行加工的前符号化体验过于强烈,只能以创伤性的无法忍受的心理状态保留下来,这些体验在当时被尽可能彻底地解离出来,以保全其他的适应功能或保持心理正常。弗洛伊德尽管最终转变了早年跟 Breuer 一起写作"歇斯底里研究"("Studies on Hysteria")(Breuer 和 Freud, 1893-1895)时的立场,但是他在发展结构理论时仍然对解离问题感兴趣,在自我的矛盾认同将导致病态结果这个观点中他隐含地保留了解离概念。在 The Ego and the Id(1923)中,弗洛伊德写道,如果自我的客体认同

太多,太强大且互不相容,就离病态的结果不远了。如果不同的认同在阻抗

下相互切断了联系,就会造成自我的瓦解;也许"多种人格"的秘密就是不同的认同轮流抓住了意识。就算事情没有发展到那个地步,由自我分裂而来的不同的认同之间还是存在冲突,这些冲突不能说全是病态的。(pp. 30 - 31,斜体加注)

沙利文(1956,p. 203)谈到"保持解离所需要的……强大工具"以及"解离人格怎样必须为每个可预见的紧急情况做好准备,这些情况将把人惊吓得察觉到解离系统"。解离体验倾向于保持在未被想法和语言符号化的状态,作为与自体表达分离的现实存在,与真正的人类联结断开,对人格其他部分的参与被抑制。如果一个创伤性的孩子有能力和机会使用解离作为应对策略,他一定会这么做,但是对有些人来说,如果人格往这个方向发展,他会一直体验到有什么地方出了"错"——这是成年病人无法用语言表达的——并且很强烈地想要纠错。在当下存在的意义被重复的、永久的、创伤的过去所取代,当下的作用只不过是了解、参与、"治愈"无法处理的过去。这些病人有时像是在把分析时间用来"为神经崩溃进行排练"("rehearsin' for a nervous breakdown")(引用 Charlie Shavers 的爵士腔调)。温尼科特(1974)的概念"害怕再次体验崩溃"说的就是这种病态的永恒(timelessness):

在这里必须要问:病人为什么一直为属于过去的事情担心? 答案一定是原始痛苦的最初体验不会成为过去式,除非自我能够先把它纳入它自己的当下体验,纳入当下的全能控制。(p. 105,斜体加注)

为了说明掌握解离体验的努力失败将对人格结构产生什么影响,我想回到治疗一位男病人时发生的一个心理事件上(见第 8 章),未结构化的体验带来的恐惧塑造了他的人格和人生,他掌握这种状态的需要反映在少见而有趣的 Isakower 现象上(Isakower, 1938)。简单说,该症状是某些病人想起并报告的发生在入睡前半梦半醒状态时复杂的感官体验。这是一种入睡前现象,其特征是在视觉上(常常是生理上)感觉到一大团阴影越靠近脸部膨胀得越大,威胁要压碎或是包围这个人。靠近以后,慢慢地它像是要成为这个人的一部分,模糊了他的身体和外部世界之间的界限,也模糊了他的自体感。这个现象被概念化成"梦屏障"("the dream screen")(Lewin, 1946, 1948, 1953)或"空白幻觉"("blank hallucinations")(Stern, 1961)之类的术语,据文献记载,不同个体报告过不同风格的应对策略。

我最近再次在另一个男病人身上经历了这个现象，在分析的第一年，他报告了一个早期的童年事件。但我觉得值得深思的不是该现象的发生本身，而是他在尝试控制该现象时那种有力的独特的方式。病人记得他在四五岁时第一次体验到一个柔软的、白色的泡泡在他快睡着时把他抓到里面，他记得他很想在上面写点什么来控制自己的恐惧。他的记忆不是写出来的字，而是写这个行为。他描述的感受是迫切想要通过写这个行为进行沟通，但是，他说"泡泡又软又滑，我伸手过去什么也没留下"。他记得这件事发生的时候他正开始学写字，从那以后别人一直夸他字写得好。"我能把字写得跟老师教的一模一样……通过完美的控制……跟老师想让我写的一模一样。"

这个例子除了形象地反映了人们需要积极参与到环境中以构建现实，还直接反映了需要一个坚固的关系背景，为想象与适应之间的辩证提供结构。如果没有这个背景，或者它"太软太滑"，控制无助状态的需要就会变得不顾一切并强制付诸行动，孩子就无法愉快地把想象能力与适应能力联系起来。具体到这个病人，本来可以通过创造性地写字产生愉快感受，却要转化成自体保护行为：通过用写字打动老师来获得满足，还发展出一副人格盔甲，不让他的存在超出他痛苦地掩盖的"书法"练习。

生活变成了寻找怎样在人际关系中处理恶魔般的内部现实，却不去想怎样把过去和现在连接起来，从而把创伤的主体间世界与另一个人的主观世界连接起来。病人是受尽折磨的孤岛，这种体验连同无法将其表达的绝望感，成为病人最重要的"真相"，而词语和想法都成为空洞的"谎言"。表面上看这是与创伤相关的情感状态的失整合，与该心理状态相关的体验没有一个经过自体授权的"声音"将其表达出来。当初无法说出来的不能形成想法，不能形成想法就无法说出来。用温尼科特（1963a, p. 186）的话说，无法说出来的需要被"发现"，但是怎么发现？经过什么样的过程，才能在治疗中让一个总是在现实中感觉到创伤风险的人进入到温尼科特所谓的"捉迷藏游戏"？为一旦说话就会把自体逼疯的部分找到声音不是件容易协商的事。但是除非找到它，不然病人还没活过就死了，而且只有病人完全理解这样的抗争有多痛苦。Lewis（1956）在他的小说 *Till We Have Faces* 里通过一个角色的声音，生动地描述了这种体验：

  畅所欲言，言无不尽；这才是词语的全部艺术与快乐。想说就说。直到迫不得已才说出埋在灵魂深处多年的话，你曾经像个傻子一样反复默念的话，你就感觉不到词语的快乐。我明白为什么上帝不公开跟我们对话，也不让我们回答。除

非能从我们这里挖出那个词,否则凭什么任我们喋喋不休?在我们找到脸之前,他们怎么跟我们面对面?(p.294)

分析关系

分析师试图帮助一个一生都在努力避免触碰创伤体验的人为他创伤的自体状态找到声音,这会是什么情形呢?Lerner(1990)写道:

> 如果说痛苦和疾病有积极的一面,那就是为了应对它们,必须调动我们十足的生物性当中难得的人性,它并不优雅,而是近乎污秽。"Inter urinam et faeces nascimur",弗洛伊德曾经这样提醒他的同行。我们生于屎尿之间。(pp.65-66)

如果把精神分析式的治疗看成处于心理痛苦的个体体验"重生"的机会,这段话里的比喻就像病人和分析师必须共存的一个背景,至少在某个特定阶段。这个画面用拉丁文说不像用汉语说那么不舒服,但这恰恰是重点。通过跟病人一起体验分析工作的"混乱",而不是过早地逃进冲突和防御这类说辞里,我们最能感受到弗洛伊德的比喻有多恰当,分析过程有多人性。Khan(1971)雄辩地表达了同样的观点:

> 冲突、防御和压抑并不是人类体验和心理功能的全部。正因此我才相信解离概念能帮助我们更有效地识别某些类型的临床材料和病人的主观体验。被压抑的部分由于它的不在场以及对它的反宣泄(例如防御机制)总是能让我们感觉得到。而在解离情况下,临床上我们找不到这样的证据。这个人就是解离状态下的一切,那就是他的生活。需要分析师承担辅助自我的作用……注意到这些解离,帮助病人把它们整合成紧密的完整体验。(p.245)

因为解离是对创伤的回应,所以分析关系的质量具有极其重要的意义。关于这一点,从弗洛伊德自己在这方面的临床敏感开始,长期以来各个学派对此都作出过卓越的贡献。Ferenczi(1928,1930b,1931),M. Balint(1935,1937,1952,1968),Sullivan(1940,1953,1956),Fairbairn(1941,1952),Bion(1957),Kohut(1971,1977)都认为严重解离的病理与早年的心理创伤史有关，并发展出不惜一切代价避免创伤唤起的人格。各个学派都在尝试解决同一个问题：解离是怎样影响分析关系及其作用的。例如，Ferenczi 代表的观点是，在某种程度上，早期创伤体验在移情中的退行性重现其本身就有治愈作用，因为使用当下的分析关系可以促进对创伤"过去"的主动控制（参见 Weiss 和 Sampson，1986）。Ferenczi(1930b)写道：

> 每个健忘神经症的案例……在打击下都可能出现人格中某一部分的*精神病性分裂*。但是，解离的部分继续存在，隐藏起来，不停地努力被感受到……有时，我们与人格中被压抑的部分建立直接接触，说服它参与到在我看来几乎是婴儿式的对话中①。(pp. 121-122)

在临床上，我认为"说服"定义的是分析师与病人不同的自体状态之间持续进行的协商过程。但是怎么才能跟那些从来没有学会协商的病人进行协商呢？发生协商的人际间场的实质是什么呢？结合 Ferenczi(1930b，p. 122)和 Johnson(1977，fn. 3)的表述："人格中被压抑的部分"被"说服"参与直接对话，让"诠释带来的创伤"不再成为"无法忍受的情境"，这个过程中的关键是什么？打个比方，有个内部，有个外部，还有个努力以他的个人风格在两者之间保持平衡而不失去自己的分析师。分析师要有能力创造并保持这样的框架——保持在两个现实中的双重身份，持有进入病人多个自体状态的护照——温尼科特(1951)描述的对"过渡空间"的使用——一个不受干扰的，通过幻想进行交流的中间地带。② 分析任务极其复杂，因为在这个特殊的交流场里，病人最易受到分析过程本身的创伤，就像温尼科特(1963a)所说的那样，"如果我们的行为不能促进病人的分析过程……我们就突然变成了病人的非—我，我们就知道得太多了，就是危险的"(p. 189)。对某些病人来说，这个现象有时太意外了，像是把传统的分析

---

① 把这个早期关系视角跟目前流行的精神分析解构主义（deconstructionist）视角放在一起比较将很有趣。Johnson(1977)对后者的总结是："精神分析本身不是对重复的*诠释*；它是对*诠释带来的创伤*的重复……不是*对*某个事件的创伤性递延诠释，而是作为一个从来就没发生过的事件。不是'原始场景'中的场景，而是*由诠释造成的不幸*，把诠释者放在了不可忍受的位置上。精神分析是把诠释造成的不幸进行重建，但不是作为诠释，而是作为*自始至终的行为*。精神分析只有在重复那些从来没发生过的被漏掉的内容时才有内容(p. 499)。"
② 就这个术语创造的对现实的主观体验，Bollas(1989)提出了一个有说服力的意见，用"中间客体"替代温尼科特的"过渡客体"，因为前者"尊重了它源于两个主体的贡献这样一个事实"(p. 109)，是在病人和分析师的共同作用下创造出来的。

情境倒转过来。由于病人用行动传递出来的信息是,他备受折磨的心理状态拼命想被听到,而不是内容需要得到理解,这就把努力了解病人这个行为本身——分析工作通常的言语背景——变成初级"材料"。从某方面来说,这像是病人在传达,分析师必须"失去"他自己的心理才能了解病人的心理。分析师能创造性地使用这个混乱的联结状态,同时保持他自己的主观性而不把它强加给病人,这是这部分工作的核心。"Inter urinam et faeces nascimur",但是分析师该把他自己的"职业"现实锚定在哪里呢? 必须有个"外部"放他的第二只脚,一些概念框架,他可以把他同意帮助创造和保持的体验世界放进去,作为过渡现实。问题是这样的概念框架必须足够具体,才能让分析师用作可靠的治疗背景,但是如果把它"包装"或编制成临床技术,又会被病人知觉成温尼科特所说的"危险的",从而无法达到目的!

作为关系架构的退行

各主要分析学派对以上问题都有自己的说法,但是最有说服力的始终是那些基于临床感受的分析师,而不是对理论的效忠者。一直以来,能够在体验到的和观察到的现实之间搭建桥梁,还能把一脚在"内部"一脚在"外部"的分析过程翻译成书面语言,这样的人物没有几个。能够完成这项任务的分析师们为我们理解作为关系建构的潜意识交流留下了无价而独特的遗产。曾在这方面留下著作的分析师包括 Ferenczi, Sullivan, Bion, Winnicott, Fromm-Reichmann, Fairbairn, Searles 和 Kohut, Michael Balint 是其中最重要的代表人物。Balint,像沙利文一样,是一位原创思想家和富有创造力的分析师,致力于在精神分析情境下理解和治疗退行的心理状态。他相信人际关系在人格成长的发展和治疗中的核心作用,怀疑单纯的言语诠释的效力,这些都让他像沙利文一样,成为精神分析主流中的一个有争议的人物。这两位作者都对后辈的分析师们产生了深远的影响,但两人都是刚刚开始得到应有的认可。

他们对关系矩阵下的人格发展与表征心理结构的相互影响都有自己的观点。然而由于他们各自的观点源于不同的文化、哲学和分析背景,在描述内部与外部现实之间的界面时他们在图形—背景的建构上有所不同;一个人的图形是另一个人的背景。一直以来,沙利文的写作重点都是操作性,特别是详细说明了人与人之间发生的哪些事造成了非适应性的表征心理结构。与此相反,Balint 的写作更侧重于体验,深刻地揭示了当早年遭遇匮乏的或创伤性的人际体验时,人们的内在发生什么(与出错的心理结构相联系的自体状态)。为了平衡,我将在他们各自的侧重点之间创建一个"过渡现实",使用潜意识交流作为关系建构,用退行过程在内部和外部之间架起桥梁。为了尽可能清晰地阐述这个观点,我想先大致介绍下 Balint 在理论发展和临床上作出的突出贡献。

Fairbairn(1952)提出力比多天生就是寻找客体的,沙利文(1940,1953)认为人格发展的本质是关系上的,跟他们一样,Michael Balint(1965,1968)的观点是婴儿从出生起就内在地参与到人际关系中。他认识到在到达言语交流之前,自体—他人的分化是模糊而不稳定的,并生动而敏感地描绘了核心自体感的后续发展。当婴儿和母亲能够彼此和谐互动,前概念期的自体体验能够在人际间通过思维和语言组织起来,核心自体感才能发展起来。Bacal(1987)总结了 Balint 对这个过程的概念化:

> Balint(1968,pp. 16-17)提出,前俄狄浦斯建构具有充分而显著的共同身份特征,足以拥有自己的名字。他建议的是基本错误水平或区域……在这里,冲突并不是主要动力;体验发生在两人关系中,"在描述事件时成人语言经常是没用的或误导的……因为词语不是总有一致认同的或约定俗成的意义"。(p.91,斜体加注)①

像温尼科特(1960a,1960b)一样,Balint 深深地被母亲主动识别出婴儿的需要这个超越了满足与挫折问题的人际间过程所促成的自体发展所吸引。孩子的前概念体验在母婴二人的互动中得到确认,开始从主观上察觉到自己是能够自我反省的、独立的实体,Balint 描述了在孩子的个体化过程中在不同程度上发展起来的面对生命时两种不同的人际间姿态,认为它们是影响未来人格成长的基本维度:亲客体(ocnophilia)和疏客体(philobatism),第一个在联结中感到安全,第二个在自己独处时感到安全。日常生活中,这两种性情通常可以和谐共处,不会觉得是对抗的力量,除非当——有时自愿有时不是——对现实的主观感觉没有经过语言和概念的结构化时。最坏的情形

---

① Balint 所说的词语不是总有"一致认同的或约定俗成的意义"非常类似沙利文(1942,1953)所说的人格发展建立在一致确认基础上。沙利文写道:"原则上,相对已经由别人认可的过去的体验来说,一个人心理上出现的内容都是主观的。"(1942,p.163)沙利文说,"当婴儿或儿童学到用于某个情境的准确用语时,一致就达成了,这个词语不仅表达了养育者的心中所思,也是婴儿的心中所想……如果某个词在听者那里唤起的跟它期待唤起的不一样,交流就不成功"(1953,pp.183-184)。

是 Becker(1964,p. 176)称之为"自由的眩晕"(the dizziness of freedom)的存在焦虑,"符号化的动物从他的封闭世界向外看,意识到他可以成为不同的样子时体验到的那种眩晕"(参见 Fromm,1941)。

有些个体不够幸运。跟别人一样的是,他们从封闭的世界往外看,跟别人不一样的是,他们发现自己被困住了——符号化的动物渴望符号化的解放。如果人格完全由亲客体维度或疏客体维度所主导,个体就需要对欠缺的另一方进行补偿。那种体验不是在冲突中生活,而是假装在生活,真实的体验是内部"出错"了,是用语言无法描述的。Balint 发现这种情况发生在基本错误水平上,他认为这是在用概念对体验进行结构化之前,由于原初客体的联结失败造成的。他相信,因联结失败造成的婴儿创伤在分析情境中经常重复出现,原因是他所谓的经典分析中的"亲客体偏见"——对语言和言语诠释作为单一关系媒介的过高估计。他的观点是,病人担心他的分析师会让他失望并不完全是基于早年生活体验,还基于病人和分析师之间真实发生的事情(1968,pp. 101-107)。病人感觉他生活中的某个人让他失望或者"辜负"了他既是对过去的诠释,也是当下的体验。当下的两人治疗组合与以前病人解离的心理状态之间的复杂界面,在 Balint 的温和退行概念里得到了最充分的体现。

像 Balint 的多数概念一样,温和退行并不能告诉分析师就具体的治疗姿态而言到底该怎么"做",因为他和沙利文一样,强调的是病人—分析师组合的独特性。比如说,下面摘自 *The Basic Fault*(Balint,1968)的三段话,虽然背景稍有不同,放到一起,还是能够传递出把分析师的角色用语言翻译成用于对解离状态进行工作的关系"步骤"有多困难。尽管有些方法和原则可以指导分析师工作,但最重要的是治疗师要参与进来,真正好奇地想了解那个时刻跟他在一起的那个自体并与之建立联结。

> 退行不仅是心理现象,还是人际现象;就治疗用途而言,它的人际方面起决定作用。必须把表达退行的方式……作为病人和他的分析师之间的互动症状进行考虑。该互动至少包括三个方面:客体怎样识别退行,客体怎样接受退行,客体怎样回应退行(pp. 147-148,斜体加注)……这些都意味着同意和参与,但不一定是实际行动;而是理解和忍受(p. 145)……他应该愿意承载病人,不是主动地,而是像水承载游泳的人或者土地承载走路的人一样,也就是说,为病人所用,对被使用没有太多阻抗。当然,有点阻抗不仅是允许的而且是必要的。(p. 167)

Balint 在表明他的人际间姿态时,很显然在努力找到语言来刻画一个接纳而不是侵入的形象。① 但是在尝试捕捉潜意识交流之美时,他遇到了一个比喻上的障碍,就像我说"从里到外"了解病人时一样。在传统意义上更人际间的人可能更愿意看到我说"从外到里"了解病人,这样就强调了人际领域对内化的发生所起的媒介作用。因为我选择了相反的说法,像 Balint 用"水和土地"来描述分析师一样,我的用辞或许会让参与性观察这一概念看起来过于偏重观察这一侧。至于 Balint 对环境的想象,很容易把他的表述"但不一定是实际行动"解读成被动而不是适应性的回应。很显然,分析师这一侧总是有行为发生的,包括他的接纳;作为主观参与中心,分析师无法选择不主动。从这个意义上说,理解和忍受并不是分析师固有的性质,像浮力是水的性质那样。分析师不像土地和水那样"支持和承载把重量托付给它们的人"(p.145),分析师是一个思想着的人,在某些时候他选择把协调于病人的心理状态放在首位。这是一个主动选择,病人总是能感觉到这一点,知道是这样。与把自己托付给一个"无心"的原始物质相比,这是不同等级的"安全",前者除了为病人所用以外,没有任何主观行为,因为它是没有想法的。一个成年病人(包括退行的病人)给予的信任是基于他能够依赖分析师,尽管他察觉到分析师也会有私心,这就是为什么温和退行概念并不是简单地以更好的方式或正确的方式重新经历过去。那么,怎样从关系视角来看待这一建构呢?

潜意识交流之美

我在第 3 章详细阐述过我的观点:有治疗意义的退行指的是,在病人的自体和客体表征持续重新结构化过程中出现的"未加工的"认知失调状态。体验的退行状态生动而即时,成为人际间自体重组的核心,分析情境创造出关系环境,允许而不是引诱有治疗意义的退行发生。该环境允许个体部分地把保护他的自我稳定的角色交出来,因为他感觉足够安全,能跟分析师一起分担责任。通过这么做,病人允许体验的退行状态出现,把早年发展中破碎的思维、感觉和行为方式在移情中激烈地重新展现出来。病人退行得越深,体验越丰富,对自体组织的振动越大。在严重的解离情况下,个体被阻隔在自体完整之外,不能感觉到真实,也不能带着真实感创造性地在世界上使用他

---

① Enid Balint (1968)在从她自己的视角写作时,为了覆盖参与性观察视角,也尝试扩展弗洛伊德的"镜子比喻"。她写道:"我们已经得出结论,弗洛伊德的镜子比喻隐含的内容比字面意义要深刻得多……镜子模型假定的不是疏离而是参与的观察者,但严格限制参与。"(p.348)

自己,除非那些解离的自体体验能够重新取得联系。这个过程相当于退行到解离发生时的客体联结水平上,但是现在的环境更可靠,在安全的氛围中进行的人际间交流对内部世界进行了重新结构化。

从这个意义上看退行有利有弊。很多从关系视角工作的分析师宁愿彻底放弃这个概念,也不想让它去适应当代理论。我发现这个概念太有用了,不能放弃,特别是在处理诸如本章讨论的临床问题时。但是在使用这个概念时,需要特别强调倾听姿态问题。像我之前说过的,可以把精神分析看成心理"重生"的一个机会,但它不是简单地重新经历过去。病人心里的"小孩"是个复杂的生物,他根本不是当初那个小孩又回到生活中,而是一个懂事的成年人的一部分。既然这样,就可以说分析师和"小孩"之间的关系既是真实的也是比喻的。退行从某方面来说是比喻,但不仅仅是比喻。它也是病人真实的心理状态,只有尊重 Ferenczi(1930b, p. 122)的伟大发现——与代表真实孩子的自体状态(而不是那个未退行的自体)直接建立联结,我们才能直接接触人格中解离的部分,"说服"他们参与到 Ferenczi 所说的"婴儿式对话"中。①

Balint 所说的"认可"行为,其实就是"说服"(Ferenczi 的说法)病人的内部与外部互动。可以把它描述成分析师努力创造一个幻想区,它既不是建立在父母想象(或妄想)中的病人"其实"是谁,也不是解离了的未符号化的"私事","内部"自体体验。从这个角度说,在移情中,病人和分析师的主体间交流把这两部分联系起来。分析师促成了这个过程的发生,并亲身参与其中。这样他就能在关系里直接体验到病人的内在世界——不是为了修正它,而是跟病人一起了解它,使病人能在想象中最充分地使用它。

但是,分析师的作用——治疗性地把非言语和言语体验联结起来的能力——不是由他对退行病人与生俱来的共情天分决定的,而是因为他能够使用病人持续展现出来的跟他的交流。如果他留心,这些常常很不舒服的反馈将教会他怎么当好"原初"客体,*既坚定,又共情*。正如 Balint 所说(1968,p. 181)认可"只是任务的一部分,不是全部……分析师必须也是一个'能理解需求'的客体,而且还要能把他的理解传达给病

---

① Mitchell(1988, pp. 141 - 143,153 - 155)认为 Balint 的温和退行概念淡化了"婴儿"只是比喻这个事实,因此有使病人幼儿化的风险。我相信,Mitchell 准确地指出了因为没能完全跟成年人联结而造成的幼儿化风险,但如果只把"婴儿"看成比喻,同样也有让病人"成人化"的风险(对有些个体来说,风险可能更大)。某些病人只有在他们被允许重新跟"婴儿"联结时才能从治疗中获益。那些相信婴儿只是比喻的分析师倾向于跟病人那个更朝向保护而不是成长的部分形成秘密(有时创伤性的)同盟。跟 Ferenczi 类似,我的临床体验是,直接针对自体的解离部分(常包括前言语部分)对多数病人都很重要但对某些病人至关重要。对后者来说,我观察到的是,如果不这样做,治疗就只是病人生活中另一次伪成年的练习。

人。"后面这部分需要咨询师是一个分离的不同的存在,有他自己的主观现实。然而这里的重点并不是经典自我心理学所认为的理解的准确性,而是分析师能否把他自己的主观存在作为一个真实的客体传达出来,成为病人可以使用的原初客体。重要的不是理解的准确性,而是把他的理解传达给病人这个行为。事实上,在某种程度上,正因为分析师传达得不够(比如说"错了")才使病人能够修正进而重新创造,这个自体的重新创造过程构成了病人成长的关键。通过认可、治疗意义的退行、面质、理解这样的人际过程,一个整合了的成年人开始出现,最终接纳他自己的冲动,真实地感受、关心自己和他人,而不是通过Balint所说的"壳"进行联结。他写道(1968,p.135),在他自己的分析工作中,进入基本错误区时,他的病人"向客体寻求满足,在移情里体验放下所有的人格和防御盔甲,感觉生活变得更加简单真实"。Balint强调的不是这个壳在感觉上是假的还是"就是"假的(同温尼科特[1960a]的概念),他强调的事实是,因为这个壳为了管理不可忍受的早年焦虑已经变得僵硬,所以妨碍了全方位的体验、联结和有创造力的生活。如果把壳看成僵化的人格结构,就像沙利文(1953)眼里的自体系统,那么壳的"内在"就是自体的解离部分,每一部分都限制了社会化的发展,也以这样那样的方式,限制了"孩子"所需要的通过人际存在完成的自体表达。如果自体的这些部分及其体现的需求、情感状态、联结方式等能通过分析关系这一媒介得到认可,这个壳就会变得越来越有弹性,联结也会越来越真实,并且反映在外部世界在心理结构的变化上。

简单地说,病人不是需要通过"领悟"来修正错误的现实,而是需要通过与另一个人的关系为未言语化的部分找到词语。当病人找到词语来代表他的体验时,他就"了解"了他自己。对真实过去的记忆自然会回来,包括历史重建的诠释过程也自然会发生。如沙利文(1937,p.17)所述:"通过跟别人的明确或隐含的交流,信息才能出来。想要把存在状态和体验进行交流时,才能得到信息。"在符号化情境的过程中,了解过去和现在,这个过程就是领悟和自我理解的目的。从当下的体验中创造出新的意义才是目标。评估病人在分析中的进展要根据他向某个点的移动情况,在这个点上,他的心理状态得到充分探索,自我理解在最深层的体验中达成。病人与分析师的人际间场是决定分析过程的外部背景,然而病人的主观现实和即时情感才能促成自体成长的结构重建,产生"新的意义"。分析师提供了可用的治疗矩阵,使分析工作得以发生;病人提供了对"新的开始"的渴望;他们一起创造了他们自己独特的主体间潜意识交流之美。如果事情进展顺利,"从里到外"得到了解将成为自然而然的联结过程,这也将是病人一生的体验。

11 人际间精神分析和自体心理学

临床比较[①](1989)

"我在家裸体跳舞,"她坦承,"有时候特别放肆特别累。"空调的嗡嗡声盖过了后面几个字,把她说的话变成了一个意外搞笑的场面,于是我同样意外地听到自己笑了出来,"还有乐队?*他们*也都裸体吗?"之前这个女人对自己的认识仅限于不合群,没有幽默感,好像随时都会被嘲笑,也说不清是因为搞笑还是因为可笑才被人笑。

她一下子笑起来,笑得特别夸张特别"放肆",眼泪都笑出来了。其实如果当时我多想想,权衡下风险,我都怀疑我还会不会那么回应。这是个"技术错误"只是碰巧结果还不错?共情失败却因祸得福?还是说其实我共情了可是我并不知道?又或者我跟着自己的潜意识去到了她那个只在面对真实回应时才会出来的部分?还是说这只是反移情而已?或许我潜意识地在幽默的掩饰下拒绝了她的性欲移情,如果是这样,她笑得那么"放肆"就是因为不必做出技术上更"真实"的回应所以如释重负?对人际间分析师来说,类似的问题在理论上都没有现成的答案。只有当事件在双方之间展开并且跟病人一起对事件探索之后,才能找出答案,这样的探索过程是形成诠释的背景,也是工作取得进展的地方。

在评价分析理论的某个学派时,从该学派内部找到支持总是令人振奋的。关于我这篇论文的主题,除了下面这段话,我再也想不出更有说服力和更公正的总结了。说这段话的并不是人际关系学者,而是 Schwaber(1983),我想从她的观察说起。她认为,Kohut 在他后期的作品中

> 放弃了理论的正确性比我们如何运用理论更重要的立场。在把该观点形成

---

① 这篇论文最初发表时是作为 *Self Psychology: Comparisons and Contrasts* 中的一章,由 D. W. Detrick 和 S. P. Detrick 编辑(Hillsdale, NJ: The Analytic Press, 1989, pp. 275-291)。

理论并讨论对人更"正确"的看法时,他隐含地把分析师放在了判断哪个更"正确"哪个更"歪曲"的仲裁者位置上。(p.381)

众所周知,Kohut(1971,1977)提出他最有影响力和说服力的观点时面向的读者主要是"经典的"精神分析师——他们系统地诠释病人的病态自恋并指出病人对现实和他人的无视。在从其他精神分析理论里寻找和识别在 Kohut 以前就提出过类似理念的先行者方面,自体心理学者们花费的努力少得不可思议,以至于他们没能区分哪些 Kohut 的观点是真正原创的,哪些他对弗洛伊德元理论的背离跟以前的某些理论相似,而且他还借鉴了那些理论。就此而言,Kohut 一直忽略了人际间精神分析(以及客体关系理论),而不是致谢和切磋。Kohut(1966)在讨论自恋时,大笔一挥,否定了自恋是病态的假定,提出了成熟自恋的发展线,把客体关系理论(隐含地,也把人际间理论)驱逐到"社会心理学"范畴。他这么做确立了客体*功能*而不是客体表征性质的重要性,为他 1971 年的著作铺平了道路。在这本书里,他对自体客体和真实客体做了严格的区分。自体客体的发明帮助 Kohut 找到了一个了不起的策略,就像 Ghent(1989)所说的那样,"淡化了对真实客体的关注……使精神分析的关注点停留在一人心理学[①](并且)避免了跟人际间理论的任何瓜葛"(p.190)。把人际间精神分析跟自体心理学对比时,必须记住的是,对 Kohut 来说,"自体客体"也是"策略"客体。

人际间倾听姿态

1986 年,在 Arnold Goldberg 和我的对话中,有两段对比,我希望可以把人际间和自体心理学的基本区别讲清楚,并且作为进一步讨论的基础:

> 人际间理论坚持的根本是,自体成长发生在两人交流中,而不是病人"正确"地接收……对人际分析师来说,共情观察模式并不是不鼓励病人的观察姿态,也不会把面质当作共情"失败"而避免使用……为了实现成长,病人必须能够通过分析师的眼睛看他自己,持续感觉他自己得到了确认和理解,就像他自己看自己一

---

① Gill(1984)提出了一个很有见地的观点,把两人观点郑重地放在经典分析技术的背景下,重新概念化病人和分析师人际间互动的本质。

样。(Bromberg, 1986a, p. 382)

> 自体心理学努力不想成为人际间心理学,不仅因为它想避免这个词的社会心理学内涵,还因为它想最小化分析师对组合的输入……这种最小化不仅仅是为了尽可能地保持该领域的纯粹,使已经停滞的发展可以进行下去。自体心理学是一门如此杰出的发展心理学,它所基于的发展程序(你可以说是天生的或者预置的)在特定条件下可以重建。(Goldberg, 1986, p. 387)

不同的分析师不仅在概念化上不一样,他们的倾听也不一样。分析师的理论取向对后者当然有一定影响,但我相信还不止如此。一旦我们确定了跟某人在一起时的"正常"姿态,我们怎么理解后面不断听到的内容?它们是发生在病人生活中的?还是病人心理上的?还是发生在病人和我们之间的?我们认为这些区别有临床意义吗?如果有,我们认为它们是交叉的,从一种转变到另一种,还是说总是由一种在主导?如果是后者,由哪一种决定我们基本的倾听姿态呢?最后,我们在倾听过程而不是内容的时候,怎么知道哪些是我们自己相信的"合理的"分析情境以及哪些是我们认为有治疗意义的?

Princess Marie Bonaparte(Goleman, 1985)在杂志上发表过一篇文章,其中引用了大量案例,Bonaparte记录了据说是弗洛伊德的评论,其中有这么一段:

> 有个欧洲人来到日本,请一位日本园林专家种植花园。第一天,园丁在长椅上坐了一整天,什么也没干。第二天还是一样。第三天、第四天、第五天也都如此——整个星期都是这样。欧洲人问:你准备什么时候动工?"等我吸收了这里的风景之后。"分析也是如此。他首先必须吸收每个新的心理。(p. C2)

在弗洛伊德(1912)笔下,分析师"吸收风景"的合适姿态是:

> 面对倾听对象时,不刻意留意任何东西,保持同样的"均匀悬浮注意力"……或者从纯技术的角度说:"他应该仅仅是听,而不必在意记住了什么。"(pp. 111 - 112)

翻译成我们每天跟病人的工作,弗洛伊德的定义就是一个字,从过去到现在一直指导着我们的一言一行。这个字就是*听*。但是我们听什么？我们吸收的风景是由什么构成的？一直以来，分析师倾听病人就像分析师在观察风景这个概念发生了两次重大转变，第二次转变还在进行当中。第一次转变大体发生在 1923 年，随着弗洛伊德的 The Ego and the Id 的出版，以弗洛伊德的结构理论为基础，成为最基本的分析技术——从观察描述性的潜意识（即，静态"风景"）到观察动力潜意识，分析师倾听的是病人的心理和作为投射想象的幻想客体的分析师之间隐含的（但单方面的）互动。

从这个角度说，移情不仅仅是把*已经*发生的事由分析师诠释给病人。移情最生动的是，*就在*分析师进行移情诠释时，移情还*在*进行当中。人际间分析师以结构最优的参考框架倾听当下的时刻并在临床上恰当使用它们。就此而言，分析师候选人的技术不是从督导那里，而是从病人那里学来的。因此，最广义的反移情就是"自然的角色反应，对病人的移情或其联结风格必要的补充或匹配"（Epstein 和 Feiner，1979，p. 12）。对反移情的察觉和使用要求分析师把自己从决定其体验的当下背景中脱离出来，扩展视角，同时观察他自己的和病人的参与。也就是说，它要求从充分参与的姿态转变到参与性观察。充分参与是指进行聚焦性的卷入；可以是卷入到他进行诠释的努力，卷入到病人生活的细节，或者是卷入到共情联结里——甚至是卷入到对分析互动的探索里。不管是哪种情形，关键是要转变到观察当下的自己，使参与性观察最有效地把当下作为灵活的参考框架，保持从多个层面倾听的姿态。它的治疗益处在于从根本上丰富了*知觉*，进而促进自我理解、自我接纳和人际联结。

我想以经典分析文献中的一篇论文为例，该论文的题目是 "China" as a Symbol for Vagina（Gray，1985）。它概述了一位女科学家怎么在治疗中通过对一个梦的解析实现了转折，这个女科学家无法在婚内达到阴道高潮，也无法以自己的名字发表论文，总是让她的导师以他的名义发表。梦是这样的："我跟我丈夫一起准备晚宴。我在摆桌子，到橱柜里去取餐具。我发现餐具都坏掉了。这太可怕了。我醒来，发现我来月经了。经血流了好多。"（p. 620）

作者跟着病人对梦的联想写道：

> 这个梦证实了病人一直以来的潜意识想法，她的女性器官，高度浓缩后由她的结婚瓷器作为象征，已经彻底损坏了……通过对这个梦的分析，我们发现了引起病人神经症的路径……最终，经过长期的精神分析，我们得以重建导致病人症

状的早年体验……她成为那个温顺、听话、乐于助人而没有性意识的小女孩,安心等待长大成为女人。这符号化成她希望收到一些家用瓷器作为礼物。核心神经症冲突的女性俄狄浦斯实质由"瓷器＝阴道"这个等式清楚地表达出来。(pp. 622－623)

这里我感兴趣的是倾听姿态的实质是什么,作者工作中的哪一部分对治愈起了作用,而不是我是否同意这个元理论。Gray 对治愈的解释是,分析工作完成了导致神经症的早年体验的重建,*重建的整合*促成了冲突解决和分析成长。当下的关系过程,精神分析行为本身,在作者看来只是媒介,使"真正的"分析材料——象征等式,"瓷器＝阴道"——得以从埋藏的过去浮现出来并被听到。

我的观点是,像 Levenson(1983)所说的那样,"不是说传统主义者对当下不感兴趣,或者说人际主义者对过去不感兴趣;而是说,对前者而言,过去体现在当下。对后者而言,过去和现在都处在体验谱系上"(p. 68)。对于人际关系分析师,前者必须为后者提供知觉领域的框架才有其意义。

作为人际关系分析师,我可以从 Gary 的参考框架来读她的论文,但不能像她那样倾听咨询。已经根植于我的倾听姿态中的,是把视角拓宽到分析师的持续参与,不管分析师在那一刻是在做什么(包括写论文)。所以在读 Gary 的论文时,我的想法是这样的:

按照常理,Gray 应该得到了病人的同意来发表这些材料,而且我猜她是等到分析结束后才这么做的。如果是这样,"瓷器＝阴道"这个发现本身是病人和分析师一起完成的一项"成功的研究",然后以分析师的名义发表。然而,病人已经不是以前那个出于神经症才授权(她的导师)的"温顺、听话、乐于助人的小女孩",而是一个出于自由选择而成熟地做出授权的人。我从这篇论文里读到的,是我观察到病人和分析师之间在结束分析后的情景体现了当初把病人带到治疗中的同样的问题。格外引起我注意的是,作者并没有对分析的结束作评论,哪怕只是作为成功地结束分析的证据,说明病人在处理分析师的要求时,跟她以前处理导师问题时相比,已经有了重大区别。作为人际关系学者,为什么我会认为这个疏忽这么值得重视?因为只有通过相处才能得到理解。在精神分析中,病人不会向分析师暴露他们的潜意识幻想。他们*就是*他们的潜意识幻想,并且通过精神分析*实践*跟分析师一起把潜意识展现出来。"瓷器＝阴道"这样的符号等式不是存在于病人心理上的"内容"。它是病人在两个人的互动空间里展现出来的。

人际间倾听姿态不会比别人揭示更多的终极真相。任何学派的分析师都曾经把有用的假设当成"真相"然后故步自封。最典型的例子是，经典的弗洛伊德学派一度作茧自缚主要就是因为他们固执地把*心理现实*奉为临床真相的来源。至于人际关系精神分析，沙利文对*可观察的现实*的强调很容易犯同样的错，但他还是保持了足够的灵活性，这是因为内在心理本来就是人际间视角固有的一部分。现实是由病人的内在心理世界决定的还是由人际间场决定的，在这两派支持者们的争论过程中产生了一个新的视角，它认为决定分析情境的现实是：自体心理学的共情/内省倾听姿态。鉴于决定这个姿态的是对病人主观体验予以充分的共情回应，我认为现在是时候讨论共情及共情交流了。

共情交流的人际间实质

在我看来，人际间与自体心理学模型最重要的临床区别是对待分析治疗过程的态度，这一直是人际间与其他学派的区别之处。我指的是，它坚持的根本点是，决定过程的是特定的个体到底是什么样的人而不是理论假设，这就决定了它是一种方法，而不是一项技术。① 因此，认为某种分析姿态——包括自体心理学的共情/内省倾听姿态——适用所有病人的看法是跟人际间分析格格不入的。我们认为人格的发展和变化是在关系背景下发生的，而不是像 Goldberg(1986)说的那样是"预设的"。在人际学者看来，后一种概念忽略了分析的关键点——需要去发现病人是谁而不是相信你提前知道他需要什么，无论是冲突的解决还是跟他的自体客体重建联结。就其本质而言，人际间方法就是要持续地、辩证地对那些自体心理学者看来已经用"正确的"分析姿态解决了的问题进行工作。我们认为这个持续工作才是分析的核心，同时也体现了我们希望给病人带来的成长。

Barrett-Lennard(1981)在一项共情的互动实质的实证研究里指出，治疗师的共情效果取决于病人和治疗师各自的特点，可能还有知觉、认知功能甚至人格类型上的独特差异。不同的病人感觉为共情的因素可能主要是认知或情感，也可能是分享或支持，等等。Kohut(1971)的原创发现来自相对同质的病人样本，他们共有的人格构成

---

① "方法"与"技术"的区别，特别是针对自恋障碍者的治疗，请见第 7 章。

(他称之为自恋型人格障碍)高度回应了他所描述的姿态。但是,就此把这种姿态的"真相"普遍化到所有病人,并且以此为基础创建一种发展理论,在我看来,是跟经典分析师们犯了一模一样的错误。它把治疗联结的过程放到一个机械的、因果论的模子里。"按这个观点,事先就有的主导体验的意图,按照预设的角色——如果未经探索——不管意图有多良好,不管是要改正、影响、修复还是重建,都只会导致分析过程中的困惑和歪曲"(Held-Weiss,1984,p. 355)。

人际间精神分析基于的是场理论范式。每个人都在影响另一个人的回应,包括共情回应。一个共情性的治疗师怎样跟一个需要共情的病人工作,对此没有现成的建议。相反,这个模型是一个开放的系统,在相互渗透的过程中变化、发展,不断得到丰富。Barrett-Lennard(1981,p. 94)在他对共情循环阶段的实证描述中报告的事项非常接近这一点。病人知觉到治疗师的共情后带来的不仅是病人自体表达能力的提升(Kohut,1977,"个体作为主动性的独立中心"),还有这个提升了的自体表达使病人在人际间过程中做出标志着他感觉被理解的反馈。这反过来影响到治疗师的情感状态、情绪和参考框架,进而影响他与病人进一步共情交流(或限制)的努力。这样,因特定病人的个性化共情风格的不同,特定治疗师表达共情的方式也会受到不同的影响。

比如说,有个病人报告了一个梦,在梦里她让我帮她准备早餐,我很乐意。她想要"天然谷物"健康食品,可我给的太甜,像裹了糖衣一样。在这个梦之前的那次咨询里,我指出她本来就很难舒服地表现出恐惧和孤独,再加上我在回应她前一次的恐惧时并没有意识到她为在我面前表现这些感受而体验到羞耻,这样的表现变得更难。她离开咨询时说,一方面她因为我说了这些感觉好些了,但另一方面她又觉得很"奇怪"。在对那个梦进行联想时她想到,在之前那次咨询中我并不想看到在她的恐惧之下她对我有多愤怒,而且我像她爸爸一样,给她"糖衣"礼物想哄她不要愤怒。对前一次(以及当下)咨询中我们的相互体验做了进一步的探索之后,确定了她对我的知觉基本准确,对此我表示承认。这让她更加生动地察觉到她有多么受制于自己潜意识里的恐惧,我呢,像她爸爸一样,无法忍受看到自己真实的样子,如果她说出在她看来我的"共情回应"有一部分是为了我自己,就会破坏相互保护带来的安全感,而她的核心身份一直是以此为基础的。

沙利文的分析询问过程包括了对共情理解的交流。它不是包含在某个预设的用于传递共情接触的互动模式里。与*任何*一人心理学相比,包括自体心理学,参与性观察的人际间方法天然地在适应更大范围病人的个性化共情风格上更具灵活性。共情天生就是人际间的。在精神分析当中,它的循环性质根植于参与性观察。在进行分析询问时,分析师监测(共鸣于)病人被理解或不被理解的体验,渐渐发展出主体间的相互协调,这是沙利文(1940,1953)称之为*一致确认*①的成长过程的关键。"我理解的对吗?""你是什么意思?""我可以这样理解吗?"分析询问不仅是获得事实信息的手段,它不是像看上去的那样进行数据收集。它是彼时彼地(病人的历史或个人叙事中的模糊细节)和此时此地(对分析的分析)的相互渗透的卷入。比如说,问到未报告的细节时是否会唤起羞耻感、让病人感觉到共情抛弃?他会把分析师了解更多的需要——分析师提问的需要——体验成是在掠夺他自己的体验和意义吗?他是不是变得更加焦虑、羞耻或抑郁?这些问题在人际间多层面的倾听中会一直存在。在这里不需要最佳共情失败这样的概念,因为分析过程是共情与焦虑之间的持续辩证(见第 4 章),也是回应病人心理状态和说明外部事件之间的辩证。我认为自体心理学的临床技术中最缺乏的就是这个辩证,这也是它最严重的局限。按这个思路,我们来考虑下 Ricoeur(1986)在一篇论文中说的一段话,它原本是在支持 Kohut 对精神分析的重大贡献:

> 为了从古旧的自恋中发展出成熟的自恋,自体必须冒着不可避免的打击去发现,在镜映移情中重新激活的并不是全能自体……我们已经知道自体总是需要自体客体的支持,帮助它保持紧密感……现在需要补充的是,一定程度的对自己的失望,对欺骗别人的失望,也需要整合到自体教育中。(pp. 446–447,斜体加注)

探索与诠释

如果要增加 Ricoeur 指出的那个维度,那么自体心理学就面临一个重大障碍,但并非不可逾越。在我看来麻烦在于,共情/内省姿态跟它背离的学派——经典姿态一样,都把分析师当作一个不必要的维度,放在了病人的主观世界*以外*。自体心理学姿态关注在相反的方向,只关注病人从分析师那里需要什么,或者说,作为病人需求的主体*而不是*目标是什么感觉。从人际间观点看,这样的自体心理学者就像是聋了一只

---

① 沙利文的"一致确认"概念与共情和主体间协调的关系,更详细的论述见 Bromberg(1980)。

耳朵的人际间分析师。我觉得 Modell(1986)的说法,"共情有个 Kohut 没有认识到的黑暗面。不断共情的分析师有可能严重阻碍病人自己的创造力量"(p. 375),指的也是同样的局限性。分析师被锁定在封闭的位置上,把他的"共情失败"归咎于他自己既有的(但未说出的)缺陷,仿佛为了用他自己的能力来共情,他除了自己已有的不应该对病人有任何要求,而且不管病人往关系中带了什么,他都应该能够一直满足病人对共情回应的需要。分析师隐含的(没有说出来)是,跟病人不同的是,他好歹都是作为一段真实关系里的一个真实的人而在*现在*存在,而病人只能寄希望于通过分析师与他共情联结时的能力不完美而在*以后*存在。

因此,在共情/内省姿态下,分析师允许做出的最大的自我暴露,是为曾经没能充分共情而有些歉意,并且通过承认(哪怕只是隐含地承认)"不完美"而对不完美进行矫正。这样,如果不突破分析师自己诠释意义的背景,病人就没什么机会把他对分析师的共情姿态的感受作为持续的分析材料进行处理。Ornstein 和 Ornstein(1980)报告了一个临床情景,转折的发生是因为分析师

> 经过深入反省终于(对病人)说,他之前的努力……无疑让她觉得他在忽略或打压病人目前的反应……对她来说重要的是——分析师现在可以说了——这一次有人应该能够理解她究竟是什么感受;只有那样她的感受才能得到确认,变得可以接纳,因此是真实的。(p. 209,斜体加注)

分析师以前的努力"失败"的过程难道不比失败本身更丰富吗? 失败跟病人没有任何关系吗,她的存在不值得作为诠释背景的一部分予以考虑吗? 我们来看看 Friedman(1986)对这个问题的说法:

> 如果分析师把病人对他做的事只当作病人成熟过程中必然发生的事,他将错失这些事通常的社会意义。如果一个病人刻薄、妒忌、丢脸、攀比、愤怒或勾引,分析师必须能够感觉到其行为就是刻薄、妒忌、攀比、丢脸的,等等,这样才能承认这些,然后才是考虑它们对病人的平衡有什么作用。如果不是通过日常生活中的半—共情敏感,怎么能知觉互动中的特别之处? 在撰写悼词时我们要总体评价。但是在当下的生活中,我们认为一个人爱慕别人也惹人爱、好色、爱幻想、妒忌、安慰、讨好、好斗、傲慢、危险、邪恶,同时也令人钦佩、可爱、有用,等等。分析师必须

能感觉到这些通常的知觉和特征。(p. 346)

  Friedman 说的不仅是自体心理学者忽略了病人作为真实的人他是谁。他是在说,这种姿态干扰了病人在分析师面前以他自己全然存在的能力。自体心理学仍然陷在从经典分析继承来的纯粹的诠释这个干预模式里。区别是,诠释关注在对自体客体移情的解释,而不是对病人的潜意识动机的解释。但是在这两种情形下,病人的某些方面都必须被牺牲,代之以诠释意义的背景,或者被放弃,代之以分析过程本身。在 Ornstein 和 Ornstein(1980)的临床情景中,导致分析师以前的"失败"的病人和分析师之间的实际互动在诠释中消失了,一起消失的,还有一起使用病人对分析师所做的事对分析师的"通常社会意义"的可能性。

  人际间分析师的倾听模式允许他最大限度地开阔视野,在同一个关系矩阵内,把他自己的反移情回应和他对病人的心理状态的共情敏感结合成密不可分的因素。作为参与性观察者,他可以在这个场内自由使用他自己来跟病人探索他们各自对已经发生的(或正在发生的)互动的体验,而不是选择一个"正确的"姿态完成诠释。不是说不用进行诠释。只是说不用为它的力度或者它能起的作用投入太多的精力。诠释中的"现实"不会比病人的现实更准确,它只是基于分析师对病人的体验所做的一种假设,病人会对此做出回应,该回应反过来又会产生更多内容。诠释的内容是分析过程中的一个时刻,分析过程不是形成"正确"内容的原始材料,也不是导致"最佳共情失败"的原因。

  人际间姿态是对参与双方的角色从两方面共情地进行审视,它内在地允许分析师对他在病人身上看到的内容做出说明,这是从经典理论发展而来的自体心理学的诠释姿态所做不到的。关注点不在一个人的内在缺少什么(发展上的缺陷),而是他用他拥有的做了什么,以及哪些固着的、僵化的模式构成了他的人际间心理表征世界。涉及以前父母在共情上的失败时确实会予以解释,但总是为了说明由此引起的病人的人格发展怎么导致了他努力想在别人(包括分析师)那里唤起同样的回应,以及他怎样"啮合"于这些熟悉而安全的固着联结模式,尽管他极度渴望从中解脱。

  如果病人想通过分析过程审视他自己的本质,背景必须允许他做他自己而不受到责备。但是,在诠释的分析姿态下保持"非对抗性的人格分析方法"(Schafer, 1983, p. 152)并不容易,而且在非对抗的背景之外进行的诠释总被病人体验成父母的归因行为而达不到目的。参与性观察天然地提供了所需的背景。它允许病人在不放弃自己视角的情况下,审视他自己及他对分析师做的事。*探索*的背景,跟诠释不同,不是想让病人"拥有"分析师建构的现实。它不是想让病人接受分析师眼里的他,而是想让他知道分析师是怎么体验他的。因为病人自己的"真相"在这种方法下风险较小,他能够在分析中更充分地做他自己,让他自己的大部分能在由双方的视角决定的更广阔的人际现实中找到位置。

但是,不可否认的是,自体心理学对临床精神分析作出了卓越的贡献。它的倾听姿态,关注在病人的主观体验和心理状态上并以此作为主要的数据基础,来自 Kohut 与自恋型障碍病人的工作,以及他认识到他的姿态中有些东西允许这些人超越他们在发展上的固着点而成长。把他们"真正的样子"演示给他们只会让他们更糟糕。这些观察的准确性及他对这些观察的理解给所有学派的分析师都留下了不可磨灭的印象。因此,无论分析师是否采纳自体心理学范式作为他的"真相",他的临床工作都必然受到这个核心维度的影响,当然也包括人际间分析师。

Levenson(1983)从人际间立场出发,准确地提出病人的首要问题可能不是"这意味着什么?"而是"这里发生着什么?"(p. ix)。对某些病人来说,如果简单地当作技术来应用,这个姿态可能像任何别的姿态一样并不适用。它的作用必须由分析师仔细审视才能监测某个特定病人对它的体验是什么以及能不能加以利用。在之前进行的关于人际间精神分析是方法而不是技术的讨论中(见第 7 章),我提出的观点是,有些病人在分析开始后的很长一段时间里都需要不看到"这里发生着什么"。他们需要分析师以他自己的人际间风格来适应,当他们在当下的移情里工作时,他们无法不感觉到迷失、虚假、羞耻或被共情抛弃。比如下面这个情形:

一位病人做了个梦,在梦里,不加伪装的分析师带着真诚温暖的微笑,往病人的膝上扔了一个装着一只双头小怪物的塑料袋。病人吓坏了,因为她知道她得打开袋子,但是她不能告诉分析师她有多害怕,因为怪物会变大。作为一个人际间分析师,我将(如果我在那个时刻有足够察觉)从不同层面来倾听这个梦:首先,它是病人当前内在客体世界状态的表达;其次,它表明了她的自体发展水平;第三,我会把这个梦听成是与分析师的交流渠道,关于他正在对病人做的而病人不能从中受益的事(至少可以这么说),但分析师却相信是对病人好。病人不能在意识层面说出其中的任何一点,更不能交流出来,有可能(可能真是这样)告诉分析师只会让问题变得更麻烦。分析师怎样才能以他惯有的风格接近这个梦而不是把梦付诸行动?

我不知道我会怎么做。或许我不得不看看不按常理去做会怎样,会发生什么事。

我听到梦的一个层面是发出信息,"探索我们之间发生着什么"这个方法在病人的体验里是不适应的,它正在把一个本来是积极的(尽管可能太强烈了)分析姿态变成一个怪兽,而分析师却浑然不知。在技术层面,我会尝试把梦作为督导,我会尝试修正我的姿态,让它在感觉上不是突然的报复性退缩,但我不会说出我认为正在发生着什么,或者问病人她认为正在发生着什么。但是,很可能这些做法都不"管用"。我或许只能把疑惑留给病人,接下来可能会再做一个梦,梦到我还是同样无知,但这个梦里会出来更多我在前一个梦里没能知觉到的信息。我猜想在病人的主导下,慢慢地我们都会感觉更清晰,分析工作会继续向前。就像 Witenberg(1987)指出的那样,"一个用于解释临床现象的理论应该也会给临床体验带来很多问题。希望这些问题最终都会给我们答案"(p.194)。

第三部分

解离与临床过程

12 影子与实体
临床过程的关系视角[1]（1993）

Brigid，一位大主教的年轻女仆——一个多情又可爱、不谙世事而无私忘我的女孩——一直被一个秘密折磨着：用她的名字来纪念的圣女 Brigid 经常来探望她，给她建议和指导，跟她说话。她的雇主，大主教，是个愤世嫉俗、刚愎自用的人，坚信自己的智慧。虽然他罕见地在他的仆人那里感觉到柔情，私下里他也被自己的秘密折磨着：他内心封闭而且缺乏真挚的人类情感，尽管他坚定地执着于对教规的准确诠释。他真诚地想要帮助这个年轻女孩，他确信她的体验是生病的症状，必须把她解救出来，因为真正的宗教体验不会是这样一种个人化的形式。在帮助她的过程中，他发现 Brigid 的阻抗逐渐让他看见了自己的痛苦；Brigid 无法把她对他的知觉当成她自己的，只能作为圣女 Brigid 的传声筒面对教士，是圣女 Brigid 在指示她说话。他想打消她的知觉，认为那是有病的证据，但是，（套用 Samuel Johnson 的话）作出精神病移情的诊断是穷途末路的分析师最后的稻草。他对自己真相的坚持让她越来越绝望，感觉无法接近他。最后，然而已经无法挽救她的死亡了，他终于能够允许他们的真情相遇，不再坚持他自己真相的绝对正确，代之以共有的现实，使他得以通过她和他自己的眼睛来体验世界。

我刚刚简述的是一个著名的爱尔兰剧本，《影子与实体》(*Shadow and Substance*)，作者是 Paul Vincent Carroll(1937)，首次演出是在都柏林的 Abbey 剧院。该剧有多重意义，包括历史、社会政治、宗教和心灵。但跟我的话题最相关的，是它跨越了性别、社会阶层和角色定义方面的差异。它忠实地描绘了人性的痛苦挣扎；不加评判地承认了自体和共情之间不可避免的终生碰撞。它是一场遇见，华丽而卑微，在主观真相的自

---

[1] 这篇论文的前一个版本提交给美国心理学会第39分会于1992年8月在华盛顿特区召开的美国心理协会百年大会，受邀作为发言稿，并发表在 *Psychoanalytic Psychology*, 1993, 10: 147-168。本书作者感谢 Dr. Leopold Caligor 在本书的写作过程中提供的宝贵支持以及对本书作出的重要贡献。

我存续力量和人类联结的自我转化力量之间，在个人现实与人际间协商的现实之间，在自体夸大和爱之间。

但是，我对这篇文章题目的选择不止受到了这部剧的影响。我还希望用它传递我的观点，潜意识是"内部""外部"和两者同时兼有的现实——是分析师在某些时刻感觉到的主观现象，是从病人的眼睛后面向外看到的、未经符号化也未被触及过的影子般的存在；是他在其他时候从病人的联想、梦、口误和移情行为中客观地观察到的现象；以及当他和病人共同存在于分析过程，在他们共同建构的主体间现实这个共有世界里，他强烈地体验到的存在。

作为精神分析师，我们希望在大主教失败的地方取得成功；我们希望精神分析过程以及我们对诠释的使用不会成为教条（不管成功还是失败），共同建构的现实能够在病人"结束"之前发展起来。但是我们凭什么有这样的希望？人格发生改变的能力和能让我们哪怕在其他努力都失败了仍然怀抱希望的精神分析师的独特身份之间，我们认为是什么关系？面对个体稳定的个人身份感中蕴含的强大的适应价值，为什么有人会同意经历一个彻底颠覆稳定的内部混乱（无组织）过程？也就是说，自体平衡为什么总要以成长为代价，提出这个疑问是有理由的。一个人为什么要做出改变？答案虽然不言自明但也发人深省：人格拥有非凡的能力协调稳定与改变，它会在正确的关系条件下发生。事实上，仰赖这个结论，我们的临床精神分析才成为可能。我们怎样理解这个了不起的心理能力，怎样从结构上和心理动力学上进行概念化，我们认为它的临床应用是什么（比如，发生的最优条件），这些都是影响精神分析理论与实践的问题。

弗洛伊德在 Katharina 的案例里（Breuer 和 Freud，1893－1895）表示，他"很想在这个时候表达疑问，因无知而产生的意识分裂是否真的有别于有意识的拒绝"（p.134），从那以后，在精神分析对人类心理的概念化以及意识和潜意识理论方面发生了很多事。从那时起，已经有了不少"心理上的变化"，包括弗洛伊德自己的几次改变。我接受的是人际间精神分析的培训，特别关注沙利文（1953，1954）的思想，他的心理概念强调的是解离、可观察的现实、人际间可交流的数据领域。尽管历史文献中也不时出现过，关系这个词作为术语应用在精神分析中是 10 年前从 Greenberg 和 Mitchell（1983）的经典著作开始的，他们在文中对精神分析的*驱力/结构*和*关系/结构*模型进行了区分，后来又被 Mitchell（1988）进一步发展成*驱力/冲突*和*关系/冲突*之间的区别。借由弗洛伊德派、人际关系学、自体心理学、英国客体关系等几个主要的后经典分析思想学派之间前所未有的持续对话，精神分析师所认为的心理现实与他们概念化成可观察的现实之间的边界变得越来越可相互渗透。"在心理内部"和"在人们之间"不再是两个泾渭分明的体验领域(内在心理和人际间)。幻想和现实、潜意识和意识分别代表的意义因此而变得更加复杂有趣。

弗洛伊德的意识和潜意识观点所基于的理念是,自体或心理是内在统一的,且就某个层面能够进入察觉的程度而言在考古意义上是结构化的;由此,我们看到了他关于潜意识、前意识和意识的地形学概念。我不认为这样的区别已经不存在了或者说没有价值了。我的观点是,我们正在发展的模型方向是,我们在定义意识和潜意识时把心理概念化成建构意义的非线性的、辩证的过程,是自体表征的稳定与成长之间的平衡——保存自体意义(持续的"感觉像自己"的安全体验)的需要,和建构新的意义以实现关系上的适应即沙利文(1940)所说的*人际间调整成功*(p.97)之间的平衡。

而且,我认为分析师概念化现实中的过去与现在的方式也在改变。临床关注点不再是发现当前问题的过去根源——好像过去的体验和当前的体验在统一"自体"的记忆槽里是分层储存的——而是探索构成病人个人身份的自体状态之间的连接方式,与外部世界的连接方式,与过去、现在、未来的连接方式。在一篇关于体验的时效性的文章里,Loewald(1972)写道:

> 当我们以精神分析师的身份考虑时间时,时间概念的持续性、客观可观察或主观可体验几乎不再适用。我们在心理生活上与时间的相遇主要是一种连接活动,把过去、现在和未来编织成一个结……个体不仅有一段观察者可以解开和描述的历史,而且他就是 历史,凭借他记忆里的事件创造的历史,在其中,过去—现在—未来是彼此互动的时间模式。(pp.407-409)

按这个视角,从精神分析上来说,病人心理上的"内容"和构成了记忆和时间的东西不是包含在来自历史信息档案的记忆提取物之中,而是由 Bach(1985)所说的保持"状态恒常性"(p.187)的能力决定的——是个体能够进入并从认知上加工解离的知觉经验(过去和现在),和他不能应对持续自体感潜在的创伤性打断,这两者之间的相互作用。这个思想转变的结果之一是,后经典分析理论正在更大范围内重新考虑创伤和解离现象以及它们对正常人格发展和临床精神分析过程的作用。

在一段最有名的文学独白里(Shakespeare,1599-1601),Hamlet 反复思考着生命里如影随形的痛苦,想知道死亡是否能够结束他所谓的"肉体注定承受的万般惊吓"

(the thousand natural shocks that flesh is heir to)(pp. 1066 - 1067)。Shakespeare 选择的词惊吓一直让我费解。为什么是惊吓？为什么这个词格外传神？为什么它能直指人的无能为力的本质，使我们明白 Hamlet 在那个时刻的感受——在灵魂里已经深知有个我们活着无力对抗死了也无法逃脱的敌人？Reik(1936)，在《意外和精神分析师》(*Surprise and the Psycho-Analyst*)这部超前于时代的作品里写道：

> 神经症的根源问题不是恐惧，而是惊吓。在我看来，不把恐惧和惊吓联系起来，问题就一直无法解决……惊吓是基本情绪，是幼小生物感受到的第一件事……我认为，一般来说，惊吓是创伤情境的一个特点，是对危险的恐惧。惊吓是对突然降临在我们身上的事件的情绪反应，对威胁的恐惧反应。恐惧是惊吓之前的一个信号，它预示着惊吓情绪，保护我们不会受到有害影响。(pp. 267 - 268)

回顾弗洛伊德(1926)对危险情境和创伤情境的区分，他说："创伤情境的实质和意义包括主体对他自身力量和巨大危险对比时的评估，并承认面对危险时他的无助。"(p. 166，斜体加注)他强调重要的不是危险的来源，而是主观体验到的感受是不是压倒性的。某个人在心理上受到过度刺激，丧失了知觉能力，只体验到汹涌而来的感受——Reik(1936)所说的惊吓。也许这是我们最亏欠弗洛伊德认可的一个理念——一个人从他眼前的一切(所谓的客观现实)知觉到什么样的建构，有一部分是由他的心理状态决定的，并非简单地一一对应。"心理"现实，一个人眼睛"后面"的世界，是与知觉之间的持续辩证，能否成功地跟病人工作取决于我们在潜意识幻想和知觉(特别是对分析关系本身的知觉)的边界上工作的能力。即我们所说的心理现实和观察到的现实——过去的体验和"当下"的体验，潜意识和意识——都是包含了复杂的关系矩阵的主观建构，由该矩阵组织人类体验。他们各自都既是"影子"又是"实体"。

解离、行动化和临床过程

我们早就知道，每个病人进入精神分析时都带着同样"不合逻辑"的愿望——*在变化的同时保持不变*。一直以来，我们在应对时都当它是经典意义上的"阻抗"——"病人调动一切防御力量来避免自我觉醒"的临床现象(Moore 和 Fine，1990，p. 168)。然而更多的后经典理论越来越倾向于把"防御"放到更复杂的现实背景下，这个复杂现实作为必要的幻觉,建构并维系着分析情境,作为自体发展的场所,即温尼科特(1967)的"潜在空间"。在这个背景下,分析师的治疗作用主要是协同病人保持幻觉,即在变化的同时保持不变。为了完成这个任务,分析师不能试图通过诠释强行把病人模糊的自体体验区分成不同层面的现实,也不能非得在意识和潜意识以及现实和幻想之间划定边界,而是要代之以共同协商的关系过程(见 Ghent,1992;Pizer,1992)。其目标是让自体成长的*体验*——而不单是其结果——能够循序渐进地发生作用,而不是创伤性地"强制介入"。

从这个角度看,移情—反移情场就是病人幻觉的剧情化,是病人与他自己的主观现象之间内在交流的外化,其形式是跟分析师的现实一起行动化。分析师作用的一个维度就是创造治疗性的环境,使这个行动化得以发生,让他(分析师)能够参与其中,隐含地体验幻觉,而不只是用语言加以明确。他的工作不是改正这个幻觉,而是跟病人一起*了解*它,使病人可以尽可能创造性地、富于想象力地使用它。分析期望的结果不是把幻觉当作歪曲了的现实舍弃,而是病人愉快地构建一个更丰富的现实,它来自病人的幻觉体验,通过共同建构的新的叙事意义得以言语符号化。*过程的关键在于分析师能否避免强加意义,让病人自在地尝试新的样子,不害怕"他是谁"的连续过程被创伤性地打断。* Friedman(1983)形象地写道:"领悟是病人在治疗师的妥帖陪练下修到的学分"(p.348)。

从关系的观点出发,对行动化的分类并非要么病态要么正常。Levi(1971,p.184)从人际间视角把它描述成"不是一股力量,而是两股相矛盾、相对抗的力量的产物,一股试图借助已有边界和解离来保持自体系统的完好,另一股试图打破这个组织……是强大而不寻常的自愈尝试"。

在分析中,行动化的过程经常在解离的自体状态下发生,旨在传递病人从分析师那里体验到的"真相",这是在决定那个时刻关系的自体—他人表征背景下无法进行思考或表达的。

以临床文献中那些难以理解、原因复杂的"微妙的自伤"现象为例。有些病人威胁要在身体上伤害自己,但是不会那么做,而另一些人可能威胁也可能不威胁,但确实会那么做。不问病人过去的历史,甚至不问病人当前的生活细节,分析师们往往靠直觉就能非常准确地"知道"哪个病人有可能伤害他自己、哪个不会。我的经验是,尽管那些确实伤害了自己的病人在某个时刻的行为受到诸多因素的影响,这样的行为在人格冲突的病人身上比在人格解离的病人身上发生的频率更低,分析师在直觉上会更担心后者而不是前者(后者更会付诸行动而不是思考他们对自己以及对重要客体包括分析师的感受)。真会那么*做*的病人往往是那些在不同的解离部分之间摇摆的人,每个解离的部分都有自己坚定不移的真相。

  与此相关的,我还想起那些看上去不能忍受分析师的节日或休假安排的病人。分析师们发现给病人电话号码,"必要时"在休假期间也能联系到分析师的做法,提供了一个降低抛弃焦虑的过渡客体连接。但是……因此带来的问题不是出现在该连接"起作用"时,而是在它不起作用时。绝大多数病人都不会打电话,不会觉得紧急到需要这么做,尽管确实有一定程度的焦虑。有这个连接就够了,因为这个人有能力在感觉到需要的同时,评估允许、必要和关心对方需要之间的相对平衡。但有些病人确实会打电话,有时还会打很多,让分析师意外甚至是惊愕(因为原本不该这样)。这时"付诸行动"这个概念就被用上了,我觉得其实并不准确(哪怕不是某个牢骚满腹的分析师在报复性地用这个词)。它倾向于假定是在(通过"付诸行动")回避内在冲突,忽略了更多时候这暴露了病人的人格组织还不够紧密,不能同时兼顾联系对方的需要、已经获得了别人的允许以及领会分析师合理的局限性的能力,特别是在这些局限性没有明说的情况下(通常因为分析师还没那么坦然)。分析师之所以没有直接说出需要时打电话并不等于随时随地都可以打,原因不尽相同,但是有些病人特别擅于发现别人说出来的话和没说出来的"意思"之间的不一致。这些人的鼻子能够闻出哪怕是一丝的伪善,无论其动机有多"良好"。没有"正当"理由(从分析师的视角看)却打电话的病人往往处于解离的自体状态,只能感知到联系的需要,而且只记得允许必要时打电话;在这个状态下,感觉到需要在体验上跟"必要"是一回事。这样,打电话就是一种行动化,跟某些形式的自伤一样,其目的就是对客体产生影响。想怎样? 这不是个简单问题,怎么回答都没把握。我的直觉是,这是 Levi(1971)所说的"强大但不寻常的自愈尝试"(p. 184)的一个例子。它涉及能够让别人了解自己需要的唯一可能的方式——在主体间——跟分析师一起实施出来,以彼此富有创造力的方式,不同于最初导致解离的、旧有的、固定的自体—他人互动模式。这个关系行为中的共性与差异,为共同建构意义行为(Bruner, 1990)提供了机会,使解离了的潜在创伤威胁能够在认知上得到加工。

  Putnam(1992)把解离称为"没有办法的办法"(the escape when there is no escape, p. 104)。解离是对创伤的防御,不同于对内在冲突的防御,解离不是简单地拒绝自体进入可能有威胁的情感、想法和记忆;而是有效地抹去了,至少是暂时地,可能发生创伤的那个自体的*存在*,让它"近乎死亡"。重新建立连接,重新进入生活,其痛苦无异于哀悼。回归生活意味着承认和面对死亡；不仅是早年客体作为真实的人的死亡，还是自体的那些与客体结合的部分的死亡。当病人面对内部冲突和人类联结，开始放弃解离现实的绝对"真相"时，他发现没有哪条路是没有痛苦的。Russell(1993，p. 518)认为，病人在承认和加工创伤体验时要能够承受哀伤。"我们必须假设，"他写道："伴随这个哀伤的痛苦极其强烈，是人生最痛苦的体验之一。我们这样假设是因为为了避免它付出了巨大的心理代价。"

有个简短的临床片段可以更生动地证明这一点。一个快40岁的男人已经以每周三次的频率见我两年了，从青春期开始他就生活在一潭死水、百无聊赖的僵化状态，日常活动一成不变，人生空洞无意义。在很多年里，他的生活都是由纽约的公寓和Vermont的周末别墅构成，二者互不搭界，像是截然不同的两个人。这样的居住规律以及每周来见我三次的频率他都当作生死大事加以保护。如果不管是我们俩谁的原因不得不取消一次咨询(包括假期)，都必须不惜一切代价补回来。某个周一的早晨，像往常一样从Vermont回来以后，他来咨询时比平常离开一个地方到另一个地方更加神不守舍。他的声音里有一种奇怪的忧伤，这是我不熟悉的，还有些我拿不准的别的东西——几乎可以说是恐慌。他说他甚至想不起为什么会在我的办公室，只知道他应该来，然后他安静地说，"Vermont死了"。那一刻他的心理状态不同寻常地伤感，我好像是第一次见到他。"我再也不能拥有它了。"他说："不是说我不记得它。我记得，但是那样只会更糟。而现在，我也死了；我必须找些事情做才能知道我为什么要在这里。""它离开了你是什么感觉？"我问。"只有我和世界了，"他答道，接着说：

> 我不知道该怎么把我的其他部分放进去。就只有这些了。我想这应该是解放，可是把我解放出来了我就要面对死亡。或许你可以连着给我做两个星期的咨询，这样就可以把它们连起来，它们就不会像Vermont那样死去。我离开Vermont，它就死了，因为它再也不是我离开时的样子了。记忆只会让我难过。

知觉、语言和自体

几乎任何人，哪怕是在最原始的心理状态下，都能把语言用作交流工具——即，把他的个人身份作为超越当下的客观永久的社会现实传递出去。他不仅可以用言语能力来说明他的感受和需要，还能通过言语互动来表达他认为他是谁，他认为别人是谁，以及这些自体—他人心理表征在面对社交互动中的矛盾知觉时能否进行协商修正——沙利文（1950b）所说的"共同确认"过程（p. 214）。不管个体的人际间自体表达方式多么与众不同或者受损多严重，它始终都是由人性化的环境决定的，不管它有多么去人性化（见第 5 章）。有能力用言语表达对个人身份——"这是谁"——的体验是人之为人的根本，万一丧失了这种能力，这个体验基本上就无法得到别人的理解。

在 1992 年 3 月 26 日的 New York Review 上有一篇 Oliver Sacks 的文章，"The Last Hippie"，写的是他治疗的某位病人。Sacks 的病人，Greg，由于位置罕见的脑部肿瘤伤害了颞叶和前额叶功能，发展出要事失忆症（无法把知觉记忆转换成永久记忆），也无法保持个人独特的身份感：

> 他变得"肤浅"，清除了真实情感和意义，代之以冷淡或轻浮……Greg 只知道在（presence），不知道不在（absence）。他好像无法记得任何丧失——失去他自己的功能，失去客体，失去一个人。（pp. 59-60）

按照多数诊断评估标准，这个人都是没希望的，只有 Sacks 认为，虽然前额叶损伤夺去了他的个人身份体验：

> 这也给了他一种身份或人格，尽管奇怪而原始……通过跟某个有意义的行为、某个有机统一体建立关系或参与其中，弥补或绕过他的失忆断开……音乐、歌曲似乎给 Greg 带来了他显然缺少的东西，深深地触动了他，不然这根本是不可能的。音乐是通往情感、意义世界的一扇门，在这个世界里，Greg 得以恢复，哪怕只有片刻。（pp. 58-59）

可以说，"有机统一体"的本质，Sacks 所说的"既是动力的也是语义的"（p. 59），即是精神分析中人际间过程的核心，也就是所谓的分析关系的"词语和音乐"。Sacks 写道：

> 这种流动的动力—语义结构一环扣一环，每一部分都与其他部分相关联。这样的结构不能被部分地知觉或记住——如果真的会被知觉和记住，那一定是作为整体。（p. 59）

Sacks 用一个问题结束了文章,这个问题隐含了精神分析临床过程中的影子与实体及其与解离、记忆、知觉与自体叙事之间的界面的关系。他写道:

> 很容易看得出歌里融入了一些信息……但是,如果一个人陷入严重失忆,失去时间感和历史感,在无序的地狱里得过且过,"这是 1991 年 12 月 19 日"能有什么意义呢?"知道日期"在这种情况下没有任何意义。但是,*特地谱写的歌曲*——与这个人或眼前的世界里的某些珍贵的东西相关的歌曲——能否帮助这个人借助音乐的力量,获得更持久、更深刻的体验。(p.62,斜体加注)

"特地谱写的歌曲!"这样设想分析过程也许是个不错的主意:它是一首歌,把病人的内在现实(关于他是谁先入为主的观点)和他知觉到的通过分析关系建构的外部世界之间的空隙连接起来,看见和说出来浑然一体,构成充满情感的体验。

简言之,我的观点是,个人叙事不是只靠更准确的语言输入就能编辑的。精神分析必须提供一种在感知上(不仅是概念上)不同于病人的叙事记忆的体验。沙利文(1954,pp.94-112)正是认识到与自体不协调的知觉数据必须有机会从结构上重新组织内部叙事,精神分析才能成为真正的"谈话治疗",所以才强调人格改变和他所说的分析师"详细询问"之间的强大联系。后一句指的是,向分析师报告时被排除在事件的叙事记忆之外的知觉细节、再次唤起的情感、知觉区域和人际间数据等,在临床上的重新建构。这个过程的关键部分是,病人—分析师关系本身要纳入到叙事的讲述之中,由双方共同体验,而且必须随着分析的进展持续重新协商。协商的核心是,关系的意义是在主体间基于病人的自体—叙事及其差异建构起来的,尽管该建构并不对称(见 Aron,1991;Hoffmann,1991)。正是在这个意义上,精神分析式询问打破了旧的叙事框架(病人的"故事"),通过用行动化唤起不相容的知觉体验,使叙事发生改变。也就是说,包含了事件和之前被排斥的自体—他人体验的叙事,在经过共同确认之后,*不是通过词语本身,而是由词语代表的新的关系背景*,得以符号化并建构起来。

这个观点的含义影响到很多概念,中立、诠释、匿名、自我暴露,以及我们相信是可接受的分析姿态的很多其他维度。为了让病人能够在分析中洞察他自己,创造性地使用行动化,必须同时让病人有机会同样自由而安全地审视*分析师*。首先,分析师不能再试图在技术上保持模糊的中立形象,这种做法会被很多病人知觉成他不能把分析师看成他本人,只能把他看成不同于"他人"(例如,父亲、母亲)的人,除非发生移情"歪曲"。有些病人,特别是那些有人格障碍的,会简单地把这种姿态当成他们的知觉现实的缩影,要么进入漫长的分析僵局,要么学着做"更好"的病人,作为他们既有的自体叙事的一部分(见 Franklin, 1990; Greenberg, 1986, 1991a)。

在第5章,我引用了 Carlos Castaneda(1971, 1974)著作中的一段话,巫师 Don Juan(再次徒劳地)努力向 Carlos"解释"为什么人们陷在他们自己局限的现实里:

> 每次的自我对话结束后,世界就变成了我们想要的样子。我们更新它,用生命点燃它,用内心的对话来加固它。不仅如此,我们还一边对话一边选择我们的路。这样我们就一次又一次做着同样的选择,直到死去,因为我们直到死去都一直在重复同样的内心对话。(Castaneda, 1971, pp. 262 – 263)

> 我们自以为是地沉迷于自己对世界的看法,以为我们对这个世界无所不知。老师该做的第一件事就是停止这样的看法。按巫师的说法就是停止内心的对话……为了停止这个从摇篮起就有的对世界的看法,仅仅许个愿望或者下个决心是不够的,还必须有实际行动。(Castaneda, 1974, p. 236)

这是20年前 Castaneda 笔下的自体叙事保全自己的顽固力量,只有跟一个志在推动"实际行动"——Bruner(1990, p. xii)所说的"意义行为"——的"巫师"持续互动才能做出改变,重写内在对话。从"解释学"和"叙事"在当代分析文献中出现的频率来看,改变内部对话的治疗过程已经不再只是巫师的工作范畴。通过精神分析我们发现,其背景下的"实际行动"就是分析情境的协商。Schafer(1983)认为,当你帮助病人"以一种既能预见改变又能完成改变的方式"(p. 227)重写他的故事时,你已经完成了作为分析师的工作。我倾向于同意,但是这个分析成长模型(如果它是个模型)怎样指导我们跟病人工作时的*行为*呢?Don Juan 的解释并没有改变 Carlos 自己的现实故事,尽管巫师说的都对。一个人的个人意义不是通过理性的力量或者有说服力的言语解释就能改变的。Carlos 只有在他跟老师的关系里以实际行动把自己从作茧自缚中解放出来,才能拓宽他的现实视野。也就是说,他必须想办法逃离一段关系,而只有通过改变作茧自缚故事的人际间行为才能完成逃离,别无他法。Carlos 后来觉得他是"被骗"去做那些"意义行为"的,这跟分析关系的某些方面形成了有趣的对比,但是展开这个话题就离题太远了。

我读研究生的第一年,诊断课老师用一个"精神分析师/病人笑话"说明的一个道理我永远都不会忘。在当前背景下它同样可以做到自体叙事做不到的事:它既不是病人在我们进行的正式"访谈"中说出来的那个他,也不是(不管是温柔地还是粗暴地)把更"准确"的他是谁告诉他就能改变或重写的。这个笑话是这样的:

"医生,我来找你是因为我有个关于性的问题,很丢脸,我很想说,可是没人相信我。"

"别担心,这正是我的专长;我保证会严肃对待。"

"好吧,但真是难以启齿。我的问题是我的阴茎掉了。"(长时间的沉默,医生在想该怎么回应。)

"看得出你确信有这么回事,你的理由非常重要,我们得谈谈。我想多了解些情况,但我得先告诉你这不可能是真的;阴茎不会说掉就掉下来。"

"我就知道你会这么说;所以谈这件事才这么难。但这次我是有备而来:看!它在这!"(病人伸手从兜里掏出个东西给医生看。)

"可这不是阴茎呀;这是雪茄!"

"天哪!我抽了我的阴茎!"

我认为,Bruner(1990)所说的意义行为的本质在于它是关系行为——影响它的不是说教(不管做得多么策略),而是不因时间而改变的内部"自体真相"与当下时刻由别人看到的对自体的外部知觉,这二者共同建构的互动。只有这样,新的意义才能从认知上得以保存——即,纳入到内部对话、自体叙事或潜意识幻想之中,哪个说法都行。往简单了说,关系行为之所以能够改变自体真相,是因为它提供了一个机会,去知觉现实的另一个版本,而不是想方设法相信另一个虽然合理但是跟自体叙事没有互动的版本。这样,如果我们把知觉设想成与世界的互动过程,代表知觉者的动机和行为(Bruner,1990),我们知觉到的信息就由这些行为赋予了意义。这个观点把知觉看成是动力过程,人类联结的世界包括两个主体之间动力性的相互作用,这两个主体总是互相阅读但并不总能立刻察觉到他们读到了什么。有人或许由此认为,*精神分析过程的第一要务就是提高知觉*。

但是如果是这样,为什么我们听到"天哪!我抽了我的阴茎!"时会笑?雪茄明明就摆在病人面前。为什么这个知觉没有让病人想到他的现实可能有问题?为什么他反而创造出一个逻辑上可能但完全不可信的说法来支持他的自体真相?我觉得答案之一是,能让他把雪茄知觉成不一致的自体知觉的关系条件还不具备。我不是说病人在审视一个无生命的客体(雪茄),而不是他自己。个体允许他的自体真相因"别人"(不管这个别人是分析师还是巫师)的影响而改变的能力,取决于是否存在这样一个关系,在这个关系里另一个人能被体验成既接纳病人内在现实的有效性,又参与当下建构与之不一致的协商现实的行动中。当然,在临床上,任何人的关键问题都是早年自体—他人表征的主观真相所具有的强度,以及他们出于对心理创伤的恐惧而严阵以待的程度。

在 Castaneda 和 Don Juan 的交流中,在那个笑话里病人和医生的交流中,[①]自我真相保持不变的强度还没有受到知觉的挑战。能包括自体和他人双方现实的关系背景和意义行为还没有建构起来。在这两种情形下,当下的知觉背景都是病人固定的内部自体叙事的行动化,即某个"别人"好心地也很用心地提炼出他自己的现实,用他们的现实把它换掉(尽管是"更好的"现实)。在这两个关系中,因为"病人"的行为方式只跟内部真相一致,哪怕是在令人信服的知觉资料(雪茄)和有说服力的逻辑(Don Juan 的苏格拉底式对话)面前,他们的自我叙事依然保持不变。用皮亚杰(1936)的术语来说,知觉和认知体验被简单地同化到自体图式里,而不是由自体—他人表征的内部模式来顺应不一致的情况并进行结构重组。也就是说,在关系模型下,只有当知觉要求叙事顺应时,语言、逻辑和我们所说的"领悟"才能起作用。

说了这么多,我们所说的*叙事*作为概念是不是有些难以捉摸?自体叙事来自哪里呢?它显然不在病人故事的言语内容里,比如"我的阴茎掉了"。事实上,病人不会把他们的潜意识幻想暴露给分析师:他们*就是* 他们的潜意识幻想(见第 11 章),通过精神分析行为,包括分析师的主观性和病人的主体性,跟分析师一起展现出来。从这个意义上说,病人的自体叙事始终是在影子和实体的交界处,通过精神分析的关系行为,病人作为他自己叙事的体现,通过讲述自己故事时的行为表现得到别人的了解。潜意识幻想的影子和实体就这样被捕捉到,并在新的现实领域得到重建;在叙事记忆和当下知觉发生碰撞的混乱的主体间场里,多个现实以及彼此相反的自体—他人表征

---

① 就算这个笑话需要考虑并非无关紧要的偏执问题,但是偏执有没有可能是一种强大的——有时是执拗的——阻抗形式,抵制关系协商下的改变,但是跟其他阻抗在结构上并无差异? 也许它是一种极端解离的自体状态,固守偏执的自体叙事,也就是我们所说的"幻觉"故事,完全不受与之不一致的知觉的影响。那么,当相反的知觉越发强大,内部的自体叙事逻辑已经无法维持时,个体通过支撑叙事来保持解离自体状态完整的努力就会变得越来越"不合理"。就像雪茄笑话一样,支撑叙事的包括 Shapiro(1965)所说的偏执地"让明晃晃的知觉错误……在知觉上完全正确在判断上完全错误"(pp. 60-61)。必须不惜一切地保持解离,绝不能回到不可忍受的创伤体验上。

同时存在。主体间场在这些时候的混乱本质在 McDougall(1987)的一个案例讨论里得到了充分体现,她借助"精神分析舞台"这个比喻描写了她对案例的初始反应。她写道:

> 开始时的困惑印象多数是因为在(病人的)心理世界中……相互矛盾的两个人在同时说话。(不管是分析情境还是日常生活,这时都很难听清在说什么!)(p. 224)

解离和冲突

我认为,精神分析中人格的结构性成长不是简单地帮助病人把统一的、非适应性的自体表征变成更具适应性的表征,相反,它是面向各个亚叙事,每个都自成一体,促进它们之间的协商互动(也见第10章)。我说的"亚叙事"是什么意思呢?简单地说,每个人都有一套各自独立又相互交叉的关于他是谁的图式,每个图式围绕着特定的自体—他人构造组织起来,这些图式再由某个特别强大的情感状态维系在一起。有越来越多的证据支持,心理并不是开始于一个整合的整体,经过病态过程发生分裂,而是在源头上就不是整体;它在生成时就是多个自体—他人构造或"行为状态"(按 Wolff, 1997 的说法),并且这样延续下来,在成熟过程中发展出一致性和连续性,从而体验到紧密的个人身份感——总体上"是一个自体"的感觉。Osborne 和 Baldwin(1982)认为意识的不连续是所有体系的精神治疗中最严重的问题。他们认为,情况严重到不容忽视:

> 我们摘录体验的特征而不是全部,倾向于把部分调和成和谐的整体。我们的意识在根本上是幻觉状态,其中点缀着体验的一系列不连续的意识时刻。(pp. 268-269)

大多数人理所当然地保持着"同一性"(sameness)的适应性幻想。另一些人却从来没有这样连续和整合的自体感体验;要么部分缺失要么全部缺失,往往一生都在疲于应付相对解离或全部解离的自体状态。那么我的潜台词是不是说,我们都在某种程度上是多重人格？不是这样。我想说的是，我们所说的潜意识可能包括了自体状态之间连接的中断或弱化，防止自体的某些方面——连同与其相对应的情感、记忆、价值观或认知能力——在同一个意识状态下到达人格层面。一个人的自体状态在大多程度上能同时被察觉（*观察自我*），一直是分析师用来决定病人是否"可分析"的标准。传统上认为是不可分析的病人和那些被视为不适合做分析的病人的区别，从这个视角来看，是自体状态之间相互解离的程度问题。

矛盾的是，解离的目标是维持个人连续性、一致性和自体感的完整，以避免自体的创伤性解体。怎么会这样呢？自体体验分成相对断开的部分怎么会有助于自体完整呢？最可信的答案已经讨论过了：自体体验起源于相对断开的自体状态，各自自成一体，统一自体的体验（参见 Hermans, Kempen, van Loon, 1992, pp. 29-30; Mitchell, 1991, pp. 127-139）是获得的、在发展上具有适应性的幻想。当统一体幻想创伤性地受到威胁，不可避免地、突如其来地被打断，它就变成了自身的负累，被无法符号化加工也无法当作冲突来应对的输入所淹没，处于危险之中。

当统一体幻想危险得无法维持时，我们所说的强迫行为和强迫思维就来支撑解离过程，把"空隙"填上，甚至否认空隙的存在。这样就又回到了僵化状态。按这个思路，任何类型的人格障碍都可以看成在自体—他人心理表征的图式化过程中不当使用解离的后果；即，是为了预防和防御早年创伤的重复而组成起来的身份感。这类病人的核心标志就是僵化的心理状态，在需要通过别人的眼睛看他自己的时候，内部冲突体验（如果真的有）转瞬即逝。在主观上对分别组织起来的自体体验进行隔离，其结果是与当前的自体状态不一致的数据被拒绝在同一时间进入意识。在解离并不严重的人格组织中，内部冲突体验在结构上是有可能的但在心理动力上会避免。与此不同的是，在人格障碍中，个体无法在单一体验里持续冲突地看待他自己，在主观上感受对立的情感和不协调的自体知觉的拉扯，并把这样的心理状态作为自我反思的客体。不和谐的心理内容（情感、愿望、信念等）无法被纳入自体观察；个体倾向于把他当下的主观体验看作真相，把隐含着不同观点的任何"别人"的看法都看作不实回应，因而不予考虑。

缺少或没有自我反思能力时，如果跟病人当前的心理状态不一致，分析师对病人的体验就不能作为客体进行讨论，因为病人无法把分析师视角看成哪怕是潜在地属于自体的客体，更不会看成是可观察的。病人表达解离的"体验数据"（见 Boris, 1986）的一个渠道是在分析关系里付诸行动，这时，数据在共同创造的移情/反移情格式塔主体间世界得到呈现,而不只是在病人一个人的心理。这个现象不是*内在心理*的,是可以观察到的,通过跟病人在共同创造的过渡现实里一起经历,这个过渡现实把病人自体状态之间的体验空白连接起来,满足了他最重要的体验需要,即"在改变的同时保持不变"。在适当的分析设置下,自体的解离部分有机会跟分析师一起,把那些未经符号化的体验展现出来,使行动的、情感的、想象的、言语的因素能够与相关的叙事记忆联合起来,在一个以前不可想象的背景下:在知觉上把病人—分析师关系体验成两人共同建构的幻想,把内部真相与新的、自体连续的、更灵活的外部现实连接起来。那么分析技术的一个基本维度大概就是,治疗师怎样从与解离的自体状态相联结,过渡到与开始存在内部连接的病人相联结,这个内部连接是持续的人际联盟体验和分析过程的一部分。

该怎么看诠释这种行为呢?Greenberg(1991b)认为:"诠释——完整的或不完整的,恰当的或不恰当的,正确的或不正确的——像握手、沉默或忘掉的咨询一样,都是相互的。"与之一脉相承的是 Bass(1992)的说法:

> 分析师对他知觉到的或者他相信的病人的需要直接做出回应,从这个意义上说,他的回应是基于他对病人体验的诠释,哪怕他不明确地把诠释对病人说出来。(p. 128)

我当然同意,诠释的意义不是由言语内容是否准确或恰当决定的。因为任何言语诠释都是(不可避免地)分析师自己对现实的概念化建构,只有当诠释与病人体验到的分析师作出诠释时对他的态度相一致,与病人从双方的行为中"感觉"到的意义相一致,诠释才能被病人的知觉现实所接纳。Ogden(1991)称之为"以行为诠释"(an interpretation-in-action),并写道:

> 有时我会允许濒临惊恐状态的病人使用我的候诊室。之后我会跟他们讨论待在我的候诊室这个体验的意义,以及我允许他们那样使用我的候诊室的意义。(p. 366)

解离,作为一种自我功能,其与众不同之处是选择性失忆的心理状态。作为一种普遍使用的对创伤或潜在创伤恐惧的防御,它代表了人格中适应性的催眠能力。它用于保护不受 Reik(1936)所谓的*惊吓*:真实的或知觉到的毁灭性威胁,无法在不危及自体体验和神志清醒的情况下用现有的认知图式进行加工。如果我们严肃对待Bonanno(1990)进行的研究,解离和记忆之间的关系就会变得清晰,解离的重要特征也会同样变得清晰——"对孤立的、情绪强烈的事件的记忆容易出错"(p.176)。Bonanno证明了Bartlett(1932)在61年前提出的理论的有效性,即,记忆不是收藏孤立事件档案的不断扩张的图书馆,

> 而是一个过程,在回忆的过程中不断地对零散的信息进行诠释和重建……哪些内容被记起取决于提取记忆的方式。(Bonanno,1990,pp.175-176)

与知觉事件相匹配的新的言语图式出现时,符号化整合成为可能,叙事记忆的认知重组(我们所说的*领悟*)越来越能够把病人统一的自体体验与他对外部现实的知觉连接起来。不管是在过去还是现在,情绪高度强烈的体验完成这样的连接都格外困难,因为为了保全自我稳定,与叙事记忆不一致的孤立的情感强烈的事件被排除在自体背景之外,只有在这个背景下这些事件才能进入认知并得到加工。

像Laub和Auerhahn(1989,p.392)简明扼要地阐述的那样,"因为创伤状态不能被表征,它就不能被诠释所改变……(而且)治疗中最需要的不是解释心理冲突,而是……自体和他人之间的连接必须重新建立起来"。因此,成功的分析过程需要有个过渡阶段,从病人在移情/反移情场中主要使用解离和行动化,到越来越有能力保持内部冲突体验,并越来越能承诺把他的心理如何行使功能本身当作分析的客体。在病人能够非创伤性地充分体验对立的自体参考框架之间的拉扯之前,当他们进入自体体验的过渡构造时,这些阶段经常会异常生动地在病人的梦里[1]反映出来。在这个过渡期的分析过程中,病人对外化、投射性认同和提取性内摄(extractive introjections, Bollas, 1987)这些加固解离边界的方式使用得越来越少,相应地更加能够识别出解离过程以及对放弃解离的恐惧。由于病人可能在很长时间内都无法明确认识到这一点(除非通过梦),分析师独自加工变化的能力就变得很重要,但是同样重要的是,分析师也不能把他自己对于病人身上正发生着什么的观点强加给病人。

---

[1] Marcuse提出了类似观点,病人在分析中报告的梦所创造的意义在本质上是关系的,我们所谓的隐梦(潜意识)和显梦(意识)之间的区别需要重新审视:"我相信我们需要一个模型,不再执着于隐梦与显梦的区别……这种二元对立将在实际操作中消失,因为分析师参与决定了什么是隐梦和显梦。"

从解离到主观体验到内部冲突，这样的精神分析式过渡不是线性的开始与结束。对有些病人来说，最初的转变很激烈，涉及重大的人格重组，但是基本构造在每个分析中都一样，而且也是所有阶段每个治疗过程的一部分。简单地说，我认为没有整合的自体这回事——即一个"真实的你"。自体表达和人类联结将会不可避免地碰撞，就像Brigid和大主教之间那样，但是，健康不是整合。健康是能够站在多个现实之间的空隙里而不失去任何一个现实。这就是我所相信的自我接纳，也是创造性的真正含义所在——有能力在同时是很多的时候感觉是一个自体。

我想用一个梦作为结束。这个梦是一个45岁的女人在治疗进行到第六年时报告的。在她一生的大部分时间里，她都不能从任何别的角度而只能在当前的自体状态下看到她自己。这就意味着她不能在与她当前的心理状态不一致的任何背景下想起或想象她自己。说她缺少观察自我都言过其实。她会有目的地忘记自己的很多行为，为了掩饰这一点而精心设计的一些联结方式已经成为她在真实世界里生存的方式。就像她经常说的那样："我好像无法*注视*（watch）我自己。我能够*注视*自己该多好呀！"我们都认为这个梦反映了她当前的自体体验正在发生的转变，并且给它起了个名字叫"名表"（good watch）：

> 我跟家人一起站在海滩上，我看到海浪扑过来。我知道那个浪很大，很害怕，但也没被吓坏。海浪扑过来，我的家人不见了。我也被拍倒了，但是有人把我抱起来，放到离我原来的位置很远的地方。我不知道我在哪儿。然后场景变了。我在自己的公寓里，很多我以前认识的人都在那。我把一块名表放在桌上。他们离开以后，那块名表不见了，在那个地方放着廉价的珠宝。我很伤心——因为我信任他们。后来，我发现了那块表。但不是在我原来放它的地方。① 然后我就醒了。

在告诉我这个梦之前，她把它"忘记"了。然后"想起来"，又"忘记"，最后还是"想起来"了，并且告诉我，但是明显带着冲突。她讲完之后说，"我不确定我是真的找到了那块名表还是我在编故事"。但是在她眼里第一次出现了一丝生气。

---

① 这个梦跟第8章的另一位病人C先生的梦出奇地相像。这两位病人都在放弃对解离的依赖，接受并哀悼丧失。每个梦都说到失去熟悉的未连接的"分离"自体时的悲喜交加，仿佛那是他们一直与之分享存在的"朋友"或者"家人"，现在要失去了，因为他们已经不是过去的他们。

13 精神分析、解离和人格组织[①](1995)

如果把当代精神分析文献当成哥特式系列小说来读，那么不难看出，皮亚杰那躁动不安的幽灵，一百年前被西格蒙德·弗洛伊德从城堡驱逐出去以后，再次归来，阴魂不散地缠绕着弗洛伊德的后人们。匪夷所思的是，大多数主要分析学派都开始关注解离现象，都在积极尝试把解离纳入各自的心理模型和临床方法。在人际间精神分析（Sullivan, 1940, 1953）和"独立的"英国客体关系理论（Fairbairn, 1944, 1952；Winnicott, 1945, 1949, 1960a, 1971d）的兴起和发展过程中，解离一直是一个核心概念，那些深受这两个学派或其中之一影响的当代分析师们在临床与理论上对解离的关注也最为积极（例如，Bromberg，第5、8、10、12—19章；D. B. Stern, 1983, 1996, 1997；B. L. Smith, 1989；Mitchell, 1991, 1993；Davies, 1992；Davies 和 Frawley, 1994；Harris, 1992, 1994；Reis, 1993；Schwartz, 1994；Grand, 1997）。解离也出现在自体心理学取向特别是那些对自体状态的现象学（例如，Stolorow, Brandchaft 和 Atwood, 1987；Ferguson, 1990）感兴趣的分析师笔下，并且在弗洛伊德派分析师那里赢得了地位，不管是经典的（例如，I. Brenner 1994, 1996；Kernberg, 1991；Shengold, 1989, 1992）还是后经典的（例如，Marmer, 1980, 1991；Goldberg, 1987, 1995；Gabbard, 1992；Lyon, 1992；Roth, 1992；Gottlieb, 1997）。横跨众多分析理论，得到最广泛接受的对解离的理解是由 Schwartz(1994, p. 191) 阐述的，他提出，解离"可以简单地理解成旨在麻木和隔离痛苦的自体催眠过程"。他说，"本质上心理是在……逃离它自己的主观性以排解痛苦"。

Peter Goldberg(1995)最近以一篇挑战性的论文丰富了这个领域，该论文的特别之处在于它关注的是解离过程对身心体验的影响。Goldberg 主张，当解离过程占主导时，病人对身体和当下感官世界的体验就会变得不真实，这些不真实的身体和感官体

[①] 本文的原稿发表在 *Psychoanalytic Dialogues*，1995，5：511-528，本文对原稿进行了修订和扩展。

验反过来成为病人总体人格整合的一部分。在他的叙述中,我们可以看到经典力比多理论的痕迹,也就是说,他其实是把身体,或者说把身体的体验,看作自体生命力的来源。因此,在他看来,解离机制主导下的人格组织是因身心统一体遭到困扰而导致的"伪生命体"。由最后这一点 Goldberg 进一步指出,他描述的现象不是压抑,因为在压抑中身体体验干脆退出了,而是"解除压抑"(de-repression),这时身体和感官体验进入意识,但是是以一种"不真实"的方式。

尽管 Goldberg 的着眼点是身体的力比多,但他关于解离是人格结构的基本组织者的观点从任何意义上来说都是关系的:是个体之间的,是个体与社会之间的,是个体的表征世界里的。他呈现的解离过程是心理与感官的分离,既是症状,也是心理结构的一种防御形式;他所说的人格的"伪整合",如果能够"完成",表现出来的将是思维与知觉之间辩证的缺失,进而阻碍体验的符号化,夺走自体的真实感。从根本上说,这个模型是关于在解离中人们怎样利用心理—身体的关系(我/它关系)把冲突付诸行动,而不是用符号化的愿望和客体关系把冲突表达出来。他认为,由于没有经过符号化,解离了的体验把身体和情感变成了"物体",把心理"物品化",破坏了知觉能力,而不是像温尼科特(1949)所说的那样,允许"心理和身体参与相互关系过程"(p.244),从而使身心,而不是头脑,成为自体的住所。

Goldberg(1995)讲到他所说的"解除压抑"现象是源于"心理与感官体验之间的利用关系"(p.503),用解离在不经过内化的社会制约"审查"的情况下把力比多解放出来。与压抑和力比多的关系相反,解除压抑把力比多变成了"伪生命力",使身心成为它的奴隶,利用它的活力对抗去人格化和死亡。这时的力比多具有"使用者价值",我们利用它、操纵它而不必消除或缓解"心理冲突的痛苦"(p.508);我们只需发现新的满足方式来维持生命。Goldberg 的这个贡献特别重要,因为它终于使我们认识到在精神分析过程中,知觉的提高是结构性人格成长的途径,Enid Balint(1993)也认识到这个事实,他在描述失去知觉能力的艺术家时评论说,"如果失去知觉能力他们就完蛋了;他们只能自我重复。但是他们的知觉无比痛苦;我们不能忘了这一点"(p.235)。

Goldberg(1995)就此给出了一个案例片段,关于病人和分析师之间复杂的临床行动化,形象地描述了在突然转变的互动场里解离过程对双方的知觉领域和心理状态的影响:

> 该病人曾被家人残忍地虐待。在某次咨询开始时,她难得地轻松自在,治疗

师自己也很放松。然后病人很快陷入了焦虑的沉默,明显变得低落和退缩。过了一会儿,病人开始报告她感觉在工作上受到了上司的冷落,她不了解这个人,但暗地里欣赏他。请注意,只是一丝冷落——据说他没有热情地跟她打招呼。她接着说:她立刻变得灰心,开始鄙视自己;感到身体不舒服。她对治疗师说起这次的冷落怎样打击了她的自尊。她陷在这种感觉里,被拒绝让她身心疲惫。这期间她的双手一直绞在一起,不停地扭着手指。治疗师发现他自己问的很多问题都透着兴趣甚至是关心,但同时又隐约听到街上的噪声,还瞥见一只小蜘蛛在窗框上织网。(p. 494)

Goldberg 在这里简洁地勾勒出病人怎样在情绪上把自己包在茧里,连同其他因素一起,使治疗师无法像咨询刚开始那样接近她。这反过来导致了治疗师意识状态的变化,使他不能在知觉上专注于当下他们之间发生的事。通过对这件事的描述,Goldberg 在关系上的敏感性得到了证实。他清楚地认识到,治疗师的反应促进了持续互动,这个互动既重温了病人过去的体验,又同时建立起新的体验。

作为一个人际间/关系分析师,我觉得这个视角准确地描述了精神分析情境下基本的人际间模型,它是一个参与性观察的过程(Sullivan, 1954),在这个过程中,分析师的角色是在真实的两人关系中协商出来的。但是,因为"自体"是在人际间通过关系形成的,是对整体的幻想在发展过程中"整合"而来的多个自体/他人结构,任何分析中的"真实关系"都一定是持续变化的多个真实关系中的一部分,而解离的作用不仅体现在病人原有的要么正常要么病态的自体上,还体现在该自体在病人和分析师之间进行的治疗性重新模式化上。对分析中这些"多个真实关系"的本质所做的思考使我开始细致地研究解离过程,这样动力十足是因为我相信,只有更加有意识地直接参与到临床解离现象当中,分析才有可能深入持久地进行下去。按我的理解,在参与性观察的临床姿态下,分析师事实上一直是与若干不同的分立不连续的自体状态相连接,哪怕他并没有察觉到,那么在探讨治疗效力时,下一步自然是沿着这个思路进行有意识的系统的思考(见第12章)。这么做时,分析师会更容易发现机会与否则就会解离的自体状态建立直接联系,并且在分析过程中更充分地利用过渡空间,通过主体间在未连接的自体部分之间协商出联结。Goodman(1992)生动地描述了这个关系美学,他说,"在瞬息万变的人际间场里随机应变才是最有效的做法"(p. 645)。一旦解离概念在治疗师的临床想象中扎根,影响分析的解释过程的就既不是诠释也不是互动本身,而是分析师在两个现实领域保持双重公民身份并持有进入病人多个自体状态的护照(见第10章)。

再看看 Goldberg(1995)的临床案例。他写道,在咨询开始时病人少见的友好语气之后,治疗师马上知觉到微妙的情绪低落,"幽灵般"的退缩,她的举止、心理状态和想法突然都变了,好像"被拒绝的情绪和感觉突然包围了她"(p. 494)。通常,这一连串事件更多地是由治疗师"感受"到的,而不是观察到的,因为治疗师自己当下的自体状态几乎同样随着病人的变化而改变。既然他们共同经历着属于他们双方的事件——决定他们的当下现实以及他们怎样体验自己和怎样相互体验的主体间场——任何一方没有任何预兆地退出这个场都会打断另一方的心理状态。当 Goldberg 思索是否"由治疗师自己的感官体验造成的任何走神反映的都是与病人的退缩类似的反移情"时(p. 495),他说的就是这种情况(也见 Ogden,1994)。

Goldberg(1995)把这一连串的事件概念化成病人退缩到"看不见的感官茧"里,这个茧顺利地创造了一个"自恋的世界……使得与他人的交流既多余又不可能"(p. 495)。只要启动解离,这个茧就会不可避免地出现,不管它体现的是什么人格类型,因为意识本身会变成一个茧,除非它能够进入足够多的自体状态,足以与别人的主观进行真实交流。没有这样的灵活性,别人就只能是决定存在于那个时刻的心理状态的心理表征中的演员。不管病人处于什么样的解离状态,与病人联结的那个人都将在人际间被"裁剪"得符合内部客体形象。就像有个病人说的那样,"如果你手里只有锤子,就得把所有问题都看成钉子"。

Goldberg 所说的"茧"能"顺利地起作用",我认为其中的悖论在于"顺利"的实质正是它成功的破坏力。不管它怎么阻隔了别人的亲密接触,茧都是一个动力构造。它不仅要应对现实的危险,还要阻断可能的依恋成长,阻断任何把生命视为"安全港湾"的知觉,从而帮助病人保持灾难来临的警觉。这就是为什么这些病人把希望当成敌人;希望会让病人放松警惕,无法保持解离状态。

从外面看上去平滑的茧,在某些病人那里却伴随着内部刺耳的指责或警报。也可能伴有强迫思维发作、后退或逃跑到困惑不解、良知爆发、知觉涣散等等。但是不管这个身体—感官茧是否伴着内部声音或其他通常与人格异常相关的现象,病人自体状态的突然转变(比如 Goldberg 的临床案例)背后的主要原因都是防止萌生希望,以为良好关系的可能性就是可实现的现实(参见 Schecter,1978a,1978b,1980)。如果病人忘记,哪怕是暂时地,感到安全以及跟她的分析师有联结将导致不可预见的背叛和自体解体的恐惧,她就背叛了自己好不容易建立起来的内在声音保护联盟。这样,在她开始感觉亲近的那一刻互动场的突然转变,宣告的是转变到另一个意识状态,在其中她将发现或唤起一些提示继续亲近下去将会怎样的危险信号。也就是说,病人最无能为力的不是分析师的"诠释"努力,而是对持久而满足的主体间接触心怀希望。

我来重申下最后这一点。我认为"茧"是意识的*动力*状态,用于预见创伤,但它也有足够的可渗透性,能够通向治疗性成长(参见第 7 章)。它的自我孤立反映了它觉得有必要随时做好准备,这样风险才永远不会——像最初的创伤体验一样——不期而至;茧的可渗透性反映了它能够进行真实而可控的对外交流,也能够很好地调节自体体验的自发性。它的核心本质是相互独立的自体状态可以一直起到保护作用,各个状态互不相干。解离的后果是,生活变得死气沉沉,任何向外发展人际联结的努力都会遭到破坏,致使向知觉现实的转变无法实现。

整合,真实和潜在空间

刚刚描述的解决方案为随时可能严重解离的个体提供了相对稳定性,使他们更具适应性。现在我要顶住诱惑,不把这些病人归纳为表现出或遭受到 Goldberg(1995)所说的"伪整合"。我相信作为人类的本质,人格整合是一个太过复杂的概念,用"伪"这个前缀不足以概括。它在根本上跟其他人格特征并无差异——都是受到个体和旁观者的眼睛共同影响的人际间建构。"旁观者"经常是另一个人,但同时也始终是解离的自体声音。所以"整合"既关乎外部现实背景也关乎多个自体的转换——决定特定时刻自体体验的表征转换。我在第 12 章指出,不存在整合的自体——一个"真实的你"。自体表达和人类联结将不可避免地碰撞,情绪健康不是指整合。它是我所说的站在众多现实之间的空隙里而不失去任何一个现实——是在很多自体时感觉是一个自体的能力。我同样相信,就像 Mitchell(1993)评论的那样,"真实感永远是一种建构,作为建构,在任何时刻,它都永远与其他可能的自体建构相关"(p. 131)。

当一个人正常的"整合"幻想被创伤打破,就会适应性地重建基本的人格解离结构,在心理动力上保持发展不连续(Wolff, 1987; Putnam, 1988; Barton, 1994)。理智和自我功能中社会化发展最充分的区域借此得以保全,但也把后者变成了相对机械的求生工具。被体验成"我"的不管是哪个自体状态都很难同时进入其他个人体验或记忆,而持有不一致体验的其他自体状态经常被僵化地体验成与当下的"我"相对立的声音。(参见 Fairbairn[1944, pp. 102-111]描述的他所说的"内部破坏者"。)这个人的内在生活是一场游击战,被 Schwartz(1994)描述为"一个统治、贬抑、排斥的内部范式"(p. 208),他是众多颠覆活动或指控的目标,包括愚蠢、懦弱、施虐、癫狂、背叛,还有最糟糕的天真。为了对抗这些声音和他们制造的感官"噪声",个体(在他自己的人格类型内)发展出各种策略不顾干扰继续行使功能,努力让这些声音安静下来,并"掩盖"它们的存在。这些策略的结果是,解离的人格结构变得高度常规化,而且无比稳定。

我发现在自恋型人格障碍里(见第7章)就是这样的情形,对他们来说,活着成为在面具背后控制环境和他人的过程,为那个被它自己的解离保护系统剥夺了生活和意义的自体发现和寻找确认。但是,临床中这种现象不只是能在自恋障碍中见到。其实我在跟很多病人的工作中都经常察觉到 Bion(1970, pp. 6-25)所说的"无",不在场的在场,所制造的强大影响。它宣告了原始的、几乎是躯体的心理状态的存在,这种状态如果能被承受和加工,就可以把注意力从交流的内容转移到媒介本身。只有在那些时刻,真实性的问题才能水到渠成地来到意识的门槛,带着诸如 Boris(1986)提出的问题:"是在做分析还是做得*像*分析?"(p. 176)

比如说作为督导,有时我会听分析治疗的录音(参见 Bromberg, 1984, p. 41),边听边对那些我"感觉"像是"跑调"的时刻做出反应。我不仅用我听到的去感觉,也用我没听到的——有对在场的认知加工,同样有对不在场的感官体验。有时在我面前呈现的画面是在一间空旷的舞厅里有两个孤独的人,他们的动作像是跟对方跳舞一样,谁也没注意到并没有"音乐"伴奏。那时我能清楚地听到不在场的音乐的存在——Khan(1971)描写的"用眼睛听到"的声音可触摸的不在,温尼科特(1949)所说的身心一体带来的真实自体体验可识别的旋律。没有这个旋律,分析中的"词语"和说出这些词语的人际间背景都会"跑调",因为双方都已成为客人,而不是他自己身心存在的主人。如果以及什么时候旋律重建了,它才成为主体间的音乐——"舞曲"——分析关系中的词语才会充满生命力。

在一定程度上,"舞曲"的打断是任何分析过程中可预见的也是确实必要的部分,病人和分析师感觉到的个人真实感的波动也一样。但是,有些病人长期以来都感觉被看见的自体是赝品——不是真的——他的"真实"自体是别人看不见也不想看见,或者不应该看见的他的某一部分,是害怕被发现却又吵着要被发现的"内在"。如果被认出来的压力禁锢得太久,解离自体状态的声音就会强大到冒出来。"'好像我体内有个声音冲了出来',Davies 和 Frawley(1994, p. 69)描述的一个病人报告说:'我知道这是我的声音……我认出了它……但是它好奇怪。我不知道这个声音想说什么。我只知道它的话通常都会给我带来麻烦。'"

不真实体验部分地基于这样的事实，只要自体的某个部分被关在外面了，别人能够在关系上进入的在这位作者看来就是假的不真实的，因为缺少其他自体视角的协调。也就是说，不真实的一个维度就在于由人际间组织起来的全方位的自体体验不在场。别人能够看见的不是谎言，而是某种意义上的不真实，因为它已经被裁剪得有取有舍——只是部分真相。解离体验的本质是，世界看到的自体注定在任何时候都不是温尼科特（1960a）意义上的"真实"，任何时候在主观上都感觉不真实。*体验上的真实自体总感觉像是敲门声*——对立的内在声音只是被听到但还没有经过"思考"（Bollas, 1987）。这个声音在主观上感觉更真实是因为它持有独立的尚未说出的"真相"——现实的另一个版本，该版本被当时正在应对世界的那个自体部分所否认，所以后者在关系上是有局限性的，其真实性必然打了折扣。正如 Mitchell（1993）所说，"在某个自体版本背景下看起来真实的在其他版本那里可能并不真实"（p. 131）。

值得一提的是，围绕"伪成熟"组织起来的"成功"的解离构造非常具有适应性，治疗师很难再与其他自体状态建立直接联系。这种联结模式一直自恋地营造着跟照料者在人际上的"成功"，在精神分析情境下也很容易诱使分析师与之共谋整合，形成 Goldberg（1995, p. 500）所说的"假知道"。针对这种"成功的解离"，我曾在第 10 章强调，分析师必须认识到，如果他要求病人过早地放弃其他"不成熟"的自体状态，解离地表现出适应性的伪成熟，就会夺走病人真实的自体体验，对某些病人来说，这将强化沙利文（1953, p. 251）所说的"病人强大的欺骗和误导能力"，甚至造成"对伪病人的真实分析"（Bromberg, 1993, p. 100）。

但是，我并不认为不真实问题与人格整合本身的"伪"有关系。具有解离人格结构的人注定要遇到不真实的感受，但这是某些关系因素共同作用的结果：（a）解离的自体状态本质上是为自体服务的——对人格具有"使用者价值"——它的基本目标因此被"掩盖"起来；（b）每个自体状态都不得不夸大自己的"真相"来弥补它的不完整；（c）因为解离的自体状态构造总是突然发生变化，真实的体验必然是不稳定的；（d）每个自体状态都排斥其他一直试图被感觉到的声音。

只要这些其他声音还不能完全参与生活，他们就会暗自活跃，以这样那样的方式让人很难相信自己，不管按外界标准衡量他是否"诚实"。生活不是真实"经历"。现在顶多是等待阶段——暂时逃离内部迫害以及他被世界忽视、不信任、挑战、批评、轻视或抨击的那些时刻,寻找自体确认。也就是说,他在等待一直盼望的结局,他愚蠢地相信了的某个人与他的某个解离的自体状态建立联盟,成为他内在声音的代言人。

当分析师发现自己被卷入了这样的行动化,他就在经历治疗中最强烈的扰动,同时也是成长的必经之路;找到病人的那个不连续却是*本人真正*的自体表达的解离声音并与之结盟。从这个意义上说,我同意 Bass(1993)的理念,"有治疗意义的体验是病人发现的——而不是别人给他的……无论是病人还是治疗师都不能单方面知道什么是最好的什么是需要的。它是随着治疗过程的展开由双方共同发现的"(p. 165)。治疗师的私人体验是病人解离的自体体验得以言语化的渠道,但是能否用好这个渠道取决于分析师能否允许在他和病人之间共同建构一个过渡现实。如果这个现实能够成功地协商出来,一个内部连接过程就会在主体间场发生,幻想、知觉、思维和语言都在其中,而病人不必选择哪个"现实"更"客观"(Winnicott, 1951, 1971b)。在这个潜在空间里,无须对真实性是不是客观现实进行判断,因为分析师自己的主观体验是病人体验中的解离部分的"容器"(Bion, 1965)。分析师能够走到台前,而不是躲在掩饰其主观性的对现实的"客观"诠释幕后,病人才能冒险逐渐找回属于他们的东西,使越来越多的自体体验得到言语符号化(见 Harris, 1992)。随着这个过程的继续,个人真实感自然会提高。

因此,我认为病人对潜在空间的使用是一个辩证过程,他在保全自体本来面目的同时,允许符号化交流循序渐进地通过关系顺应到表征心理结构的重新模式化中。由于这个过程必然会威胁病人在使用解离自体组织时的安全感,任何病人都会在"重新结构化"和重建解离之间摆荡;但是我相信,把这个"阻抗"看成旨在挫败或终止治疗过程的防御性退缩在大多数时候都是错的。病人最重要的需求是在放弃解离结构时保全它,而且他听到的很多声音都是要保全旧结构中的安全感。比如说,当分析师更积极地"改变"而不是承认或理解病人需要应对内部无数的对立声音,某些在呼呼信任而另一些在高呼"愚蠢"时,分散注意力(见 Goldberg, 1987)是为了让分析师"后退"。病人愿意让分析师通过行动化参与他的内部世界,治疗师开始察觉到其他"声音",但是如果分析师还不足以建立跟每个声音的*真实关系*,病人就确实是在"阻抗"。如果有机会,多数病人一般都能参与到由行动化所共同创造的模糊现实中,但是,要确保这样的体验能维持下去,还需要与一个能够作为平等伙伴的"别人"建立关系。通过慢慢地重建希望,"倒塌"的潜在空间就会重新焕发生机(见 Smith,1989;Reis,1993;Goldberg,1995)。

解离、症状和人格类型

我在第 12 章里提出,人格"障碍"的概念或许可以定义成由不当使用解离造成的后果,不管是哪种类型(自恋、分裂、边缘、偏执等)的人格组织,都是为了主动防御童年创伤的可能重复。在生命早期,如果孩子的身心被其无法符号化加工的输入信息所淹没,无法稳固地保持正常的自体统一体幻觉,就会逐渐建构出"随时待命"(on-call)的自体状态构造,其中最能标志解离的是僵化的心理状态。"僵化",我指的是只有思想而没有思想者,或者说,思想者没有察觉到"别人"也是独立的思想者,是他可以交流或分享思想的。这样,每个离开其他自体状态而解离地存在的自体状态就必然是一个僵化的岛。僵化最大的优点就是简单;"别人"带来的威胁在开始之前就已经被解除了,这样,强迫思维就可以长驱直入:我们所说的强迫行为和强迫思维可能就是通过填补"空隙"甚至拒绝承认其存在来支持解离过程的。然后就回归到简单的僵化状态(见第 12 章)。用"强迫机制"(Goldberg,1995,p. 499)填补毫无生气的存在空间妨碍了对外部世界的使用。这种强迫的一种形式是 Guntrip(1969)称为"权宜强迫幻想"(compulsive stop-gap fantasying)(p. 230)的分裂现象。Guntrip 的想法跟我如出一辙;他认为这种幻想是由于"原始的自我——未联结状态造成独处时的惊恐。或怪异或合理的'强迫幻想和思维'不分昼夜地努力保持心理上的活跃"(p. 229)。

Davies 和 Frawley(1994)曾经指出,"解离存在于很宽的谱系上,不同的自我状态不断变换,组合成不同的相互认可与分离的模式"(p. 68)。在解离障碍中,与其说是心理知觉到身心的"伪整合",不如说是根据不连续的、各有其叙事真相的自体状态需要而不断改变对现实的体验。一个极端的例子是,偏执精神分裂虽然完全没有潜在空间,它与不那么严重的精神病也没有太大区别。也就是说,也可以把它看成是由与其他人格障碍相同的过程组织起来的心理状态。事实上,就像我在第 12 章指出的那样,我认为在偏执中发现的固定的自体叙事被贴上"幻觉"的标签,是因为坚持偏执"真相"的自体状态因解离而形成的极端隔离不可能通过关系上的协商得到修正。

也就是说,我认为不管是哪种人格类型,"人格障碍"代表的都是自我协调的解离。每种人格障碍类型都是动力上解离意识状态的"警戒"构造,以各自固化的特征进行心理调节。在每种类型当中,某些自体状态持有创伤体验以及与之相应的多种原始情感,另一些持有已经证实能有效地应对原始创伤并确定痛苦再也不会重复的自我资源(病态的和非病态的,比如,警觉、默许、偏执怀疑、操纵、欺骗、引诱、反社会、恐吓、引发内疚、自给自足、隔离、退缩到幻想、伪成熟、服从、失忆、去人格化、灵魂出窍体验、晕厥、强迫行为、物质滥用)。

泛泛地说,每种人格构造都是由认知、冲动控制、情感、人际功能等的异常程度所决定,但是定义每个特定的障碍类型的是对创伤的解离方式,该方式达到了安全和需求满足之间的平衡,因而得以保全和完善。但是,作为一种预防性的生活方式,这种解决方案的代价也都一模一样——不同程度上死气沉沉的生活。

按这个思路,可以把某种解离障碍形式(解离身份障碍、解离遗忘、解离失忆或者去人格化障碍)看作试金石,用于理解所有其他的人格障碍,哪怕它是由症状学而不是人格类型来定义的。解离障碍在临床上可以通过不连续意识状态的*直接*表现识别出来,而其他人格障碍类型只会将其掩盖起来,间接表达——在关系上受损但是相对"持久的内部体验和行为模式……难以改变,在社交场合随处可见"(American Psychiatric Association,1994,p. 275)。

解离型人格结构的"失败"发生在不同情形下,具体什么情形取决于它所在的人格类型。失败有时表现为症状的复发;有时是歇斯底里式的情感泛滥;有时是分裂的现实开始松动。过于"成功"的解离结构可以在我描述的分裂型"病态稳定"中观察到(Bromberg,1979),它的失败表现为分裂型人格可能的精神分裂式崩溃。Fairbairn(1944,1952)的分裂退缩概念和Guntrip(1969)的"分裂妥协"概念讲的都是同样的临床观察。比如说,Guntrip(1969)说,有些病人的"外部客体关系因早年的内部分裂退缩而削弱"(p. 129),以至于面临"日常生活中自我的去人格化危险,同时伴随着环境的去真实化,面临失去确定自体的可怕风险"(p. 56)。在这里Goldberg(1995)设想的解离过程能把身体和感官体验——通常所说的情绪——变得不真实,像保护茧所起的作用那样,尽管以传统的力比多理论为安全港,对我们理解一些病人身上的现象仍是很有价值的补充。它为Guntrip(1969)在描述病人怎样在去人格化和感觉"错过巴士而生活正离他而去"这对危险之间权衡时所用的"中间站"(halfway-house)和"进出政策"(in-and-out policy)比喻增加了躯体—感官维度(p. 62)。

后记

我在开篇时提到西格蒙德·弗洛伊德城堡驱逐的皮亚杰幽灵已经回归,正缠绕着弗洛伊德的后人们。我希望我已经说清楚了为什么我觉得跟这个幽灵对话是有价值的,最终也确实得到了他的遗产——解离概念和它的临床应用。但是,如果我给读者留下的印象是,我相信我们可以抹去对弗洛伊德的记忆,甚至抹去他钟爱的概念,压抑,那就错了。就像 Kerr(1993)指出的那样,弗洛伊德理论代表了皮亚杰贡献中的一个重大突破。因为事实上,尽管皮亚杰对创伤和解离有很好的理解,却没能解释为什么人格应该进行分裂,而不是出现现在已经完全过时的"遗传弱点"和"遗传堕落"。这要由弗洛伊德去指明,只有从动力的角度才能理解意识状态的变化,即,它反映了动机和反动机之间的相互作用。但是,弗洛伊德的看法过于简单。尽管他使我们对不同的心理状态的理解更为连续,可是作为代价,让我们信以为真的是,为了实用目的或至少就心理冲突而言,可以假定自体结构是统一体。虽然 Josef Breuer 持相反的立场并且理解催眠状态的作用(Breuer 和 Freud, 1893-1895),但是弗洛伊德"一边倒地反皮亚杰立场"(Berman, 1981, p.285)仍然延续了 100 年才结束。

这给了我们什么启示呢?越来越多的代表了多数精神分析思想学派的分析师们,在经过了几十年的理论创新和全新的临床调查的洗礼之后,已经接受,弗洛伊德的动力概念必须理解成是跟复杂的心理结构之间的持续辩证,其中的一个核心组织原则就是解离。当我们在病人身上寻找一个我们可以对话的自体,一个能同时跟我们谈论对话体验的自体时,我们发现自己跨越了被解离分开的状态。也就是说,我们在病人身上遇到的看上去"统一的自体"并不能真正参与对话,也不能有心理冲突体验。在这个背景下,我们尤其需要修正对人格异常的理解,把心理的解离结构考虑进来,这大概就是我想表达的。

总结起来,我的观点是,精神分析必须继续对解离实质的研究,既作为过程也作为心理组织(也见 Kirmayer, 1994)。首先,跟创伤无关的、正常的人类心理解离现象必须得到更充分的探索。其次及同时,我们必须研究它的多重防御作用:(a)把自体与感官工具当即断开,以免受到潜在的或实际的创伤;(b)作为心理动力组织、不连续的自体状态构造——持续转换,"随时警戒"——试图掩盖解离"空隙",强迫性地寻找自体确认以补偿死气沉沉的存在,随时准备回到过去的创伤,因为坚信潜在的不可忍受的心理痛苦就在下一个转弯处。第三也是最后，我们必须承认，在挑战不同思想流派赖以作为理论基石的、对人格结构和人格病态的传统理解上，解离所具有的意义。

翻译成传统的"病态自恋"元理论（见第 7 章），病人对所谓"夸大自体"的隔离和保护减少，不再需要解离，更能忍受*冲突的*自体状态的存在，兼具适应性和自体表达的"我"的体验更丰富、更有活力——我相信，这是多数当代分析师都能接受的成功的治疗过程最重要的标准。

14　阻抗、客体使用和人类联结[①]（1995）

不管是在概念上还是临床上，"阻抗"都不是一个我常用的词，我听到它不经意地从我嘴里蹦出来时，往往是我对某个病人有牢骚又没察觉到我想隐瞒。尽管在反移情紧急状况下阻抗似乎有优势，但我感觉这个术语跟后经典分析思想的发展已经极不相容。事实上，它把我们禁锢在弗洛伊德（1925）对否认（negation）功能的看法上，阻抗的否认被看作深层和表层之间的屏障，防止压抑的形象或想法进入意识。从这个意义上说，它是过去的残迹，我认为可以把它作为意义建构的辩证过程的一部分重新组织，而不是当成防止被放弃的现实再次浮现的障碍。弗洛伊德（1925）观察到：

> 被压抑的形象或想法的内容可以想办法进入意识，条件是被否认。否认是了解被压抑内容的一个途径；事实上，它已经解除了压抑，尽管这不是接受压抑的内容……在否认的帮助下，思维摆脱了压抑的制约，获得了正常行使功能不可缺少的材料。（pp. 235-236）

这里讲的当然主要就是"阻抗"，而在我看来，就像我接下来要讨论的那样，阻抗更多地与解离相关，而不是压抑。跟 Schafer（1983，pp. 230-231）一样，在概念化阻抗时，我探究的是移情中阻抗的*结构*，但是，是两人组合的体验而不是个体的——是移情和反移情矩阵而不仅仅是移情。我还探究阻抗的动机，它不仅是为了避免领悟或者害怕发生变化，更是在保持与变化之间的辩证——在成长过程中通过使潜在的创伤威

[①] 这篇论文前一个版本的部分内容提交给 William Alanson White Psychoanalytic Society 于 1993 年 2 月召开的大会，作为对 Christopher Bollas 的论文 "Preoccupation Unto Death" 的讨论；还提交给 William Alanson White Institute 于 1993 年 11 月召开的第十五届临床年会，作为 "Resistace: Obstacle or Steppingstone?" 专题讨论会的一部分。本章的当前版本最初发表在 *Contemporary Psychoanalysis*，1995，31：163-192。

胁最小化来保存自体体验的连续性。它是用来结构化病人努力的"标尺",既能达成新意义又不中断过渡阶段的自体连续性,而且让那些在分析师和病人的主体间和人际间场里付诸行动的病人内在世界的对立现实也能发出声音。这样,阻抗的否认就代表了那些尚未经过自体反思因而还处于不连续的相互对抗关系的不同现实之间的辩证张力。最佳也是最简单的说法是,它是自体体验中不相容的领域之间进行的持续协商过程的一个维度。

来看看以下的临床片段。它的背景是一次会诊和一个梦——分析中的第一个梦——包含的一个画面,该画面贯穿了分析过程和我对病人的理解,我叫这个病人 M 先生。

这是一个星期五的下午。我们刚刚结束了 M 先生三次"分析前"会诊的最后一次,双方同意从下个星期一开始一起进行分析工作。剩下我一个人的时候,我发现自己开始遐想,得意地做着白日梦:"会诊结束了",我心想,"很顺利,我觉得他也有同感"。但是我接着听到心里有另一个声音说:"你知道什么?你都不确定你说的'顺利'是什么意思,更别提*他*的想法了!"很显然 M 先生的分析已经开始了。不过,他技术上的第一次咨询开始于星期一的上午 8 点,他准时出现,并且热切地向我报告了两个小时前刚做的一个"简短"的梦。说是简短,因为闹钟吵醒了他,标志着他所说的"梦的结束,治疗的开始"。尽管直到后来我们才开始理解他这句看似随意的话里隐含的微妙的现实写照,他提供的这个梦,就像我自己的"白日梦"一样,强烈地预示了即将发生的事:

"我在一幢着火的高楼的顶层,身体倾出窗外。一位消防员正爬上梯子来救我,我向他扔石头。这时闹钟响了。"

怎么看 M 先生的梦!精神分析思想有多少学派,就有多少探索阻抗问题的方法,也就有多少讨论这个概念在治疗过程中的意义的方法。如果在治疗理论之间进行对比,问题会变得更加复杂。像"阻抗"一样,"治疗"这个术语在当代文献中也很常见,但是,我们很少看到分析师讨论他们在治疗什么,更很少看到他们讨论他们"治愈"什么。也就是说,某个学派怎么看 M 先生的梦,探讨的不仅是它怎么理解阻抗,还有它隐含的治愈理论。

我选择由上述这个情景开始,因为它直截了当地指出:"阻抗"是精神分析式治愈区别于任何其他治愈形式的独特性质，是其性质中固有的一部分。某种分析理论怎样理解这个性质不仅决定分析师做什么，还决定分析师听什么。很显然，不经过联想，M先生的个体性就是隐藏的。然而，任何分析师，不管他是什么理论取向，如果没有联想，都难免会按照他对阻抗的理解来听这个梦所比喻的阻抗问题，并在一定程度上决定治疗方法。作为人际间关系取向的分析师，我对这个比喻的解读是，病人像是在说"我来是因为我有麻烦，但是我并不需要你把我从麻烦中拯救出来，尽管看起来好像是那样。我充分预料到你会努力'治愈'我，我已经准备好要打败你。不是我有病；我就是病，我不会让你治愈真实的我"。

一个人可能会觉得自己在心理上很无力，在人群中面临风险，这确实很像独自住在着火的大楼里，需要救援。但是那幢着火的大楼是唯一存在的自体，个体独有的自体，不管它多痛苦多不具有适应性，都必须不惜一切地予以保护。所以我觉得这篇文章真正该说的是，为什么我相信任何病人，不管是不是以这样一个梦开始，都需要与分析师一起用行动来建构"向消防员扔石头"这个比喻对于他的个人意义；如果这个意义无法共同建构出来，治疗就只是一厢情愿地想要"治愈梦里的病人"——他自己心目中的他——这一定会失败。

从这个角度来说，"阻抗"就是在用行动表达，分析师诠释意义的努力被体验为要求病人用他自己自体体验的一部分来交换提供给他的"非我"的东西，分析师提供的东西遭到这样那样的反对，是因为在感觉上这些东西没有协商的余地。"这不是我！"是忠诚于老的自体意义模式和共同建构新的有能力说出"这才是我！"的意义之间的辩证。[1]

我不喜欢"阻抗"这个术语的原因应该已经很清楚了。它指代的概念跟我对分析过程的看法不一致，除非我把它的原意延伸得认不出来，不然它跟我看到的分析师和病人之间发生的事就不匹配。这个概念的基础是不容置疑地把分析师视为现实的仲裁者，由分析师基于某个时刻他赋予病人行为的意义或者他体验到的病人对他的态度的意义来决定是什么构成了阻抗。Moore 和 Fine(1990)从广义上把"阻抗"定义成"病人避免自我了解的所有防御努力"(p.168)。这个说法有多少根据，它给了分析师多少空间完全主观地对现实做出仲裁，这些都让我惊诧。尽管多数分析师都足够老练，不

---

[1] Enid Balint(1991，p.426)和我曾经就"不"和"是"之间的辩证问题进行了一场对话。我认为病人有能力面质分析师在理解上的不准确("阻抗")和分析师对该面质的妥帖回应是一个统一的人际间构造，它决定了内容的潜在价值而不仅是"承载"内容。

太可能那么简单地应用阻抗概念,这个术语还是已经把分析师定位成努力"治愈"病人错误现实的人。

我认为人格为了实现成长,需要遇见另外一个作为独立的主观现实中心的人格,这样它自己的主观性才能在主体间背景下反对和被反对、确认和被确认。在这个过程中,"阻抗—作为—障碍"内在地作为自体连续性必要的守护者发挥作用,在这个意义上,障碍作为对立物,是使临床精神分析成为可能的成长辩证固有的一部分。在第 12 章中我指出,人格拥有非凡的能力同时跟稳定和变化协商,这将发生在合适的关系条件下——能保持病人必要的他可以"在变化的同时保持不变"的幻想。所以在我看来临床上最相关的问题是,当病人努力在某个时刻顺应新体验时,他的对立面发挥的是什么作用,不能简单地把它当成对领悟的防御进行诠释。

通过"别人"的眼睛来知觉自己——自我探索中诠释过程的核心——要想成为可能,必须把别人的主观性顺应到自己的自体体验里。但是这与一个人的人际联结的核心体验在场或不在场密切相关。某些病人进入分析时对自己身上的人性几乎没有感觉,他们只有通过分析关系的去人性化(dehumanize)和主体间空间的客体化才能建立联结。因为不可能跟客体共情,分析师只能把他自己变成客体,也把病人变成客体。这使分析师太无奈、太挫败了(见 Ogden, 1994),往往会激发分析师采取各种各样的防御策略来逃离这个行尸走肉,包括下定决心尽快"治愈"病人的不联结。

这种情况或类似情况在临床工作中并不少见。在真实生活中,联结能力的质量可以通过意识范围包括知觉意识的广阔或狭窄而显著地识别出来。在分析治疗中,这种现象尤其突出,因为移情体现了一个人意识范围的极度缩窄。它对知觉和人际间行为的作用是使另一个人成为客体——固定的、僵化的另一个人的表征与同样僵化的自己的表征相连接。技术上,M 先生这样的病人不必非得通过移情把分析师降低成客体,因为在他们的知觉里*只有*客体。他们在进入治疗时缺少与"作为人的分析师"的联结,无法一起在关系中探索他们的心理,更重要的是,他们失去了对这个不联结的主体间体验本身进行探索的可能性。这样的病人对他自己和别人进行客体化,这通常是他最突出的特征,这一点在开始时病人是不能通过从分析师的眼睛看他自己看到的。对病人来说,他的"主体间死气沉沉"就是他而不是他的行为特征,他不可能知觉到这一点,就像鱼不可能发现水的存在一样(Levenson, 1988, p. 566)。在一段不确定要多久的时间内,病人倾向于从意识的催眠状态观察他的分析师,这是解离的标志——缩窄的、梦一样的去人性化领域和僵化的客体化。

解离和使用客体

在这些时候,另一个人的存在对病人来说是"客体",区别于他自己现实的主观中心。病人的意识领域往往过于狭窄,不管另一个人是他的治疗师、配偶、朋友、老板还是他的孩子,他都在解离的状态"关注"他们,就像透过窗户看客体。M 先生在进入治疗的时候还不能在主体间背景下体验地存在,通过这个背景,个人现实才能共同重建,所以他不得不找到自己的方法来"阻抗"用他的梦来换取治疗。

从这个角度说,分析师的任务就是要能够在矛盾中生活(Ghent 1992;Pizer,1992)。他一定不能自行决定是拒绝还是接受"客体"状态,而是一定要向病人学习怎样做一个对该病人"有用的"客体——在关系间进行的复杂协商,需要他保持活力并且作为他本人保持联结。但是怎么做到呢?心理机器的燃料是什么?没有"阻抗"这个源于力比多的现象,我们怎么理解如果一个人能接受自己,为什么还要在分析中(和生活中)成长和变化,而不是把这个养育环境当作安全窝,永远在窝里保持安全和被接纳而不必承受新的不熟悉带来的不舒服?我认为,答案里一定包括了安全感的来源,它既能提供"静止"(stillness,温尼科特的术语)又能提供变化(成长、运动和过渡)的可能性,而不需要有独立的能量来源(力比多)向前推动。但是,如果静止和运动榫卯相接,这对我们分析师怎么*做*有什么启发呢?带着这个疑问,我们来看看温尼科特(1969)的"客体使用"概念,我发现这个概念极其形象地描述了让自己为人所用和使用自己之间的人际间辩证。

我们从"使用"开始。温尼科特的概念不易掌握,有趣的是一直有两种极端化的误解;有些分析师对他的概念过于谨慎,另一些则过于热情。一群人倾向于谴责他把病人的自恋和分析师的被动合理化;另一群人则用病人苦苦追寻的共情确认被分析师无私的适应与非侵入姿态所满足这样的画面来推崇他。部分由于"使用"这个词带有的社会文化含义,两群人都没能充分领会分析师被当作客体使用和当作一个人被剥削之间的区别,如果病人想达到他的咨询目的,搞清楚这个区别就不是小事。

按温尼科特的说法,分析师允许他自己作为主观客体被"使用",然后作为投射客体被"破坏"。这到底是什么意思?首先,分析师必须理解被当作客体使用和 Ghent(1992)所说的"客体滥用"之间的根本区别。其次,作为一个人他必须能够经受住病人对他的攻击。我不认为这意味着对病人不能有任何报复心理或态度变化。事实上,我认为正相反；分析师必须能够体验并承认他自己的局限性。病人不需要分析师是圣人，他需要真实。

温尼科特(1969，pp. 86-89)强调，分析师需要通过诠释传递他理解上的局限性——把他自己放在病人的全能控制领域之外，成为病人知觉和研究的客体。我认为这是在努力促进病人的*知觉能力*——促成由病人眼睛后面有什么(他的内部现实)向他眼前有什么的转变(参见 Greenberg，1991a)。如果分析师真能成为完美可靠的客体，分析就会成为其自身虚假和伪善的牺牲品，潜意识幻想和知觉之间的情感界面(分析成长的位置)就无法到达。我相信分析师作为可使用客体的"失败"与其说是他不可信赖，不如说是他不愿或不能完全倾听或听到病人话里话外对其盲点的描述，并充分使用病人的知觉。也就是说，"心理治疗必须始终是两个人执着地努力，通过他们之间的关系来恢复人的完整"(Laing，1967，p. 53)。

(温尼科特意义上的)客体使用全面失败的结果是，成为客体(在制造出来的产品意义上的)，由于去人性化的、对生活的恨而痛苦，并嫉妒那些生活在其中的人。看看一个失败者对辜负他的人那痛彻心扉的指控吧(Shelley，1818)：

> 我恶毒是因为我痛苦……但是，我不会像卑微的奴隶那样屈服。我会报复伤害我的人；……主要是你……我发誓我对你恨之入骨(pp. 130-131)……当我发现，他，我存在的……始作俑者……在寻欢作乐，而我却永远无份参与，无能的嫉妒和痛苦的愤怒就让我充满对复仇的无尽渴望……我知道我在为自己酿造苦酒，但是，在我憎恨却无法反抗的冲动面前，我是奴隶而不是主人。从此，恶就是我的善。被逼到这个份上，我除了为所欲为，别无选择。(pp. 202-203，斜体加注)

"这个恶魔！"你可能会说。或许你是对的，因为在这个例子里被指控的是 Victor Frankenstein，指控者是 Mary Shelley 笔下被他的创造者所抛弃的现代普罗米修斯，他远离了自己对人类联结的渴望，成为对生活充满仇恨的恶魔的化身。Shelley 在这个道德问题上的纠结不难理解。她一直在寻求解决办法，为每个人最终都必须承担的对自己人性中可憎的黑暗面应负的复杂责任。虽然 Shelley 的道德故事并没有赦免我们每个人身上都有的恶魔，但它(至少在口气上)指出，最大的道德责任在于，像 Victor Frankenstein 这样的照料者能否成功地提供适应性的人类参与(不论照料者是父母还是社会)——即，他或她对关系而不是对"创造(creationship)"的承诺。

我们作为分析师怎么能知道，像 Vitor Frankenstein 一样，我们已经自欺欺人地越界了，成为令人生畏的"心理医生"，输出自己的现实，创造别人的生活？我自己作为分析师的工作中最困难的部分就是跟我天生倾向于不假反思地以线性思维相信过去、现在和未来互为因果做斗争。我始终有所察觉的是，如果我不够警觉，我就会顺着"那时发生了那个"这条线来组织意义，这将导致"这时发生了这个"，（如果一切顺利）又会导致"后来又发生了什么和什么"。意义的线性组织是现实不可避免的维度，但是，如果我允许这个模式长时间地占主导，分析工作就会同样不可避免地耗尽自发性，有可能陷入僵局甚至死亡。也就是说，我认为我们分析师工作的最佳状态是，在人类体验天生的模糊性（它的非线性）与同样天生"倾向于"赋予它线性意义之间的持续辩证。

Bion(1970)告诫的每次进入咨询时"没有记忆没有愿望"和 Levenson(1976b)的全息图像，都作为武器帮助我更好地对抗线性思维，比如 Bollas(1992)关于人为地创造某种类型的客体并且用过去的投射把"空白的现在"填满这样的"因果"观点。我认为"客体"是动力结构的组成部分而不是静态结构。从这个视角看，病人不是简单地依恋于某"种"类型的客体，好像该客体有某种病人一直寻找的内在性质；实际上客体是被创造出来的，这个创造过程就是人际间参与。也就是说，在创造"客体"的过程中，另一个人跟病人一样发挥作用，尽管就这两人的动机而言，病人以某种方式知觉他人的需要更强烈些。重点不是用投射把"空"的客体填满，而是一个人用他已有的东西跟另一个人一起做什么或者对另一个人做什么（也见第 11 章），以及什么样的固定的、僵化的联结模式构成了由这些跟他人的整合带来的病人的人际间心理表征世界。这些固定的联结模式在病人和他人之间共同创造出支持他的存在方式以及他知觉自己和他人方式的现实。

比如说，在 M 先生的分析中，在体验上他能够使用的只有分析师身上那些他可以保持全能控制的部分，通过解离跟分析师的其他特征保持不联结。但是对每个病人来说，只有通过解离行为本身，解离在人际间的所有表现——为了使移情体验可用，病人跟分析师一起做了什么——才能共同创造出连接幻想和客观性的主体间现实，从而使"客体使用"及其分析探索得以发生。在这个问题上，Laing(1967)是这么说的：

> 幻想是与世界联结的一种特别的方式。它是行为当中隐含的意义的一部分，有时是最重要的一部分。作为关系我们可能会被解离出来……我们可能……

拒绝承认我们的行为中隐含着关系或者赋予行为意义的关系体验。幻想……总是体验式的、有意义的；如果没有从中解离出来，幻想也是关系式的。(pp. 31-32，斜体加注)

解离、创伤和阻抗

自体保护有时几乎或者完全是以成长为代价，个体失去了对当下生活体验的充分参与(有时是全部参与)。对有些人来说，当下的体验——生动的现在——无法在不感觉到危险或创伤的情况下得到心理表征。事实上，他们停滞在过去，依恋着僵化的、各自体现孤立的自体表征的不连续意识状态。既要维持这种安全形式又要努力生活并不容易，于是导致了对当下生活的怨恨和恐惧。那些在心理上不能表征的部分常常由强迫思维和偏见所"填充"，以否认解离的自体状态之间存在的空隙。Bion(1970，pp. 19-20；1978，p. 3)把这种感觉到的不在(absence)称为"无"(no-thing)，而这个无的存在被 Guntrip(1969，pp. 62-64，82-84)所说的形成"分裂样妥协"的权宜幻想以及沙利文(1953，pp. 353-354)所说的"我们称为替代活动的庞大的复杂表现"所掩盖。沙利文(1953)对此有过一些很有趣的说法。

> 解离很容易被误以为是一件很神奇的事，你把你的一部分扔到外面的黑暗里，它在那里休眠数年，平安无事。这过于简单化了。解离起作用时确实很温和，但这并不是麻醉一只狗然后让它睡觉。解离时需要保持警觉，借助某些补充加工让那些显而易见的证据不被发现，其实他的部分生活正在不知不觉地进行着。(p. 318)

解离这种现象不仅深深地根植在人际间精神分析之中，而且是它的基本模型的核心。事实上在我看来，沙利文(1953)的人际间分析理论就其根本而言，就是应对创伤时人格组织的解离理论。

它不是弗洛伊德应对冲突的压抑理论的新版本，尽管一直都有些误解，但解离并不是沙利文对压抑的表述。在放弃弗洛伊德的冲突理论时，沙利文不只是拒绝了一个概念，他认为结构化人类心理发展的是跟弗洛伊德的理念不同的过程。他说的就是解离过程,我认为解离现象是弗洛伊德在放弃承认创伤对人格、知觉和记忆的影响,转而认为心理现实、幻想、内部冲突才是数据的全部来源时,失去的最可惜的东西。就这个问题,我们来看看 Laub 和 Auerhahn(1993)对创伤、防御和心理现实的加工能力的看法:

> 我们都对创伤一知半解,卡在中间,一端是非要全部知道,另一端是不能或不敢知道。创伤的本质是通过*防御*和*缺陷*避开我们……创伤摧毁并打败了我们组织它的能力。(p.288,斜体加注)

也就是说,Laub 和 Auerhahn 认为,阻抗不只是对知道的防御性阻抗(像压抑一样);创伤更重要的性质是用所谓的缺陷"避开"我们,缺陷即与形成"我"和"非我"的心理结构相关的空隙——解离空隙,凭借解离空隙原始创伤体验被驱逐到与作为相对完好的"我"保存下来的那个自体部分不相连接的另一个自体部分上。问题不在于心理"内容";从根本上说阻抗指向的是心理本身的解离结构("我"和"非我"),至少治疗的多数时候都是这样。

沙利文回到了人格发展的源头上——其根源在于人们一起做什么及对彼此做什么这些可观察的现实。他重建了精神分析思想,确立了解离现象的核心地位,解离是保护心理自身稳定性的最基本能力——是其他一切的基石——Putnam(1992,p.104)所说的"没有办法的办法"。然而,我不是要舍弃冲突和压抑概念,简单地用创伤和解离来替代。我相信解离和压抑分别建立在各自完整的现象上,他们之间的连接跟我们怎样理解阻抗有关。我相信,沙利文对人际间"明显的可观察的"数据的强调,再加上独立的英国客体关系思想对"体验上可观察的"内部世界的尊重,为改正弗洛伊德的错误而不抛弃他的智慧提供了独特的可能性。

从解离到冲突

从解离的角度思考病人带来了对阻抗概念和病人在移情里工作的能力差异的全新理解。但对我来说,它也提出了一个问题:是否在*所有*治疗的某些阶段,我们其实都不是在应对冲突,而是在应对大量的解离状态,只是我们没有认出来,我们实际上是在帮助(有时是干扰)病人更有能力从解离的结构进展到更加冲突的结构。如果是这样，这会让看起来棘手的阻抗、治疗僵局、突然结束等更像是由于分析师没能识别和确认自体解离部分的有效性，而不是病人顽固地避免面对痛苦的冲突，或者像有时在结束时说的那样"病人需要逃离亲密"。像我在第13章声明的那样，我相信，把"阻抗"看作防御性退缩，以中断或妨碍治疗过程，在多数时候都是错的。因为病人的首要需求是在放弃解离结构的同时保全它，他的很多内在声音都想在旧的结构里保持安全感。

从这个角度说，可以把阻抗看成自体解离部分存在的注释或标记，这些解离自体的现实必须打开并"进行会诊"，而不是简单地看成防御，看成不想对自己的行为负责。我认为，如果"阻抗"在咨询快结束时出现，这个观点更能得到支持。这时特别需要对没有充分参与治疗的自体状态的存在进行标记，以便连接到"下一次"。在这个背景下，病人很像是在说"内部协商还在进行，就算你在这次咨询中说到的我还不能都用上，它们也不会浪费"。也就是说，虽然分析师经常感觉他的病人一直在努力"撤销"咨询中的工作，分析师的干预并没有像有时候看起来的那样"消失在稀薄的空气里"，而是有可能由病人"阻抗式的"评论带到下次继续协商，病人解离的自体体验并没有被抛弃或"清空"。

分析师只有通过分析过程中的人际间和主体间战斗，加入到病人内部世界的心理斗争中，才能了解病人的内在分歧。作为分析师，只有通过感受病人的内在世界，在抓住病人现实中的解离部分的同时使用自己变化着的自体状态，才能明白阻抗其实表明的是工作正在进行中。通过作为一障碍的一阻抗，成长中的辩证张力才能保持，才能提出问题，帮助分析师从体验上理解病人。诸如"我的病人有感觉到我的在场和参与吗？如果有，他对这个体验的反应是什么？是冲突的吗？是解离的吗？还是说仍然是未整合的二者兼有的混合，即温尼科特（1971b）用'潜在空间'所指代的那种状态？"也就是说，病人和分析师是不是在某个过渡点上，病人开始放弃他的解离结构，转变到冲突结构？主体间背景在这里尤为重要，因为跟这样的病人，至少是在前意识里，治疗师始终协调于更大的联结空间，而在这之前的工作中，分析师更经常地感觉到挫败或死亡。这个"联结空间"把静态的、冻结的空间变成"潜在空间"，允许病人的多个现实与分析师的多个现实创造性地遇见并形成新的东西——病人的知觉能力在协商中得到加强，更能放弃人格组织中的解离结构。

梦:"阻抗最少的地方?"

通常从解离向冲突过渡时,标志性地,病人在这个节点上都会做梦。Schwartz(1994, p.218)评论说:"治疗师对病人自体的寻找会被对方预期为对自体的破坏,并最终把治疗师放到移情中的寻找者—破坏者双重角色中。"据我观察,当病人内在世界里相对立的自体状态之间的内在心理"战争"升温时——病人自体成长的希望获得动力,威胁到由代表着"生死攸关的安全与稳定"的解离声音掌握的控制权时,常会梦到车子或房子被闯入,或者开车时刹车坏了,以及其他失去控制的比喻。梦常常表明,行动范围已经从移情—反移情中的行动化进展到病人内部客体世界的斗争,代表着对被夺去生命的恐惧——这种恐惧,很矛盾地,随着对愉快的成长真的会发生的希望增长而增长。"生命",在这个意义上,比喻的是继续以同样的"自体"存在这个愿望,对"夺去生命"的恐惧常常会发生,不仅是在分析师"过于热心于治疗"时,还在病人自己知觉到的成长可能性淹没了自体保护的声音时。对病人来说,伴随着充分"活着"这个真实愿望的兴奋感是一种复杂的体验,代表着自体连续和自体成长的辩证中的压力点。

也就是说,对内在稳定性和满意的人类联结的希望最强烈时,也就是不能回归到"旧自体"的恐惧最强烈时,这样的梦将一再浮现出来。这时,他们提示的是越来越有能力体验心理状态之间的冲突,之前这些心理状态在同一间"房子"或"车"里是不相容的,也提示着恐惧,如果这些自体态可以在同一个心理空间存在,现在占领着房子的自体将会"失去控制",被搜查,被"夺去生命"。对病人的解离结构的威胁跟成长中的兴奋一样真实,重回过去的愿望总能找到声音——这个声音渴望再次放弃个人能力,不再有感觉,成为一个客体并按照规则行事,逃离潜在的创伤性的自体丧失。感觉到这个声音的呼喊等于去死——死亡就是掉进永远孤独的恐惧里。

在治疗的这个时候,病人开始组织能力应对当下的复杂情感,并变得真正对稳定性受到威胁感到恐惧和愤怒,仿佛这袭击是来自已经失控的内部。我想强调的是,在这样的时刻,分析师必须对病人身上同时存在的相对立的自体状态做出回应,这些状态以前是不能相容于同一个关系背景下的,而现在这种可能性正在实现。自体相对立的状态在与分析师的交流中分别被激活,开始连接起他们之间的解离空隙。朝向紧密自体的第一步开始了,分析师对病人的感觉变得像是有个模糊的整体的人在出现,不同于原来他把病人和他自己都体验成"客体",没有真实的人类接触。它发生的时机是，病人开始发展出一些能力来体验分析关系中的相互碰撞。他能够感觉到分析师开始有能力识别并关心他（病人）*是*谁，而不是他*想让*病人是谁——即一个更"生动"的人。病人感觉到分析师开始关心他，而他还是他自己，就像我在第10章说过的那样，他能够尊重分析师"既共情又坚决"的能力。也就是说，他知觉到分析师也在关系里发生了改变，是一个"可用的"客体。①

分析关系如果起作用，可以促使病人逐渐把他对用来逃避痛苦的来之不易的解离圣地的保护替换成自我反思能力和包括了过去、现在和将来的生活。但是，不管我已经见到这种协商发生了多少次，它下一次发生的时候我还是会惊奇——真的有人愿意为了治疗师内心怀有的危险希望而打碎他的自体稳定性。我觉得下面的临床片段特别生动地反映了人类精神的坚韧，不管是成长的决心，还是保护它自己不被可信赖的关系所背叛的决心。

"哦，这总比噩梦好吧"

我的病人，我叫她 Clarissa 吧，是一个 20 出头的年轻女孩，未婚，独自住在 Manhattan 南区的边缘地带——荒凉、不安全、不方便，不适合她这样背景的人居住。最后这点最复杂，因为尽管她由富裕的父母带大，物质上应有尽有，但在情感上却是赤贫的，她的内心世界从没得到过重视。在她自恋的父母眼里，她的存在就像一个卡通娃娃——她父亲的青春期性玩具以及取笑的对象，对她那个爱攀比的妈妈来说，她是一个没脑子的累赘。

Clarissa 已经接受治疗两年了；她的解离的心理组织开始转变，对于那些以前简单地通过分离和不连续的意识状态付诸行动的问题，她开始能够体验到冲突。开始以更充分的意识化和自我反思形式浮现出来的最重要的主题，是情绪上的忽略以及她对那些只凭自己的意愿看待她的成年人的感受。这个片段围绕着一个梦和随后的工作展开：

> 她梦到自己骑着一匹有绿色和粉色斑点的白马在天上飞。她没穿内衣，她和她的马降落在她父母家的阳台上时，风掀起了她的衣服，里面一览无余。她的父母正跟朋友们喝鸡尾酒，他们对她点点头算是打招呼，但是并没有中断谈话。她

---

① Slochower(1994)结合温尼科特的"抱持环境"对"客体使用"概念进行了生动阐述。

坐在马背上等他们说完。梦里就是这些。

当我问她想到了什么时，她的回应先是很无所谓，"哦，这总比噩梦好吧。"她不愿多说，也不想让那些场景触碰她个人的想法或感受，她只跟我说了她父母的社交方式和她小时候喜欢骑马。我越是努力启发她联想，她越是觉得这个话题很搞笑。她没有明显地不理我，却好像是我没有幽默感，而她在努力帮我"放松下来"，让我明白这个梦不过是证明她能轻松地应对生活。事实上，我*确实*越来越觉得自己像个"老脑筋"，于是开始（防御性地）加入到她的"娱乐精神"里去，这时我感觉到她的自体状态发生了急剧变化。突然，我成了一个不在乎她的内心生活的人，而她很受伤地坐在那里，看上去很可怜。那时我才想到我不过是在保护自己，不想觉得自己是个老脑筋，而是一个*年轻脑筋*——我在像年轻的 Clarissa 一样，希望我的感受能被重视，却没有被"作为父亲的 Clarissa"所肯定，在她定义的现实里，是我没认识到我把事情看得太严重。所以我防御性地做了改变，那个时候我才感觉到我在努力像浅薄的卡通那样幽默，掩饰我不愿意感觉自己是那个被忽视的人——现在就坐在我对面的那个她。

慢慢地，我把我的一些主观体验告诉她，她开始在自体状态间转换，从积极回应摇摆到不信任与害怕。在我看来，区别是尽管我之前已经见过这些状态很多次，但现在这两种心理状态有时会同时进入她的意识，尽管在感觉上它们还不是一个整体的自体体验。她现在能够感觉到代表多个内在声音的多个现实虽然还在打仗但是已经开始互相对话。她告诉我，她对我愤怒的原因之一是——在她做这个梦之前——我没有察觉到对她来说认真起来有多可怕，在前一次咨询中，当她告诉我她现在的生活时，我没有"明白"它有多差，因为她说的时候好像很"超然"。她暴怒了，我简直跟她父母一样，没有真的想了解她生活的那个"边缘"世界，不管是内心还是外部。由此引起了一连串联想，从"这总比噩梦好吧"开始；噩梦（nightmare）跟马（mare）有关，她小时候骑的小母马，在马背上她可以生活在解离的世界里，神奇地"超然"地飞——飞在她害怕的真实的噩梦之上，如果她更充分地进入意识，这噩梦就会淹没她，也飞在那些构成了她与成年人的"客观"关系现实的记忆之上，被利用、漠视和忽略的记忆。这样，"不要相信成年人"成为她的秘密信条，为了生存，她把所有的事，包括她自己，都变成了卡通。但是现在，她自己的一部分对这个过程有了足够的领悟，可以用一个梦来回应我作为父母的失败，我通过行动化参与其中，把她带向成长的下一个阶段。

当自体的解离部分通过跟分析师的工作被激活，新的自体体验能力就成为可能，但是对病人来说，这总是"好消息和坏消息"并存的时刻。"坏消息"由自体的那些没有因为在关系上被"注入活力"而感恩，却因为"被侵入和背叛"而感到威胁的部分，以这样那样的方式表达出来。这些自体部分想要舒服地像平时一样回到熟悉的解离结构——即，把生活看成即将发生的灾难——回到机械地应对可能的环境失败以保护病人免受创伤。也就是说，即便是从解离到冲突的进展期间，一个人也能感觉到相对立的自体部分之间的辩证，一个部分怀着谢意收到的好消息，是另一部分，手上拿着石头的部分，收到的坏消息。如果分析师不倾听那些致力于保持安全和连续的部分的恐惧和愤怒，而是跟致力于改变的部分一起"庆祝"，前者就会"向他扔石头"，分析师就会称之为"阻抗"。解离的声音总能以这样那样的方式被听到，常常是在梦里，传递的信息（我们能频繁地*直接*从某些病人那里听到）是"不要庆祝；好好听"。M先生在"向消防员扔石头"这个场景里发现了他自己的比喻，找到了他自己的方式把害怕表达出来，治疗的开始即"警告"了"梦"的结束。Clarissa在"超然"地在梦里骑马的场景里发现她的比喻，表达了她对分析师/父母参与她生活的需要。

　　人格的天然构造就是既完全在"那个世界"又同时与"那个世界"分离，因此，自体的安全永远不是完全稳定的，这就产生了一个两难境地，讨论内部客体关系和客体使用是探究这个两难境地的一个方法。如果偏重于生活在内在世界而失去平衡，就会造成自体和他人的去人性化，但是成功的客体使用并不会把一个人从"内部"移到"外部"。创造性和自体表达不只是可以"无情地"使用客体，在温尼科特的意义上，也不只是能够打破一个人的内在牢狱并"做你自己的事"。他们源于能够在完全处于世界之中同时又与之分离之间找到自己的平衡，并允许这个平衡随着年龄和环境的变化而转变。而且我相信，构成自体表达和适应性之间最优平衡的，永远是变化，而且永远与生活存在的背景有关，特别是所处的人生阶段。过了人生的某个阶段，自恋地寻求自体确认（需要确认无法仅从生活中感受到充分滋养的自体感）将激发"做自己"和继续发出自己的声音，就像在生命早期，对当下生活的恨和恐惧能够导致向外部"规则"让步一样。

15　歇斯底里，解离和治愈

重读 Emmy von N[①]（1996）

有人说，"歇斯底里的人一辈子都在假装做真的自己"[②]。没有哪个对歇斯底里的诊断描述比这个更让我喜欢，或许还有另外一个，"歇斯底里的人像一杯没有杯子的水"。这两句话，在它们各自的想象里，都指向歇斯底里型最突出的人际缺陷：夸大自己的感受，就怕别人不相信那是"真的"，因为担心别人不相信他们在他心目中的位置而长期处于焦虑中。也就是说，不论男女，歇斯底里者不仅为回忆所困（Breuer 和 Freud，1893-1895，p.7），悲哀的是，他们还无法让别人相信他或她自己的主观体验是真实的。相比沙利文（1953）所谓的"安全操作"，Laing（1962b）认为，"歇斯底里的人忙于真诚操作"。但是他也注意到

> 往往是别人抱怨歇斯底里的人不够真诚。事实上，歇斯底里型的诊断特征就是他或她的行为虚假，极具表演与夸张，等等。另一方面，歇斯底里的人常常坚持他或她的感受是真实诚恳的。是我们觉得他们不真实。（p.36）

病人的主观现实跟治疗师的主观现实之间的碰撞是每个临床精神分析的核心，*Studies on Hysteria*（Breuer 和 Freud，1893-1895）记载的弗洛伊德尝试使用催眠技术治疗 Frau Emmy von N 是对这个问题最公开、最直接的描述。第一次治疗是在 1889 年，持续了大概七个星期，一年后又持续了差不多同样的时间。

[①] 这篇论文的前一个版本，题为"On Treating Patients with Symptoms, and Symptoms with Patience"，提交给纽约大学心理治疗与精神分析博士项目于 1995 年 5 月召开的会议，"The Psychoanalytic Century：An International Interdisciplinary Conference Celebrating the Centennial of Breuer and Freud's *Studies on Hysteria*"。
[②] 稍有不同的另一个说法（可能是原创）请见 Laing（1962b, p.34）。

Friedman(1994)讨论了对 Emmy von N 的分析给精神分析历史带来的影响。Emmy von N 的真名是 Fanny Moser,是一位富有的瑞士商人的遗孀(见 Ellenberger,1977)。她被禁锢在有权势的男人用时间、地点和社会角色定义的身份里——在真实生活中,她的身份是寡妇,以及她丈夫的家人所认为的她;①在她的化名下,她的身份是"病人",以及弗洛伊德所认为的她。Friedman(1994)写道,由弗洛伊德发现的精神分析式治疗的经验是,"如果邀请病人做她想做的事,你就不会失败",因此弗洛伊德"准备听从他的病人,即 Emmy von N,当她告诉他不要缠着她问症状的原因时,他就让她说她想说的。弗洛伊德立刻接受了她的规则——事实上,这成了他的基本规则"(pp.8-9)。他把这个规则看成打开心理内容仓库的钥匙,心理内容即所需的原始数据——需要放在精神分析坩埚里的原料,分析师把这些原料连接起来,转化成治愈物质——客观真相。Friedman 写道,弗洛伊德"看到如果他能自己完成数据之间所有必要的连接,那么他需要从病人那里得到的就是她原本想要给他的",但是他遇到了一个新的问题——"弗洛伊德不必再请求合作;但是他现在必须请求信任……因为他们可以拒绝相信弗洛伊德的推理"(p.9)。Friedman 指出,这使弗洛伊德发现了阻抗(见第14章),并把精神分析情境定义为无知与客观真相之间的斗争,而且持续了近 100 年。从那时起,精神分析面临的问题就是,尽管 Emmy 是对的,弗洛伊德的天才也让他认识到这一点,但是对人类心理的理解并不足以领会为什么这个基本规则是有用的,从 *Emmy 那里得到的经验实际上是关于分析关系的,而不是分析技术*。我认为,这个误解比任何其他误解都更加延缓了精神分析的后续发展,不管是在临床上还是理论上。

弗洛伊德(Breuer 和 Freud,1893-1895)用"清醒—状态"来区别 Emmy 处于催眠时的意识状态。比如,他说"在清醒状态时,她想尽可能忽略她在接受催眠治疗这个事实"(p.51),"我让自己相信,在催眠中她知道催眠时都发生了什么,而在清醒状态她什么都不知道"(p.55)。就像没人质疑过经典理论认为的梦境和清醒状态的区别反映了潜意识和意识的区别一样,认为意识是"健康的"而潜意识是退行(就其——像在**梦里**一样——涉及更"原始"的功能模式而言)也从来没被质疑过。由于越来越多的注意力被放到正常的多样化的意识状态,一个重大转变正在发生,从潜意识—前意识—意识谱系本身,转变到把心理看成可以在不同程度上被知觉和认知到的不连续的、变化的

---

① 根据 Appignanesi 和 Forrester(1992)的说法,"Fanny 的丈夫在她的第二个女儿出生的几天后死于心脏病。Fanny 当时 26 岁。在他死后,第一次婚姻中的孩子指责 Fanny 毒死了他。挖出尸体后没有发现谋杀证据,但是他的亲戚们依然讨伐她,谣言也还在蔓延"(p.92)。

意识状态。在这些自体状态中,有些在心理功能正常的某个时刻像催眠一样从知觉中断开——这支持了弗洛伊德在 Project(Freud,1895)和 The Interpretation of Dreams(Freud,1900)中提出的理念——而另一些则根本就无法进入,因为它们原本就未经言语符号化。

关于心理的本质,弗洛伊德的早期观点和近期的发现之间的主要区别是,按现在的看法,不仅在睡觉或做梦当中,在对创伤的正常回应以及对预期再次发生创伤的基本防御中,弗洛伊德所说的"知觉系统"都后撤或被绕开了。从这个参考框架看,做梦或许只是最为我们熟悉的一种解离现象——人类心理正常的自体催眠能力,其他"自体们"的声音。因此可以总结说,弗洛伊德能把催眠看成值得认真关注的现象这远远超越了他治疗 Emmy 的那个时代,但是,在使用催眠时他搞错了方向。也就是说,他寻找的钥匙不在催眠的技术属性里(从外部"应用"的东西),而在这样一个事实中:自动催眠是决定人类关系的心理功能的一个固有部分,是不需要引发的。

解离的自体体验中总是有些部分与"我"作为可沟通的实体的体验之间有微弱的联系或者没有联系,特别是像 Emmy 这样的病人。在对催眠的、不可进入的自体状态进行认知反思并使其成为可解决的内在心理冲突之前,这些状态必须先具备认知解决方案所需的必要条件。也就是说,它们必须先通过治疗关系中的行动化成为言语上可沟通的,进而成为"可思想的"。在这之前,真正的压抑和内在心理冲突都无法发生,因为每个意识状态都坚持它自己体验到的"真相",并一遍又一遍地付诸行动(见第 12 章和 16 章)。精神分析师的难处是,他们没有一个强大的理论模型应对它,因为弗洛伊德在抛弃创伤理论的同时也搁置了解离现象,取而代之的概念体系是相信了除最严重的病人之外,诠释"潜意识冲突"都应该足够了。像我们知道的那样,这个信念开始于他与 Josef Breuer 在怎样概念化歇斯底里病理问题上的决裂,这个争议的一个方面——催眠状态和意识分裂问题——正是我想先讨论的部分。

歇斯底里与解离

Breuer 从根本上同意 Charcot 和 Janet 的观点,在 *Studies on Hysteria*(pp. 185 - 251)这本书里,他写道,"歇斯底里的核心是心理活动的一部分被分裂出去"(p. 227),

他还进一步指出,这值得"不仅作为心理活动的分裂,更作为意识的分裂予以描述"(p. 229)。① 简单地说,Breuer 发展了这个观点,影响创伤性歇斯底里的是"可归类为自动催眠"的某个过程,而且"用'催眠'来表达十分贴切,它强调了内在相似性"(p. 220)。Breuer 写道,引发歇斯底里现象的自动催眠的重要性"建立在这样的事实上,它使转换更容易,并(通过失忆)保护转换想法不会消逝——这个保护最终导致了心理分裂"(p. 220)。Breuer 还顺带补充了一个观察,在后经典分析思想中,这个观察反映了我们理解正常人格发展及其病理与治疗的关键;他写道,在应对创伤时,"*知觉——对感官印象的心理诠释——也受到损伤*"(p. 201,斜体加注)。

虽然 Breuer 指出了歇斯底里的基础是能够制造失忆的催眠状态的存在,弗洛伊德却反驳了 Breuer 的自体催眠概念,声称他从没遇到过自体催眠的歇斯底里,只有防御神经症(Bliss, 1988, p. 36)。② 在 *Studies on Hysteria* 中,弗洛伊德几乎是公开表达了对解离、催眠状态或意识变化等理论的鄙视(Loewenstein 和 Ross, 1992, pp. 31 - 32)。Berman(1981)把这概括为"一边倒的反 Janet 立场"(p. 285),这导致精神分析在接下来的一个世纪都在"强调压抑,牺牲解离"(p. 297)。

弗洛伊德(Breuer 和 Freud, 1893 - 1895)喜欢用"神志昏迷"来指代 Emmy 在"正常"意识状态之外的转换,在一段精彩的临床观察中,他写道:

> 从正常状态到神志昏迷的过渡经常不知不觉地发生。有时她理智地谈论不带感情色彩的事情,当谈话进入到痛苦的话题时,从她夸张的手势或者惯用的语句等,我能注意到她进入了神志昏迷状态……往往只有在事后才有可能区分出她在正常状态发生了什么。因为这两个状态在她记忆里是分离的,有时当她听到神志昏迷时零星地进入到她正常谈话中的内容时,她会被吓到。(pp. 96 - 97)

事实上,这段观察得到了当今解离障碍研究的实证支持,研究确认自体状态的转

---

① Baars(1992)及其他人提供的研究数据显示,关于瞬间意识体验的内在连续性的大量证据迫使我们必须超越分离或解离意识等理念,接受自体解离部分这个概念。
② Breuer 最终不情愿地支持了弗洛伊德的防御神经症概念,"尽管他还是补充了在他看来防御本身不足以制造真正的心理分裂"(Hirschmuller, 1978, p. 167)。Breuer 写道,"自动催眠为潜意识心理活动创造了空间或区域,为被屏蔽的想法提供了去处"(Breuer 和 Freud, 1893 - 1895, p. 236)。这样,尽管后来 Breuer 修正了他之前的立场,也把防御当作歇斯底里的一个因素,另一方面他还是"公开坚持应该更加强调催眠状态的重要性"(Hirschmuller, 1978, p. 167)。

换是在不知不觉中发生的,病人并不记得转换过程。Putnam(1988)写道,"这就像是进行观察和记忆的'自体'依托在状态上,因此在意识状态的过渡期间被悬置"(p. 27)。除非他有意去找,否则治疗师也很难观察到这样的过渡。

弗洛伊德的观察正是当前关于记忆的争议的焦点所在,他在主观体验到的现实和"说谎"问题上的立场很值得关注。患有解离障碍的人总是报告说这辈子都在被指责说谎,不信守诺言,往好了说就是靠不住——跟 Laing 对歇斯底里型的观察非常像。弗洛伊德说,"在日常生活中,Frau von N 小心翼翼地避免任何虚伪,在催眠状态下也没对我说过谎。但是,她给我的答案常常并不完整,留有余地,直到我一再坚持让她补充完整"(p. 98)。

弗洛伊德的观点隐含的是,他的病人有意识地控制她的答案不完整,真实性的问题在某种程度上跟实际情况本身无关。但是,从现在的观点来看,Emmy 答案的"不完整"跟她只能进入到有限的自体状态中相符,在自体状态中才能找到可以改变她的叙事内容和意义的更多记忆。弗洛伊德的"坚持"有时或许确实能让她转换到另一个自体状态,但是这样的"成功"当中缺失的部分对精神分析的未来十分重要。弗洛伊德在他研究的这个早期阶段已经发现,如果他推动得足够用力,就能让他的病人提供之前没有说出的数据,他相信这些数据会创造出更"完整"的故事。但是,正如 Lionells (1986)所评论的,"歇斯底里型心理表现出特别的解离倾向"(p. 587),弗洛伊德没有识别出来的是,他的病人已经在讲述自体的特定部分持有的解离现实下的"全部"真相。也就是说,歇斯底里者的夸张感受在大部分时间里并不是表演或者摆样子,而且我想补充的是,这也包括治疗中病人自己坚持*就是*在摆样子的很多情形。Emmy 一直在报告的不仅是由特定的自体状态所持有的*信息*,还有弗洛伊德在那个时刻与之联结的有限的自体部分所定义的对现实的看法,这个自体部分是催眠状态下的自体不连续领域,该领域有其自身情感、自己选择性结构化的知觉领域、自己的记忆范围以及自己的人际间联结模式,包括与弗洛伊德的联结。

如果分析师能够进入并以个人身份加入到特定时刻出现的特定的自体状态——它独有的"故事"是什么以及他自己当下对病人的感受怎样成为故事的一部分——他将不仅能够得到信息(即"数据"),像 Rivera(1989)指出的那样,还能促使"解离边界消逝在意识中,不同声音之间的矛盾得到处理——不是让持有不同观点的不同声音闭嘴,而是更有能力把这些声音称为'我',不认为它们中间的任何一个就是故事的全部"(p. 28)。也就是说,困扰 Emmy 这样的病人的主要是"我所处的状况"("I condition"),

弗洛伊德称之为"往事"的解离症状只不过是 Rivera 所说的不同声音之间的矛盾所产生的严重后果之一。

创伤、行动化和"谈话治疗"

这就把我们带到创伤这个话题。弗洛伊德(1910)把歇斯底里描述为"受到强烈的情绪惊吓"的结果(p.10),在这个背景下,很容易理解意外体验怎样惊恐地与创伤性的"惊吓"联系在一起(见 Reik,1936)。在 Emmy 的案例中,这导致了弗洛伊德所说的"持续害怕意外"(Breuer 和 Freud,1893-1895,p.59),事实上,弗洛伊德指出她一再重复"别动!什么也别说!别碰我!"是出于"防卫她不再发生同样体验的……保护方案"(p.57)。我想说的是,这种"防卫"是排除任何持久的安全体验,随时准备应对伤害。通过重复她的方案,她提醒自己危险随时都在,必须保持警戒;通过保持警戒,她就为一旦感到安全就会到来的埋伏做好了准备。做好准备(通过她的方案得到加强)就是防卫,始料未及的体验发生时就不会受到创伤,因为她在心理上已经准备好要处理潜在伤害。这样,始终就位的解离警觉就起到了保护作用。它不能防止伤害事件的发生,事实上可能还增加了发生的可能性。它防止的是*突如其来地*发生(见第 13 章)。

弗洛伊德用来治疗 Emmy 的技术是努力清除关于意外事件的记忆——清除造成心理打击的事件记忆,从而清除与这些事件相关的负面情绪。重要的不是事件的内容,而是他们突如其来地发生这种形式或结构,就像一个"悄悄地"溜进她房间的朋友,或者"突然"打开她家房门的陌生人(Breuer 和 Freud,1893-1895,p.59)。弗洛伊德努力想要抹去 Emmy 的症状所表达的负面情绪,那个时候的他相信,如果可以在催眠中根除记忆,就不会再有负面情绪。为什么不管用呢?

弗洛伊德写道:"治疗包括清除这些*画面*,让她眼前再也看不到它们。为了支持我的暗示,我在她眼前来回抹了好几次"(p.53)。他说的是他在努力影响知觉和认知之间的关系,但是,因为他同时也在试图发现是什么在"起作用",他没能认识到他曾经离真正的钥匙(知觉)有多近,也没继续努力下去。另一些时候,他试图影响的不是知觉而是想法,希望直接改变他们的意义,比如说,他写道,"我努力降低记忆的重要性,指出毕竟在她女儿身上什么事也没发生,等等"(p.54)。

在后来被称之为"移情"的现象很可能是第一次发生时,弗洛伊德讲述 Emmy"声称她担心昨天的话可能冒犯了我,她觉得很不礼貌"(p.59)。正是在这里,在他的第一次前分析实验里（preanalytic experiment），弗洛伊德开始思考在耐心地治疗症状时要治疗有症状的病人（treating patients with symptoms while treating symptoms with patience）。Emmy 抱怨"我不该反复问她这个那个是哪来的，而应该让她告诉我她有什么想说的"（p.63）。弗洛伊德说，"我发现我让她统统忘掉是没用的，我必须一个一个地消除她那些可怕的印象。我知道她情绪恶劣是因为她隐瞒的事一直在折磨她"（pp.62-63）。基于这个领悟，当 Emmy 表示她害怕虫子时，弗洛伊德认可了它的重要性，并且请她再多说说动物，这表明他开始认识到参与 Emmy 知觉为有意义的事或许比他自己一味地想"帮她解决问题"更有治疗意义。我们知道弗洛伊德是对的，但是他在方法上的转变比简单地找到记忆藏身的仓库钥匙更加重要。让 Emmy 体验到她自己在 Anna O（Bertha Pappenheim）所说的"清扫烟囱"过程中所发挥的作用是一种关系行为。甚至可以说，在弗洛伊德治疗 Emmy von N 的那个时刻，精神分析已经得到了第一个数据，即"谈话治疗"只有在关系背景下才有治疗作用，它不是宣泄，而是对"意义行为"的协商。

弗洛伊德在那个时候还不知道的是，他的失败不是对 Emmy 的症状本身缺乏耐心，而是对症状所代表的她知觉到的现实缺乏耐心，在这个意义上，症状不只是需要或者能够被"清除"的"病态点"，不管是一个一个清除还是一下子全清除。弗洛伊德写道，通过催眠，他"让她不再看到这些伤心事，不仅通过把这些事从她的记忆里清除……还删掉了她对这些事的全部回忆，好像它们从来没有出现过一样。我向她承诺这会让她不必担心再有折磨她的坏事发生"（p.61）。讽刺的是，我觉得正是这个承诺，不管是以哪种形式，造成 Emmy 对弗洛伊德一次又一次地像我在第 14 章提到的那样"向消防员扔石头"。因为对厄运的预期是创伤人群防卫未来创伤的主要方式，（治疗师总是隐含着哪怕没有明说的）"治愈"承诺把试图帮助创伤病人"摆脱"对厄运的预期这个过程变成了精神分析师面对的最复杂的问题。

弗洛伊德（Breuer 和 Freud，1893-1895）写道，在这次干预以后，与他的预期相反，Emmy"睡眠很差，只睡很短的时间"（p.62）。他本来预期她能有明显好转。她没有好转，因为他的催眠暗示面对的只是一个心理状态，其他心理状态都没有被触及，或者更准确地说，没有被听到。正是她与弗洛伊德关系里的那些没有被听到的其他解离状态的声音对他的"技术"做出了负面回应，它们又难过又愤怒。

尽管如此，Emmy 觉得"没有被听到"的愤怒抱怨还是对弗洛伊德产生了强烈冲击，他坐直身子开始注意，并很快认识到他不能只是攻击症状，把催眠当成体验的橡皮擦，指望它产生积极作用。在谈到症状的起源时，弗洛伊德这样写道，虽然从生理上能够产生痛苦，但是痛苦也有可能是对痛苦的*记忆*——他称之为"记忆符号"(p. 90)。他在这里预示了心理和温尼科特(1949)所说的身—心之间的解离分裂，用知觉/概念阻止对当下体验的言语符号化(见第 13 章；也见 Goldberg, 1995)，从而强迫身体在生理上以症状方式储存了感官体验。

解离的实质是心理与身—心断开，保护一体化的自体幻觉免受无法在认知上加工的创伤性侵入体验的潜在威胁。这往往会导致症状，像 Emmy 的广场恐惧症，以及弗洛伊德诠释的意志退缩(abulia)。基于我自己的临床观察，我的观点是对所谓的意志丧失最恰当的理解是，它是解离的内在结果。因为自体只能行使在那个时刻进入心理的解离自体状态所行使的功能，治疗 Emmy 这类病人的分析师最常见到的是病人自体体验的一个特定模式，它跟现实、自体表达或联结模式的其他方面没有联系或联系有限。就此而言，有目的的行为——我们所说的意志——并没有被全面压制，但是已经"重新包装"成未连接的心理状态，在由此引发的人格动力中，某些自体状态的意志极其强烈而其他的则受到限制并同时处于"警戒"(见第 13 章)。从这个视角看，行为的禁忌和歇斯底里式的行为爆发是同一枚硬币的两面，像 Emmy 表现的那样，当她处于任性状态时，不仅能够行动而且极其彻底(比如不管弗洛伊德怎么让她"理性"，她都坚信吃饭喝水对她有害，Breuer 和 Freud，1893 - 1895，pp. 81 - 83)。

用 Emmy 的厌食症作为意志丧失的例子，弗洛伊德得出结论，"意志丧失只是一种极其特别的……心理麻痹"(p. 90)，在 Emmy 这里它指代的是逃离"无法既恶心又愉快地吃东西"(p. 89)。这个结论指出了当主导一个人的自体感无法把两个不一致的联结模式同时集中到同一个客体上时，解离的基本适应功能。它最常见的方式是，保护人们不必感到不可能在同一时刻对同一个客体既恐惧又安全。因此在厌食症中难免出现"心理麻痹"，因为在吃的过程中身心始终是与心理断开的。

"淑女"还是"躯壳"？

弗洛伊德在 1890 年五月最后一次与 Emmy 联系后，用一篇精彩的附录总结了 Emmy 的病史。三年后，他收到

> 她的一个留言，请我允许她被另一位医生催眠，因为她又病了，不能来维也纳。开始我不明白为什么需要我的允许，直到我想起在 1890 年她曾请求我保护

她不被另一个人催眠,那是一个讨厌她的医生,她不想因为被他控制而难过……于是我书面宣布了我的排他性特权。(p.85)

在这里可以感觉到催眠的强大作用,它夺走了 Emmy 在关系背景下独立自主的能力。在跟另一位医生建立联系之前她需要得到弗洛伊德的允许,弗洛伊德撤销了她的麻痹她才能重建自体。是否真是这样有待求证,但我觉得可能的情形是,这次交流是她所做的最后一次努力,为了让弗洛伊德关注到他的催眠暗示技术本身引起了医源性的"意志丧失"——有权作出自己选择的自体体验的麻痹。总而言之,我同意 Appignanesi 和 Forrester(1992)的观察,"如果我们编制一份早年分析片段的清单,我们会惊叹于弗洛伊德对医生—病人关系的关注,尽管他使用策略以及他在病人面前具有的巫师般的力量滥用了这种关系"(p.102)。

弗洛伊德认识到,由于不允许按她的版本讲述以前发生的事情,Emmy 身上有一部分是愤怒的(他称之为"她的任性"部分);但是,他没有察觉她当下的体验本身作为分析材料的重要性——她感受到的在她与弗洛伊德的关系中正在发生什么。并不是 Emmy 需要更多时间才能讲出她的历史,像弗洛伊德相信的那样。她需要一个紧密的时间背景,同时触及过去与现在——在这个背景下,弗洛伊德不仅倾听并参与她"*说出*"的多个历史故事,同样重要的是,还回应并参与她在此时此地跟他的互动中*付诸行动*的自体叙事:即,*她对他的言谈举止做出的解离回应*。从当代视角来看,这样他或许就能领会到她"别动!什么也别说!别碰我!"不只是来自过去的回声,还是在警告她自己对弗洛伊德保持警戒。

我跟一位有过童年心理创伤的病人的工作可以作为例子,她说她自己有个"说话的阴道"。跟那些她信任但是每次帮她的忙都会让她焦虑的比她年长的男人在一起时,她的阴道会痛。有时在咨询里也会发生的这种痛,跟她爸爸总是热衷于对她进行人生指导有关。因为她除了爸爸没人可以依赖,她无法加工这样的事实,即这种强制地热衷于教导她的"人生"同时也是对她的心理攻击,所以她把他对她情感的无视带来的痛苦加工成对她身体的攻击。长大后,她总能在她依赖的男人身上发现这个"父亲",总是通过"说话的阴道"的疼痛来应对他的黑暗面。这样,她就能够预先防备潜在创伤,同时通过不让"父亲"察觉到他意识以外的事情来保持关系的完好无损。通过处理我们之间的行动化,她的阴道疼痛最终得到了解决。我们能一起面对在咨询中或咨询后她的阴道疼痛现象,得益于我们能够直面她为了不把我探索她早年记忆(特别是性方面的)的努力感觉成潜在的创伤而进行的解离过程。即,在我看来对她过去的"探索",在她看来是在当下激活了她最初的感受。于是她总是处于创伤唤起的边缘,但又察觉不到那种体验。因为她需要把我当成可以安全地依靠的人,真正为她着想的人,她无法同时承受我的那些令她痛苦和害怕的做法。因此,她把这部分现实解离出来,包括我有时确实会对她的"走神"不耐烦,只留下生理痛苦作为她体验的证明。渐渐地,我们理解了她那"说话的阴道"在同时说起我和对我说话,不只是过去记忆的象征("记忆符号"),还是她不能加工的当前体验的表征。也就是说,与造成了最初的痛苦的最初的关系相类似的当下跟我之间的主体间背景如果没有得到真实协商,她跟过去的联系就不可能变得真实——"性的生理症状掩盖了更广义更重要的对能够给予基本安全的'个人关系'的需要"(Guntrip, 1971, p. 168)。

关于 Emmy, 弗洛伊德写道:"她担心我因为她最近的复发对她失去耐心"(p. 75)。我想说她总是担心弗洛伊德对她失去耐心,因为她准确地感觉到弗洛伊德希望她那个"不被接受的"声音保持沉默。哪怕她欢迎他"治愈"她的努力,她并不想让他"治愈"她自己。她"任性"是因为她需要让全部自体加入到关系里,她担心弗洛伊德失去耐心是因为通过她的症状她在坚持让他接受,她对他的治疗努力的"疯狂"(任性)反应跟他有关也跟她自己有关。我觉得特别有意思的是,弗洛伊德自己对 Emmy 的描述极大地支持了这个看法。除了她症状中的"任性",弗洛伊德把她完全限制在她的生活中,她对生活所做的选择中。①

事实上,她被弗洛伊德称颂为自体否认的楷模,完美的维多利亚时代寡妇,听命于"道德上的严谨,以此来看待她的责任、智力和能量,在这些方面她都不输男人,还有她的高学历以及对真理的爱"(p. 103)。但是更能说明问题的是他赞扬她在丈夫去世后拒绝再婚,牺牲个人需要(性及其他)来保护她的孩子,永远带着她丈夫的家人不公正迫害的伤口。"她仁慈地关爱那些依赖她的人的福祉",弗洛伊德说,"彰显了她作为淑女的品质"(pp. 103 - 104)。难怪 Emmy 在弗洛伊德面前所做的最强烈的自体表达就是她的"病态"。事实上,从这个案例可以看出,弗洛伊德的问题还包括他对 Emmy 的过分理想化——这个理想化造成了他自己思维中的解离过程,他把她的症状当成病态,却认为这个女人在道德上无可挑剔。弗洛伊德这个理想化最有力的理由,我推测

---

① 据 Appignanesi 和 Forrester(1992, pp. 97 - 99)记载,Emmy 在生活中确实有另外一面,更"有活力"而且(在性方面)很随意。

是排除任何像 Janet 那样的认为她"堕落"的看法,但同时或许也可以推测,弗洛伊德把她捧上台面也是潜意识地想把他自己从 Breuer 与 Anna O 那样的关系里隔离出来。

弗洛伊德是在倾听 Emmy,但是在大多数时候,像他自己说的那样,他倾听是为了能够"传授格言",在我看来这才是问题的关键。Emmy 解离的心理结构限制了她的联结能力,只能间接地或以症状来抗议被当成需要"治愈"的客体(见第 14 章),因而不断地把她的解离状态诉诸行动。贯穿治疗始终的,是潜在的、未被认可也未说出的弗洛伊德和 Emmy 自体中的某些部分之间的关系,对那些部分来说,她的病是需要被认真对待的人际间现实。总的来说,我认为她的"复发"代表的是不允许在一位*淑女*身上存在的自体状态的解离行动化。淑女指的是明事理的维多利亚式女人,如弗洛伊德所说,她们的品格是"内心谦恭,举止优雅"(p. 103),是不能在与弗洛伊德的关系里发怒的人,包括她与他的治疗行为的关系,她要么是一位为了母爱而放弃性的高尚的道德人物,要么是一位"任性"或"神志昏迷"的疯狂的病人。

在以结果来评估 Emmy 的治疗时,弗洛伊德诚实地说,"总的来说治疗是成功的;但是并不持久",而且"没有根除病人在遇到新的创伤时再次病倒的可能性"(pp. 101 - 102)。

从我个人的视角来看,Emmy 还容易病倒是因为她需要保持心理上的解离结构,这是她保护自己不被创伤的途径——通过掠夺她的生活来保护未来,仿佛生活只不过是过去的复制。在这个背景下,她的"病"是以"过去"防范"当下",让她无法自发、愉快地生活。理解了 Emmy 的治愈为什么不持久也就理解了在治疗 Emmy 这样的病人时我们不能治疗过去对他们造成的后果;而是要努力治疗为了应对过去对他们造成的后果他们仍然对自己和别人做的事。就像 Breuer 和 Freud[①] 各自以自己的方式发现的那样,很多时候这是一件"棘手"的事,假如弗洛伊德现在还活着,他将不难领会这句俏皮话当中的幽默,"对于那些希望不离开办公室就能做危险事情的人来说,精神分析是一个好职业"。

[①] Hirschmuller(1978)评论道,"如果 Breuer 没有再以宣泄法治疗过其他病人,那么很可能是因为他不想再牵扯进任何情绪激烈的医生—病人关系中"(p. 202)。(关于分析情境中的某些不可避免的"混乱"与弗洛伊德提醒的"在屎屎之中"这两者的矛盾关系,请见第 10 章的详细讨论。)

第四部分

心灵的解离

16 "说话！这样我才能看见你"
对解离、现实以及精神分析式倾听的一些反思①(1994)

做真实的自己

接下来这个临床片段的作者不是心理分析师,反而是一位物理学家。它来自一本书,*Einstein's Dreams* (Lightman, 1993),该书写的是由我们如何体验过去、现在和未来决定的时间的多种可能性和现实的多种可能性。

> 每个星期二,这个中年男人都会把石头从 Berne 东边的采石场运到 Hodlerstrasse 的石墙下……他一年四季都穿着灰色的羊毛外套,在采石场工作到天黑,跟太太一起吃过晚饭后倒头大睡,星期日打理花园。星期二的早上,他把车子装满石头进城……街上的行人迎面走来时他会低下头。遇到熟人想跟他点头示意或者打招呼,他总是含糊一句就走过去。到了 Hodlerstrasse,他也不跟石匠对视,而是看向旁边,石匠跟他攀谈时他对着墙答话,给石头称重时他默默地站在角落里。

> 四十年前,还在上学时,那是三月的一个下午,他尿急时没憋住,在课堂上尿了裤子。然后他本想一直坐着,但是别的男生发现了地上的水渍,让他在教室里转着圈走,转了一圈又一圈。他们指着他的湿裤子狂笑……时钟上红色的指针指向 2:15。那些男生对着他起哄,边跟着他转圈边起哄,他的裤子就那么湿着……

---

① 这篇论文的前一个版本提交给由美国心理协会第 39 分会(精神分析)第 5 组和纽约大学精神治疗和精神分析博士项目于 1994 年 2 月联会召开的"The Second Annual Bernard Kalinkowitz Memorial Lecture"。本章当前版本最初发表在 *Psychoanalytic Dialogues*,1994,4: 517-547。

这段记忆贯穿了他的整个人生。早上一睁眼他就是那个尿了裤子的小男孩。在街上经过路人时,他知道他们在看他裤子上的尿痕。他用余光瞄一眼裤子又赶紧闪开。当他的孩子们来看他时,他待在房间里隔着门跟他们说话。他仿佛依旧是那个憋不住尿的小男孩。(pp. 167-170)

如何给这个人做分析呢!我们怎样看他的问题实质?那天在学校发生了什么?他精神失常了吗?毕竟他确实躲着他的孩子。他"边缘"吗?需要治疗的是羞耻感或者病态自恋吗?如果是,我们怎么才能理解他作为成年人的感受,如果不了解他当年作为孩子的感受?我们该期待怎样的移情?从这里说起,是因为我想探讨做精神分析时我们在做什么;怎样理解我们倾听的这个人;怎样概念化动用各种技术去介入的他的心理工具和人格结构。这个人是怎样在感受上接受这件事的,它怎样变成了病态,该怎样倾听这样的人才能知道为什么他的感受压垮了他,怎样才能帮助他?来看看Nesse(1991)关于感受是怎么说的:

感受最大限度地表达了达尔文的物竞天择理论,而不是幸福的代名词……自然选择把每种坏的感受发展成对某种特定威胁的防御……用感受来调整一个人对当前状况的反应。从这个意义上说,它们类似计算机的程序,调整计算机的设置来执行某项任务……帮助一个人逃避老虎的那些行为、心理和认知反应,与帮助赢得爱慕对象或者攻击竞争对手是不一样的。恐惧、爱和愤怒是截然不同的心理程序,在自然选择中逐渐形成,提高人们应对历次挑战的能力……当一只老虎向你扑来,你该怎么反应?磨指甲、侧手翻还是唱歌?这时候要按决策规则运行不计其数的随机产生的可能反应吗?……你怎么计算出哪种做法才能保全性命?另外一个选择是:运行专门用于逃避猛兽的达尔文法则……发现猛兽时,把反应限定在逃跑、战斗或躲藏。(p. 33)

但是人类关系,特别是对年幼的人来说,有时不会这么简单。同时有几种法则时该运行哪个?你妈张牙舞爪地向你冲过来时该怎么办?你爸露出阴茎时该怎么办?或者像这个男人的案例那样,你的同伴突然变成鬣狗,活生生地把你扒光,又该怎么办?逃跑、战斗或躲藏只适用于逃避猛兽。如果一种强大的法则已经在运行,比如"服从父母或成年人""爱你的照料者"或者"让同伴接纳",一个人(特别是孩子)该怎么做?

我认为,至少从进化论的观点来说,这就是我们用于明确什么是创伤的发生背景,也解释了为什么自然选择为人类心理预置了帮助我们应对创伤的达尔文法则,即 Putnam(1992)所说的"走投无路时的出路"(p. 104)——解离机制。当强烈的互相矛盾的感受或知觉需要在现有的关系里进行认知上的处理,而这样的处理又无法被整体的个体体验接纳时,为了保持心智正常,其中的一个法则将被拒绝进入意识。无法对当前的状况做出适应性的调整时,解离就开始起作用。引发相互矛盾的知觉和感受的体验,与认知处理系统"脱钩",保持在原始状态,没能在自体—他人表征中得到认知上的符号化,除了逃生反应。这样,这个人通过解离足以致命的"猛兽"体验(或者用当代术语说,"虐待")保全了生存能力,同时保持了最初由服从、爱和友谊组织起来的自体—他人表征,却没有能力做出维护他自己利益的行为,对最初的表征加以修正。

解离并非天生就是病态的,但是有可能变成病态。解离过程是人类心理的基本功能,是人格稳定与成长的关键。它是一种固有的适应能力,代表着我们所说的"意识"的本质。解离不是破碎(fragmentation)。事实上,它可以视为对破碎的防御,就此而言,Ferenczi(1930a,p. 230)所探究的破碎仅仅是机械地对创伤做出的反应,还是其实是一种对创伤的适应形式,是超出他所在时代的卓越理论。然而,他这个问题用了六十年才找到答案。就像我在第 12 章所说的那样,现在有大量的证据显示,心理在最初并不是一个完整的整体,而是不完整的——这个心理结构开始于多个自体状态并一直持续下来,直至成熟为紧密的感受,取代了不连续感。这样就有了紧密的个人身份感和必要的对"一个自体"的幻觉。对正常心理的这个理解用了这么久才在科学上得到充分意识的一个主要原因是,更多时候,正常成年人很难知觉到状态的变化。意识状态之间的过渡在发展中趋于缓和,健康的人能够平复察觉的变化,这个发展成就是由抚养者对互动过程的调节促成的,通过对孩子主体性恰当的互动回应帮助孩子完成非创伤性的状态过渡。

对精神分析师们来说,精神分析导向的婴儿研究为这个观点提供了支持,进行这方面研究的有 Emde、Gaensbaure 和 Harmon(1976),Sander(1977),D. N. Stern(1985),Wolff(1987),Beebe 和 Lachmann(1992),但是最直接的支持来自对正常及异常成年人心理功能的非分析式的实证研究——由各个不同理论派别和研究机构所进行的研究。NIMH 的解离障碍研究部的主席,在一篇讨论非线性变化这个发展范式的论文里(Putnam, 1988),谈到心理状态最重要的特性是它们是分立的不连续的。在强调"心理状态是组成意识的基本单位,在出生时即能观察到"时,他把它们描述成行为的自我组织及自我稳定结构。从一个意识状态向另一个意识状态的过渡（转换）发生时，新的状态将一个数量上和性质上都不同的结构作用于决定意识状态的变量。新的结构重新组织行为，阻止其变成其他状态……状态之间的转换表现为诸多变量的非线性变化（Wolff，1987）。这些变量包括：（1）情感；（2）记忆，比如各个状态特有的记忆；（3）注意力和认知；（4）生理调节；（5）自体感……但是，*情绪和感受的变化*或许才是正常成年人状态转换的最佳标志。（p.25，斜体加注）

不连续意识状态中的非线性转换！这句话意味深长。比如说，某个状态，如抑郁，就算用药物都很难缓解，原因是它不仅是一种"情感障碍"，还是内在自体的一个组成部分。对很多人来说，它是一个有其自己的自体叙事、记忆构造、知觉现实以及与他人的联结风格的自体状态。它不仅是一个人的感受——它*就是*这个人，至少在某些时候是这样。因此，像其他状态一样，这个状态下的自体意义也需要保持，尽管它痛苦、充满内疚而且往往有自杀意向——为了不让个人现实中的任何部分被破坏，仿佛仅仅因为痛苦它们就没有意义一样。当人格更多地是由解离的心理结构而不是由冲突组织起来时，对失去抑郁现实的阻抗最为强烈，因为，如果不能同时进入别的有不同知觉现实和内部自体叙事的状态，依赖特定心理状态的自体感受就变得尤为重要。因此，"治愈"抑郁时一定不能变成是要治愈"他这个人"。那么，在分析关系中的双方能够在认知上达成一致之前，对抑郁的分析探索必须是与病人多个不同的自体叙事、知觉现实和适应意义之间的辩证，每个都有它自己的声音。用更诗意的话来说，分析师必须持续与多个有不同声音的自体状态进行协商，哪怕痛苦的声音大过其他声音。

"说话！这样我才能看见你"

"说话，为了让我看见你"，据说这是苏格拉底说过的话（Reik，1936，p.21）。说话，这样我才能看见隐藏在话语里的那个真实的人。弗洛伊德（1913b）在构建自由联想方法的基本规则时隐含了几乎一样的说法。说出任何想起来的事，这样我就能够发现你想隐藏的那个人。但是被看"透"的过程，不管多温和或者动机多良好，都会唤起传统上分析师们所说的"阻抗"。事实上，苏格拉底被雅典人彻底清除，弗洛伊德的后继者们尽管还没有被奉上毒药，也已经受够了这样的"headshrinker"形象——危险的

"读心"者,有超能力从别人的无心之语里发现秘密。

在这里我要提出一个既支持又挑战这个形象的说法。我认为,如果说精神分析是心理治疗的一个成功的方法,那么原因确实就在苏格拉底的这句话里,但是,在任何成功的分析里,过程都是看见和被看见之间的辩证,而不仅仅是被看"透"。也就是说,最佳效果是,分析能够让病人像我们对待他一样,以同样的洞察力对待我们、倾听我们,也看见我们。

词语在最初出现时是作为载体。在童年早期,它们是个人感受的声音载体——哭的一种形式(Sullivan, 1953, p. 185)。开始言语交流之后,它们就不止是载体了,还是在关系中建构个人意义的基本单位,从一种用于表达感受与需要的复杂工具,转变成在人际间创造一个人是谁的主要方法。在关系中,词语本身在时间或空间上并不存在。只有说话者的意义存在于时间和空间,说话者的意义取决于由说话的背景所决定的对词语的知觉。说话是发生在人际间背景下的(真实的或隐含的)行为。Schafer (1976)的"行动语言"概念(action language)指向的就是这个事实,但是词语——哪怕是"行动词语"——仅仅指出了说话者的方向。最终,说话者必须被看见,词语才有意义。

这样,"说话"在精神分析中就不仅仅是传递内容的过程。它还是一种关系行为,决定所说的内容。面对那些以初级方式应对解离体验的病人时,这个观点尤为重要,因为词语本身在感觉上基本没有意义。这个人的常态是带有一种内部隔离感,用词语把这种感觉传递出来的努力总是徒劳无功。但是,在分析中,因为他是要说话的,就有可能通过关系建立起一条沟通路径,有时这很痛苦。通过沉默和词语的相互作用,病人能够,至少有可能,迫使分析师放弃"理解"病人的努力,而是要"了解"病人——以唯一可能的方式了解他——通过他们在那个时刻共有的主体间场。借助这个媒介,确认行为才能发生,词语和概念才能符号化体验,而不是替代体验。分析师有机会确认(亲身知道)无法用词语说出的内容——那些使言语交流虚假而没意义的主观体验。但是这一切的发生只有在分析师不急于把确认翻译成理解时才有可能,也就是说,如果他不用诠释意义来替代体验到的符号化意义。

我最近听了一个提交给我会诊的案例,用它可以说明我在说什么。病人是位女士,已经接受治疗好几年了,她的生活和自体体验都发生了很大变化,唯独肥胖这件事除外,她来做治疗就是想解决肥胖问题。她觉得肥胖是她到死都要承受的负担,没希望摆脱。我接触这个案例时她的分析师正感到无能为力,这也是会诊的主要原因。这种情况非常典型,让我再次深刻地感觉到,进展到某种行动化时,做会诊医生真的比做分析师更愉快。作为会诊医生，我不必亲身体验被病人打垮，我觉得这种体验对理解治疗师的工作至关重要。分析师参与行动化的意愿并不是通常意义上的"意愿"。它不是分析师自愿做出的，也不是他能够控制的。事实上，它跟"技术"（人们可以"应用"并且掌握）所表达的意义正好相反。分析师最初对参与的体验更接近于投射性认同带来的惊慌失措，这两种情况有时确实是同一现象的不同称呼。在某种程度上，病人知觉不到足够的"你是谁"，你越是想按照病人所说的你该有的样子出现在他面前，他越觉得你不真实。病人说出来的词语并没有传递他的本意；他的本意是由词语和听到这些词语时的体验这两者的关系传递的——当分析师越来越感到他没办法待在分析师该有的姿态里或者没办法再像他以为的那样去表现时，他就要开始这样感受他自己和他的病人了。

这个阶段对分析师来说不是（也不应该是）愉快的体验。如果是——如果分析师因为愿意"被当作客体使用"（Winnicott, 1969）而感到满足——他就根本没有在被使用，至少还没开始。病人需要以他所知道的但还没有思考过的体验来知觉和面对分析师。这个过程要打破病人和分析师用来确定彼此是谁的关系中的某些部分。这意味着病人要"破坏"分析师的某些身份，由这个关系所确定的对他自己来说他是谁。Loewald (1979) 称之为"为了解救的谋杀"（p. 758）。

在我提到的这个案例中，我一直都在跟进该案例，当病人没有提及她的体重，分析师也"没能"提到这一点时，破坏发生了。"你应该知道，"病人坚持说，"只要我还是很胖，当我在说别的事情时，都只不过是那个好的我在说话，我在自暴自弃，你居然都不关心。"事实上，分析师非常关心，就像你能想到的那样。这是一个痛苦的信号，有些事需要被"治愈"，而谈话是没有帮助的。因此，分析师决定（自己决定）不再提它了，因为他已经厌倦了毫无进展（你可能会说是"受够了"），希望病人能够自己说出来。他任其长时间地沉默，希望她最终能够把她的感受说出来。她说了，但并非像他希望的那样。在他觉得沉默越来越难以忍受的时候，她语无伦次地斥责他，他没有权利不再努力探究她的感受是什么，"他以为他在干什么？"治疗师不能就那么坐在那儿就舒服地把活儿干了（至少他不应该那样）。在他们就他很显然"没有胜算"的"失败"反复纠缠时，他才在他们共同的体验里发现了一小块儿地方可以插一脚。这时候，病人才开始能够从她僵化的意识状态"后撤"，在认知上发展出看法，让"未经思考的知道"（Bollas, 1987）变成经过思考的知道，让分析师得以真正体验到作为自愿参与者的那个自己。

"只有在沉默里，"病人宣称，"我才感觉到真实。我能从这里出来的唯一办法就是沉默一年的时间。"她所说的"这里"在意识上指的是她的内在世界,在潜意识上指的是分析。但是,我们还是留在她在那个时刻能够意识到的内容上。她知道,能够把自己从解离的心理结构中解放出来的唯一途径,不是用词语,而是沉默一年。她想说的是,沉默本身不重要,重要的是要在分析师面前沉默。为什么?因为她在他面前沉默是能够产生交流作用的——只要他还没放弃努力。我认为,这就是行动化的"投射性认同"阶段的实质。分析师一定要厌倦;他的厌倦很重要;他应该感到厌倦。但是他不应该从他自己的"厌倦"情绪中脱离出来,那样他就无法知觉到他行为中的报复成分。如果他能够保持开放,他会感觉到来自病人的交流,用她的沉默进入他的灵魂,用她的词语进入他的头脑。病人终将能够把深刻的领悟用词语表达出来:

> 我不跟你说话时你没有认识到我的沉默就是在说话,我在伤害自己而你却不在乎。我用长胖来伤害自己,为了引起对内在"我"的注意。如果你注意不到我或者看上去注意不到,就是你因为我胖而生气所以放任我伤害自己并且置之不理。但是,如果我真的开口,说话的不会是那个胖的我。所以你必须留意到我的胖而不是装作看不见才能找到她。如果我变瘦,就没人会再找她,如果我不再让人注意到她的存在,你就会安于那个好的看起来健康的我,因为她很瘦,你就永远不会知道她对我来说并不真实。我就像 Dr. Jekyll 和 Mr. Hyde 一样。(HYDE/H-I-D-E 这个双关语是怎么回事很快就会知道。)或者,像 Clark Kent 和超人,这两个角色从来不会同时进入同一个空间,因为他们就是同一个人。

也就是说,通过"注意到",通过不用言语交流而是被迫参与到病人需要被注意的部分,解离的自体将能够开始存在,并且开始过渡,该病人描述的"Mr. Hyde"慢慢变得清晰。但是能否过渡成功取决于病人能否成功地破坏分析师所理解的"这究竟是怎么回事",从而破坏分析师眼里的病人形象,而"Hide"先生就困在其中。分析师自己的形象也被破坏了,而按照温尼科特(1969)的客体使用概念,他必须在这样的破坏里"幸存"。

在这种情况下,分析式倾听可以跟另一种方法做个对比,用 Henry Adams(1904)倡导的欣赏中世纪建筑的方法来理解病人的话语——就像用写作诗歌时所用的那些难懂的"粗糙"的语言来欣赏中世纪的诗歌。Adams 在 *Mont Saint-Michel and Chartres* 一书中写道:

> 翻译是一种罪过，因为任何关心中世纪建筑的人……都更应该关心中世纪的英文……每个草率攻击它的人都会发现（诗文）像民谣一样流淌，唱着自己的意义，并不因意义是否准确而烦恼。翻译必定充满疏漏，但是最严重的疏漏出现在对情感而不是事件的翻译上。如果翻译时我们最想做到的是忠实字面，那必然会有人反对说能否做到这一点根本就不重要。（pp. 18-19，斜体加注）

诠释是一种翻译，在诠释当中反映的是分析师对病人的个人看法，这只是很多种可能的现实之一。在病人通过分析师的眼睛看他自己的那一刻，他也在以一种非常个人的方式在看分析师。病人能否接受分析师眼里的他自己取决于他能否信任他对分析师的知觉。因此，他对诠释的拒绝不仅是拒绝了对他的看法，也是拒绝了这个令他生厌的分析师——他把分析师体验成在未经充分协商的情况下，要求他用分析师的主观性来替代他自己的主观性。正常情况下，这只不过是"在改变的同时努力保持不变"（见第10章）的过程中很自然的一部分，但是如果分析师在诠释时试图隐藏他自己的主观性同时又试图否认他在隐藏主观性，共谋就发生了。病人看上去接受或拒绝了分析师用来把病人的原创"诗歌"翻译成"客观现实"的那种语言（分析师对病人的个人看法），掩盖了病人想或不想看见的"真实存在"。

解离、行动化和现实

我一直在讨论人际间和主体间的倾听姿态，这是很多分析师们，也包括我自己，一直以来热衷于推进的一个话题。在这篇文章余下的部分，我想从不同的角度来发展这个立场，提出几个观点，帮助它向我相信的下一步演进。我想先回到人类心理现象这个不连续的、不断转换的意识状态的复杂系统，研究这个非线性心理模型对我们产生的影响，无论是在思考精神分析理论时，还是在思考面对病人时"我们怎么倾听以及怎么做"。对我来说，人类心理的非线性是一个谜，它持续吸引着我。

我最近的一次坐出租车的经历，再加上别的因素，让我永远都不会再抱怨那些不会讲英语的出租车司机了。当时车上的收音机播放着西班牙语广播剧，每次遇到红灯司机都会拿起旁边座位上的报纸开始读，同时很显然还在追着广播剧里的情节。我很生气，我花钱坐他的车，他居然连假装用心开车都不肯，我瞄了一眼报纸，发现那是法语的。我不再生气,开始又羡慕又疑惑。"人的头脑真的能在不同的知觉渠道用不同的语言同时加工不同的内容吗?就算这是可能的,难道不会更自然地(不用说对头脑来说也更容易)选择这个或那个语言吗?"于是我问了他,用英语。他答道——用跟我一样流利的英语——他以前从没想过这个问题。他曾经在不同的地方生活,说不同的语言,就是这样。他完全不用烦恼他用哪种语言思考,用哪种语言做梦,或者如果广播节目或报纸是英文的他是不是还能这么做。他并不想"说话为了让我了解他"。我觉得他忙得不亦乐乎,而且他担心我会指责他在开车的时候看报纸。因此我失去了一个极有价值的信息,对此我念念不忘。

最近,American Psychologist(Barton,1994)有一篇文章,开头是"关于理解系统的一个新的范式正在引起不同领域心理学家们的注意"(p.5)。这个描述复杂系统行为的范式,就是非线性动力,或者混沌理论(Chaos Theory)。这门科学并没有隐含的"规定"的序列,而是有一系列必要而充分的条件,能够产生不同于过去模式的事件,又不可预测未来。它假定(像人类心理一样的)复杂系统有其潜在秩序,而(像人类互动一样的)简单系统能够产生复杂行为。理论上你能够预测未来很长一段时间内的互动过程,但是事实上你不能,因为哪怕非常小的事件都会立刻产生作用,引起不可预测的行为。Gleick(1987)认为,该发现的精髓在于揭示了"混沌和不稳定……根本就不是一回事。一个混沌系统可以是稳定的,如果它特定的不规则在小的波动面前能够保持"(p.48)。他接着说:"混沌带来一个惊人的信息:简单的决定式模型能够产生看上去随机的行为。该行为事实上有着精密的结构,而其任何部分看上去都跟噪音无异"(p.79)。

精神分析理论对非线性动力的强调突出表现在心理结构观点的变化上,包括正常的和病态的心理结构。在治疗中通过解除压抑和揭示潜意识冲突来促进人格发展的观点正在被重新审视,面临新的问题——那些跟"自体组织"、意识状态、解离等概念相关的问题,人格开始展示出 Barton 所说的"多个自体状态,当参数值超过关键点时,能突然从一个状态转换到另一个"(p.8)。

即使在最有弹性的人格中,心理结构也是由创伤和压抑共同组织的,分析师总是会遇到解离体验,这些体验与作为交流主体的"我"体验之间只有微弱的联系或者没有联系。在这些"非我"心理状态能够成为自体反思的客体之前,他们必须通过分析关系中的行动化变得在言语上可交流,从而成为"可思考的"。在此之前,不管是真正的压抑还是对内在冲突的体验都无法发生,因为每个意识状态都持有它自己体验到的"真相",由于不具备在认知上解决的条件,这个真相反复付诸行动。Chu(1991)简洁生动

地阐述了这个问题。他指出,被解离了的创伤强制性地重复,表现出几乎是生理上的急迫:

> 病人被逼回到创伤事件中,醒着和梦里都是……创伤的重现被体验为真实的当下事件。也就是说,病人在谈论感受时不像是想起了体验;而是他就在当下感受着体验……治疗师们都知道要帮助病人在体验过去的同时把一只脚保持在当前的现实里有多么困难。(p. 328,斜体加注)

在分析式的倾听里,不管我们是否使用"重现"或者"行动化"这些术语,每个意识状态的出现都有它自己的关系背景。当一个故事被"讲述"时,随着讲述的进行,另一个叙事正在病人和分析师之间展开。Levenson(1982)的研究进展已经指出,"对讨论的内容和伴随着讨论内容的行为之间的关系进行分析,构成了精神分析过程……而且这从根本上把它从所有其他形式的心理治疗中区分开来"(p. 11,斜体加注)。在我看来,这也是温尼科特(1967)的"潜在空间"概念的内涵所在——在人际间建构现实,使意义的演练(playing with meaning)(解除固化)成为可能。这就是为什么口误如此美妙!不是因为他们打开了看到病人"真实"想法的窗口,而是因为他们允许不同的自体状态持有的相互对立的现实共存,因此更能够通过分析关系同时进入更广阔的自体领域。

举例来说,一位40岁的男病人,早年丧妻,声明他不能再婚,因为他的宗教信仰使他觉得他的初婚是一个神圣的契约,在他的现任女朋友拒绝接受这个说法之后,他非常愤怒。"她不相信,"他喊道,"我真的在意保持婚姻的'贞节牌坊'(原文如此)。"这个明显的口误能让他明白他的宗教信仰只不过是在自我标榜吗?不会!但是,有趣的是,通过对这两个词的工作我们制造了另一个"口误",让那个记得宗教信仰为什么这么重要的、被解离了的自体状态浮现出来。第二个口误是:"想到忘掉我太太,我觉得我太自私了,我担心上帝会惩罚我,好像到了世界末日,所以我不能'不违背《圣经》'(原文如此)。"把这些放在一起,在我面前他就成了一个被创伤的5岁小男孩,他的世界像是到了末日,当他被他妈妈施虐性地惩罚,就因为他想离开她跟他爱的姑姑在一起。为了"给他一个教训",他被放在儿童福利院一个晚上,告诉他"什么时候他吸取教训了"他才能出来。在跟我的互动当中,他重现了解离经历中的恐惧,只要上帝让他回家,他就再也不会违背跟上帝的契约。在治疗当中,这个40岁的男人第一次与这个吓坏了的5岁孩子相遇,这个孩子每次咨询都陪着他,对这个孩子来说,咨询只是另一种形式的儿童福利院,他一直在等着被解救出来。

如果分析师把病人想成是从不同的自体状态说话,而不是从单一的自体中心,那么分析师就会那样倾听他。这要求协调于说话者,这种协调涉及 Schafer(1983)的倾听和诠释模式所描述的同样问题,"分析师关注在说这个行为本身……说就是描述的客体而不只是……用来传递信息或内容的无关紧要的透明媒介"(p. 228)。但是,从非线性的视角,这意味着既要格外协调于说话者在任何时刻对你的影响,又要协调于该影响的转变,而且要尽可能在转变发生时就马上注意到。显然,我把这些转变看成代表着自体状态的转变,而分析师对此要时刻关注。

这样的倾听跟听见一个人在不同时刻的不同感受是不一样的。后者把意识状态的转变当成正常的背景音乐,除非特别强烈。前者把它们看成基础数据,用来组织你正在听和正在做的任何事,包括你怎样理解潜意识幻想以及个人叙事的重建。我们会说一个人处于不同的"情绪",情绪上"不稳定",或者不是"他自己"。这些比喻很有用,特别是在某些时候对某些病人来说。但是,因为其理论基础是情感转变,是从一个统一的、集中的自体暂时分散了,分析师的传统立场和倾听姿态都倾向于关注在心理状态的*内容*上,而不是特别关注结构*背景*——状态本身的基本的不连续。这样,分析师在倾听时就很可能是在寻找意识和潜意识意义之间的连续性,而不是多个意识状态的自体意义的不连续部分之间的对话,有些是可以说出来的,有些只能通过行动。我认为,对任何人来说,对同一件事在不同时刻的感受不同,或者"进入某种情绪",都代表了有其自身的内部完整性、自身现实和自身"真相"的意识状态的转变。

对分析师的挑战是,面对每个病人时都要意识到,某些状态的变化,跟其他意识状态甚至那些刚发生变化之前的状态之间,只有微弱的关联或者没有关联。那些发生转变的时刻有时确实提示了可诠释的冲突状态,有时可能预示着解离了的体验即将出现。在一个出于对创伤的解离保护而组织起来的人格里,情感转变当然更有可能预示着,将会出现的那个自体状态不仅跟之前发生的变化没关系,而且也更加不可进入。但是就算是没有被诊断为解离障碍的病人,自体状态的转变也可能提示没有冲突状态,而不是出现了冲突状态,哪怕病人看上去很冲突,因为其*内容*还是一样的。在这些情形下,被分析师概念化为"冲突的外化"的,往往正相反——出现的是解离了的自体状态,还不能*体验*到内部冲突,远未到外化的时候。从非线性倾听姿态,意识状态的转变首先被分析师看作是确认、探索的时候,在移情—反移情场内进行协商,只有这样的过程才是通往冲突诠释和解决的窗口。

知觉、语言和变化

再说一遍,语言不仅承载意义,还作为一个关系过程建构意义。分析师的目标不是把病人带到一个点上,使他能够最终接受"传递"给他的诠释,而是说,如果到了这个点,意味着诠释已经完成了。"完成"说的是,在分析师和病人相互对立的自体状态持有的多个现实进行探索的过程中,它已经"建构"起来了,而不是由分析师"做出来"的("传递"出来)。其结果并非"新"的现实,肯定也不是对错误的或歪曲的"旧"现实的修正。它代表了不同意识状态所持有的相互对立的子叙事之间的连接,这些意识状态之前由于解离而无法体验到内部冲突。心理上的"整合",像我在第12章提出的那样,不会导致单一"真实的你"或"真自体"。相反,它是站在现实之间的空隙里而不失去其中任何一个的能力,是同时是很多个自体却感觉像是一个自体的能力。

病人从解离到冲突的能力取决于分析师同时联结到几个自体并保持与每个自体的真正对话的能力。通过这个过程,在以前不能相容于与同一客体的关系的自体体验之间,搭建起关系桥梁。在运用这个参考框架时,分析师无须抛弃他们自己的理论流派,转而以一种跟他当前的临床姿态不相容的方式去工作。一直以来,在诠释冲突、详细询问和共情协调三种风格当中,任何分析师都会偏向其中一种。但是,我们吃惊地观察到,每一种姿态,不管它的理论依据是什么,都基于各自的临床逻辑接纳了这样一个事实:移情—反移情场才是行动发生的地方。也就是说,任何理论背景下的任何以持久的人格成长为目标的分析,都建立在这个理解之上。为什么?

临床上,移情—反移情场以其生动和即时为特征。但是为什么这一点这么重要,以至于分析师们能够超越理论上的差异,一起探讨怎样最充分地利用这个场?我自己的答案是,不管分析师关于治疗行为的理论是什么,我们都或明确或隐含地想在临床上通过增强知觉力,来推动病人进入到尽可能广泛的意识范围。也就是说,我想说的是,在每个技术方法中,对移情的利用都是要尽可能地把病人解放出来,使他在分析师了解他的同时也能了解分析师。自体的解离部分的符号化主要是通过移情/反移情背景下的行动化来完成的,因为*体验的符号化不是通过词语本身而是通过词语所代表的新的知觉背景完成的*。"说话!然后你的病人才能看见你",这样,他的解离心理状态才能进入当下的分析关系并且在其中重现出来。Judith Peterson(1993)在她的观

察中指出

> 为了把一个人从解离状态带到整合状态需要经过很多步……但是,治疗并不包括弗洛伊德和Breuer所定义的宣泄,也不包括释放情绪能量以释放压抑的想法……关注点不是宣泄而是治疗中的那些能够发生认知领悟、重建和整合的时点。(pp.74-75)

我自己的工作中(见第8章和第10章)特别能够说明这个关注点的是Isakower现象(Isakower,1938)在咨询中的直接显现,该现象是解离了的自动符号化幻觉,最常出现在临睡前的半睡眠状态。当它出现的时候,常常被报告成是一个柔软的白色泡泡,慢慢地靠向病人的脸,威胁着要吞没他。我的第一次体验(第8章)是在治疗一位男病人时,他的分裂人格包含了极端解离障碍的所有因素。其他病人,比如这个人,也在咨询中出现过跟Isakower现象本身类似的解离体验。

我相信,所有这些知觉到的事件,包括Isakower现象,或许都是在努力重建早年创伤性受损的发展过程——体验向言语符号化过渡的过程。在我自己的病人身上出现的幻觉体验,有时是"空白的",有时"像坐标上的网格一样",还有些是意象。我的假想是,在从解离到冲突的运动过程中,用语言为体验建构认知意义首先是通过知觉进行图式化表征,有时这会表现为在这个人既没完全醒来也没完全睡着时在过渡性的知觉体验里出现的那种表达。这是一种把两者联结起来的意识状态,类似重大的解离时刻发生之前的昏迷和朦胧状态。

早期关于Isakower现象的文献表明了这一点。因作者对现象发生时这个人更像是睡着还是更像是醒着的看法不一样,他们要么认为该事件是某种形式的梦,要么认为是自动符号化的幻觉。因此Lewin(1946,1948,1953)把它诠释成"梦屏障",M. M. Stern(1961)诠释成"空白幻觉"。我认为合理的说法是,幻觉可能是通往使用语言的道路上的"中间站",个体积极努力想在他的创造性和适应能力之间重建连接。我的一位病人(见第10章)报告,他关于Isakower现象最早的记忆是,他的应对方法是想要在里面写字,但是泡泡太软太滑,他的手伸进去却留不下任何痕迹——这段描写与他早年对妈妈的体验惊人地相似。在治疗这类病人时,我们经常可以看到在自动符号化的视觉意象和同时发生在移情—反移情场里的行动化这两者之间在结构上的共鸣,特别是在解离结构被放弃的阶段。

创伤与技术

"技术"问题呢？在我看来这个概念过于线性；如果你现在做"这个"，接下来就会发生"那个"。感觉上这完全建立在为事件寻找线性原因、把个性化看成系统里的随机"噪音"的"如果这个就会那个"模式上。从非线性动力的观点来说，不可预测性才是事件的本质，*恰当的分析技术在于分析师有能力察觉它的出现*，尽可能协调于开始用"技术"替代由持续参与病人体验决定的分析姿态的那些时刻。有多少种技术，分析中毫无意义的二次创伤模式就有多少种形式，任何一成不变的分析姿态都有可能重复因不承认所造成的创伤，不管这种姿态建立在多么有用的理论之上。不承认等同于关系上的抛弃，这会激起那种熟悉的令人困惑的指责，"你不想了解我"。也就是说，只有通过区别于挫败、满足、包容、共情甚至理解等的直接联结来"了解"病人，那些无法"发声"的自体部分才能找到声音，它们的存在才能被病人所拥有，而不再是占据了病人的那个"非我"状态。

由冲突组织起来的人格区域经常跟由创伤组织起来的区域相交织。创伤产生了解离，解离创造出对过去的扭曲，以及预测未来的能力的扭曲。出于保护作用，时间体验的线性顺序被改变。失忆由此产生，至少对于事件的知觉记忆来说，但是体验记忆仍然相对完整。就像是一个人"感觉"到有些事发生在他身上是因为"他感觉到了"，但是无法作为知觉事件——能够在认知上进行加工因而可以当作过去的一部分，回想起来。

代替记忆的是"时间凝结"，过去以一种凝固的复制再现，为一个人的未来及现在提供结构。这个人不能应对"我身上发生过什么事"，他来治疗想要应对的是"他确定将会发生的事以及当下在他身上正在发生的事"。Terr(1984)曾经在研究多种创伤事件(包括在加州的Chowchilla绑架并活埋一校车孩子)的后果时讨论过这个问题：

> 心理创伤之后，时间顺序障碍会以多种形式出现：(1)前后发生的事件凝结成同时发生；(2)时间扭曲；(3)追溯意义(包括预兆)；(4)预感。这些创伤后顺序上的扭曲需要大量地悬置现实感，这可能导致精神科医生或精神分析师错误地得出结论，受到心理创伤的病人处于"边缘"或更严重的境况。(p. 644)

精神分析师的困难在于，他们没有足够牢固的理论模型来应对这种现象，因为弗洛伊德抛弃了创伤理论，转而相信除了最严重的病人，对内心冲突的诠释（有或没有"参数"）都应该足够了。事实上，创伤和解离在每个人身上都种下了不连续现实的种子，它们是无法用诠释来解决的。就算病人对未来的暗淡的看法确实是基于过去发生的真实事件的心理动力问题，由于解离的本质，他对他的痛苦和害怕经常只是保持最低的知觉。他活在体验到的真相里。这样，分析师越是追求诠释，病人就越是觉得分析师并不是真的想了解他。他觉得分析师不想了解的那个"他"，就是持有无法加工成记忆的创伤体验的解离的自体状态。所以分析师看似做对其实是错的，错就错在他面临的状况是需要他去发现藏在词语里的说话者。这是分析师的机会，通过原初创伤不可避免的行动化跟他的病人在一起，这样就为未加工的体验成为真实记忆提供了最好的机会。这种情形怎么才能发生呢？这个问题没有答案，因为每一对独特的病人—分析师组合发生的方式都不一样。但是至少可以对方法和原则做个说明。

创伤最根本的实质是，因为一个人没有做好应对准备，自我的完整性被动地被压垮，"是自己"（being oneself）的体验开始破碎并且去人格化。在这个意义上，通过催眠地把不相容的意识状态断开，只当成不连续的、认知上不相关的心理体验，解离保护了自体破碎，并重建了个体与理性。这是有用的，但是这样*创伤个体的基本问题就变成了他的自体疗愈*。当下及未来都主要是作为警示，保护这个人不再遭受发生过的创伤。想象的能力变异成用于确保不愿想起的原初创伤事件不会再突如其来地发生。由于随时准备应对灾难，这个人不知不觉地促成了灾难的发生，不管结果有多可怕，这个人都已经准备好了，他的自我严阵以待。为了对付原初创伤，解离了的意识状态被创造出来，它持有的是可怕的体验，但其实是扭曲的时间事件。恐惧是真实的，但是在心理上恐惧的是将会发生什么或者正在发生什么而不是已经发生的记忆。结果是，这个人通过体验记忆的持续行动化，创造出原始情境的仿真世界，这个世界是他通过持续的关系证实的现实，他就生活在其中。他无法得到片刻安宁。每个角落都有潜在的创伤；安宁只是暴风雨前的平静，如果他太久没有在现实中证实他的担心，他就需要找到一些事件作为证据，来证明他在一个创伤性的现实里保持警戒是有理由的。

解离了的状态持有的"真相"以体验记忆存在，对创伤起源没有准确的知觉记忆。这部分不会被触及，直到有新的知觉现实在病人和分析师之间创造出来，改变那个保持在解离状态的仿佛过去依然是当下危险的叙事结构。因此，病人和分析师之间的关系质量将决定在多大程度上,诠释的内容可以被听成诠释,而不是分析师在重复原初虐待或忽略时的一种言语伪装。也就是说,创伤体验只有先在一个能够再现人际间背景而又不会继续重复原来的结果的关系里行动出来,才能完成认知上的符号化。如果分析师在他的工作姿态中考虑到这个事实,就会更加协调于意识状态的变化——他自己的及他的病人的——那些预示着行动化正在发生因而需要改变方法的变化。

总而言之,我认为病人的两难处境在 Emerson(1851)的一首四行诗里得到了充分表达,这是在以他的方式向病人致意。可惜的是你没法读给你的病人听,因为他不仅会否认,还会把它当成又一个证据,证明你不想了解他的痛苦。这首诗的名字是"借"(Borrowing):

> 你疗愈了些许伤痛,
> 你幸免于最深的伤害,
> 然而你承受的痛苦折磨,
> 却来自从未发生的灾难。

自我暴露的使用与滥用

关于怎样用这个参考框架进行分析干预,可能涉及技术中的线性与非线性思考的差别的最大临床问题是:分析师的自我暴露。像分析师在面对病人时的任何选择一样,自我暴露的意义来自它所发生的关系背景,而不是它作为"技术"的效用。它在分析过程中的作用取决于它作为人类行为的真诚本质,尤其是分析师不能是在(意识与潜意识的)内在压力下想证明他的诚实或可靠,以此来抗衡病人的不信任。分析师的自我暴露必须是 Symington(1983)所说的"自由行为",分析师舒服地保留不暴露的权利,如果他选择了暴露,他有权要求保护自己的隐私,并设置自己的边界。如果不是"自由行为",它就不可能成为 Bruner 所说的"意义行为",即在人际间真诚的背景下,使个人叙事作为知觉事件得以重建的一种关系行为。

是不是主观上自由地作出的决定,直接影响到病人怎样进行自我暴露,对分析师也是如此。他的动机和情感状态都会暴露出来。也就是说,如果分析师的动机是他想让他的病人看到他的某个方面(比如诚实、包容、不施虐,或者作为分析师的"别具一格"),那么自我暴露就成为一种技术,跟所有基于"如果我做这个病人就会做那个"模式的干预技术一样,是一种线性工具。像任何被"包装"起来的人类品质一样,自我暴露也会失去它主要的关系因素(相互),成为 Greenberg(1981)所说的"规定"。如果没有达到目的,通常都是这个原因。它缺少能够使分析成长成为可能的真诚、自发,以及对未来不可预测的影响。

我的一位同事(Therese Ragen,私人沟通)曾评论说,我的观点隐含着真实与诚实之间的区别,我同意。真实是只有在人际背景下才具有的特征。如果你想把它变成技术,它就失去了相互性,成为一个叫做"诚实"的个人工具。任何想把人际背景下出现的治疗发现变成能够"应用"到其他病人身上的技术的努力,都被证明是所有分析理论流派在治疗方法上最常见的失败,也是每个鼻祖都有的盲点(包括弗洛伊德、Ferenczi、沙利文和 Kohut)。

比如说,Ferenczi 没能把"共同分析"发展成一种技术(Dupont,1988)不是因为他的做法是错的,而是因为它没能成为对的。我这么说的意思是,一个一直都在满足病人需求的分析师却没能真的满足他,不是因为满足是"错"的或本来就是有害的,而是因为它是一种不承认,并且因为这个原因而失败,就像一直挫败病人的需求一样。二者对病人来说都是证据,证明分析师不能或不愿真实地跟病人所呈现出来的不管是什么样的心理状态"在一起",努力去了解它,同时又不放弃他在这个过程中仍"是他自己"的权利。我相信这个评论比 Ferenczi 自己对他失败的总结更为准确,他以为(Dupont,1988)"共同分析只不过是那些没有经过充分地深度分析的分析师们使出的'最后一招','由一个陌生人进行的分析,没有任何责任义务,可能会更好'"(p. xxii)。Ferenczi 的"共同分析"概念来自他最初知觉到的某些病人对他的要求,特别是他那个有名的病人 Elizabeth Severn,大家熟悉的 RN。那时他跟病人工作的方法确实是共同的——这不是 Ferenczi 在技术上的创造,而是特定的病人和分析师组合共同创造的。从那以后,Ferenczi 把它变成了一种他称之为"共同分析"的技术,这么一来,像其他技术一样,它已经不再是共同创造了,我认为事实上它已经不再是共同的。无论结果好坏,它都是在按规定做,并因此而失败。

事实上,Ferenczi 发现这种"技术"的方式让我想起 Charles Lamb(1822)的一篇文章里的一个笑话,说的是在古代中国有个农夫,他的房子着火了并烧死了一头猪。在搬烧焦的猪时,农夫烫到了手,当他把手指放到嘴里降温时,那个新奇的味道让他特别兴奋，他叫邻居们也都来试试。随着这个笑话的蔓延，烤猪排就此被发现，在农夫去世之前，每一年的同一天，他都会把邻居们请到一起饱餐一顿，把猪放在新建的房子里烧掉。我想补充的是，或许这个笑话并不是在说烤猪排是怎么发明的，而是在说"技术"是怎么发现的。

我认为，Ferenczi跟Elizabeth Severn（也许后来还有几个别的病人）尝试"共同分析"并取得成功的原因，并不是因为病人都需要分析师进行触及灵魂的情绪开放，而是因为病人在跟Ferenczi工作时能够面质他对她的不真实。她接受了"共同分析"是因为她不能指望改变他的人格。具有讽刺意味的是，她要求的是她知道他能给她的，而不是她真正需要的。她要的是表明诚实，而不是共同努力，因为真实的东西她得不到。当然，按他自己的方式，Ferenczi最终以真实做出了回应，尽管讽刺的是，他并没领会她的真正用意——"我需要的是你就是你自己，同时又能承认我的感受，既然你无法两者都做到，那就看看我把你逼到墙角你会怎么做"。他能在那个时候有勇气进行自我暴露，主要是因为他需要控制他和他的病人之间发生的事，因为这么做"管用"了，他就没机会体验并承认他的病人对他说的话和说话的同时对他做的事之间复杂的相互作用。Ferenczi没有注意到作为关系构造的一部分，当她说到"共同分析"是她能够*在*他面前"保护她自己"的唯一方式时，她对他的那种控制和侵入的方式。但是，他能够在那一瞬间在他自己身上体验到，当她指责他有所保留时他对她的那种感受。他能感受到她对他的说法非常准确——他对他在临床日记里称为她的"痛苦恐怖"（terrorism of suffering）（Dupont，1988，p. 211）的反应——他转向她坚持认为是唯一能够确认她的感受并且能让她信任他的方式：做出跟她一样的自我暴露。这么做"管用"了。*因为它起了作用*，他开始相信在治疗关系中促进成长的就是这种技术。按我的说法，他混淆了真实和自我暴露，一直在烧房子烤猪排。但是跟笑话里的农夫不同的是，他甚至都没再得到过猪排。他后来的病人在回应他时都像是他在做的是对他们不利的事，对此我不得不同意；他无意中没有任何治疗意义地二次创伤了他们。如果他能够坚持他认为的创伤对人格发展的重要性，事情本来可以有更好的结果。不能只注意说了什么；要看到在那个时刻跟你发生联结的那个解离了的说话者，自体的那个"活下去，藏起来，坚持不懈地努力被感受到的"部分（Ferenczi，1930b，p. 122）。

说了这么多，我必须承认，当病人晃着躺椅坚持认为他好起来所需要的东西被你剥夺了，Dupont（1993）所说的"只有要求承认的需求才应该得到满足"（p. 154）并没有多少参考意义。在这时候，分析师经常会不知所措，根本不确定他在想什么。没有外部指导，陪伴你的只有你的怀疑时是很孤独的。我只能说，尽管我确实相信，满足经常被病人体验为共情抛弃，因为它只是代替了更加痛苦的寻求承认的努力，在我的体验里还是有这样的病人，来自分析师的直接满足是他们能够信任分析师对他们的关心的唯一方式，至少在一段时间内。

在这样的时刻面对这样的人，有时我会做出一些让步，我们双方对此都不满意，但还是能把工作往前推进。这么多年以来我开始相信，也许正是我的灵活性所具有的*局限性*——事实上我确实无形中在沙地上画了一条线——才起到了最大的作用，因为它源于关系中的真实。如果我最终还是去除了这条线，*它发生的那个过程至少跟包容本身一样重要*。它承载了这样的事实：我所做的不是一项技术，而是一种我愿意做出的个人努力，只要这么做没有突破我建立的个人边界，因而是真实的关系协商的一部分。所以总而言之，或许可以说我在技术上的立场跟 Kaiser(1965)的观察很一致，"只要你觉得想做一件事或不想做一件事的目的是（向病人）表明你的关心，你都可以确定你的关心太少了"(p. 170)。

很多不同的分析概念都以其各自的比喻提到过，分析交流的美学是两个心理以一种不可预测的方式妙不可言地相遇，从此，一些"似曾相识"的东西被建构起来。Michael Balint(1968)的"新的开始"，温尼科特(1967)的"潜在空间"，沙利文(1953)的"体验的衍生(parataxic)模式"等都是很有影响力的例子。我相信，按照这样的逻辑对主体间场的概念化最适合放在心理结构的非线性及自体状态的不连续性背景下进行。只有在解离状态持有的另一个现实（或真相）没有在经过权衡后被否认时，病人才有可能吸收并认真思考分析师对他的知觉。病人不需要"被同意"，也不需要分析师进行英雄般的自我暴露。他需要的是不同的自体状态持有的多个现实能够找到机会连接起来。最能够促成这个过程发生的，是分析师承认他对病人的感受并不是他的个人资产，他自己的感受和他的病人的感受都是当下的分析关系的一部分，这时病人内在的多个现实才能通过语言的认知符号化相互连接起来。

Peterson(1993)，我前面引用过他的话，曾经谈到过治疗中的认知领悟发生的"变化点"或时刻。我认为，当行动化可以正常展开，由分析师当作病人的一部分持有的病人的解离体验在他们之间得到充分加工，病人能够开始慢慢吸收到他自己的自体体验里，这些变化点就会发生。这之所以是一个变化点，是因为病人把体验当作冲突状态所进行的加工是在内部发生的，而不是在主体间。也就是说，语言的使用，并没有替代体验，而是创造出新的自体叙事。通过使用思维并解决内心冲突，它把一种开始于知觉和人际间的对现实新的体验,推进到最成熟的心理加工水平上。最简单的说法是,通过先在单一关系场里充分接纳他的知觉领域,"解冻"病人意识状态的僵化和死板,使他能够接纳所有的自体叙事。总而言之,或许 Socrates 不会介意,如果这一章的标题改成"说话!这样我才能看见我们彼此"。

17　心灵的解离
自体多样性与精神分析关系[①]（1996）

　　某种程度上或许是由于弗洛伊德对考古学的着迷，临床精神分析一直青睐两个人一起"求索"的画面——到未知的目的地去挖掘被埋藏的过去的一段旅程。尽管我很喜欢这个画面，但是在我作为执业治疗师日复一日的工作中，我发现我自己的现实更多地受到 Gertrude Stein 而不是 Indiana Jones 的影响。Stein(1937, p. 298)对生命本质和目标的看法是，当你最终到达那里时，"那里并没有那里"。我的病人也经常得出同样的评论。对"自体变化"的直接体验仿佛融合在特定时刻的"你是谁"里，并没有经历开始、中间和结束这样的线性体验。但是线性时间确实也有在场——像是背景里闹钟的滴答声，不刻意努力你根本无法长久地忽略它——这个矛盾使精神分析关系像是两个人都努力把一只脚放在当下，另一只脚放在过去、现在和未来的线性现实里。这样的描述听起来像是完全不可能的过程。如果真是"每个人都知道每一天都没有未来"(Stein，1937，p. 271)，那么治疗的动机是由什么维持的？我们怎么能够指望病人留在跟另外一个人的关系里，如果他清楚地知道这么做是为了摧毁现有的自体形象以换取一个在得到之前甚至都无法想象会是什么样子的"更好的"形象？在我看来答案触及人性的根本——人格拥有非凡的能力同时协商持续和改变，而且在适当的关系条件下就会这么做（见第12、16章）。我相信这是我们赖以进行临床精神分析或任何形式的精神动力取向心理治疗的基础。像我在第12章里提出的那样，我们怎么理解这个非凡的心理能力，我们觉得什么是最优的治疗环境，是决定精神分析理论与实践的

[①] 这篇论文以前的版本曾经分别提交给马萨诸塞省剑桥的 Massachusetts Institute of Psychoanalysis 于 1995 年 10 月召开的"第五届年度研讨会"；[与 Dr. Edward Corrigan 一起]提交给由纽约的 Institute for Contemporary Psychotherapy 于 1996 年 3 月召开的"第二十五周年庆"；于 1996 年 4 月[与 Dr. Adrienne Harris 一起]提交给纽约的 William Alanson White Psychoanalytic Institute。当前版本最初发表在 *Contemporary Psychoanalysis*，1996，32：509-535。

根本问题。在这里我想讨论的就是从这个思路对"精神分析"这种人际关系所做的体验与思考。

比如说：有个病人正处于她形容为"热情似火"的性爱当中，她和她的恋人"沉迷"于对方。她来做分析是因为"性别困惑"，对她关于恋人的阴茎进进出出的视觉体验，她觉得那有可能是他的也有可能是她的。她分不清"那是谁的阴茎，谁在干谁"，"其实无所谓"。分析师怎样倾听并处理在那个时刻"现实检验的丧失"？

另一位病人报告她在床上看书，低头时看到书是湿的，这才意识到她哭过。分析师要怎样概念化这个事实，她在哭的时候并不知道她在哭？他会认为这件平常小事对分析来说很有意思吗？

分析师让一位有进食障碍的女病人描述前一天晚上的大吃大喝。她做不到。她一直用不带感情的声音说，她不记得她吃过什么，怎么吃的，吃的时候她想到了或感受到了什么。阻抗？

一位转介来的新病人，可能是突发解离身份障碍（以前称作多重人格障碍），在某次分析中进入恍惚状态，表现得像是受了惊吓的孩子，然后就不记得发生了什么。分析师怎样理解这个"恍惚"现象以及病人报告的对分析师眼前刚刚发生过的事件的失忆？就这些事件分析师要以什么姿态进行回应？

下面说说分析师。现在是上午7点45分。我手里拿着热咖啡，站在窗前看着楼下的街道，等待第一位病人的到来，门铃一响我就会坐到椅子上去——那是我的安全港，我的"窝"。但是我的目光却不由自主地被牵着走，就像每天早上一样。他在那！几个月来一直都是——在我去的那家希腊早餐店的门口，他蹲在那儿，拿着一个空的装了几枚硬币的咖啡杯，其中有一些是我放的。我们怎么会用同样的咖啡杯？我盯着那个希腊陶罐上已经快看不出来的蓝白相间的图案，以及用仿古字母写成的"私人"问候："很高兴为您服务。"我有些生气地想，"消失！买咖啡的时候碰到你已经够倒霉的了——喝咖啡的时候也得看到你吗？我现在需要放松！我得做好准备帮助别人！"

我听到一个声音说："你就不能不往窗外看吗？"

另一个声音气哼哼地回答："这是我的窗户！"

第一个声音又来了："那你为什么不能每天都给他点钱而不是偶尔才给呢？可能那样你每次上楼之后再看到他就不会那么生气了。"

"但是我那么做他就会每天都等着我，"第二个声音辩解着，"他会告诉他的朋友们，他们都会等在那。我就得给每个人钱。"

"那又怎样!"第一个声音问道。

"他们贪得无厌,"第二个声音抱怨着,"每个角落都有他们在。"

"你遇到过贪得无厌的人吗?"第一个声音问。

"那倒没有。"第二个声音有些气短地说。

"我也觉得没有,"第一个声音说,"你觉得你的病人是贪得无厌的吗?你担心把魔鬼从瓶子里放出去就再也收不回来然后你就被奴役了吗?"

正是这样!我"醒过来",见到我自己还站在窗前,看着对面街边的那个人。"我对我的病人也有同样的看法但是我否认吗?"我问自己。"很高兴为您服务,但是请待在瓶子里?很高兴在 50 分钟里为您服务而不必真的了解您?哦,天哪,这一天怎么是这样开始的。啊,救命的门铃总算响了!"

精神分析与去中心化的自体

20 世纪最有创造力和想象力的科幻小说作者之一 Theodore Sturgeon 在 1953 年写的一本名为 *More Than Human* 的书里写道:"多样性是我们的第一个特征;统一性是第二个。就像你的肢体知道它们是你的一部分,你也必须知道我们都是人类的一部分"(p. 232)。我觉得这么做会很有意思:心里想着 Sturgeon 的话,然后试着从另外一个背景听听同样的内容,与 Sturgeon 没有任何明显共性的某个人表达的并非不一样的观点——这是一位经典的精神分析师,她的敏感比远见更实用,她的"专业自体"体现了对现实本质传统的实证主义方法,至少在她的大多数文章里是这样。Janine Lampl-de Groot(1981)在一篇发表在 *Psychoanalytic Quarterly* 的论文里报告,她被支持自体多样性的临床证据所说服,提出了一个在当时了不起的假设,即作为心理功能的一个基本现象,多重人格现象在所有人身上都有表现。不管是否同意她所用的术语,我认为都可以说,越来越多的当代分析师都有过跟她一样的临床观察——哪怕在功能最健全的人群里,正常的人格结构也是由解离、压抑和心理冲突决定的。

跟这个理论发展类似的,是精神分析对人类心理以及潜意识心理过程实质的理解也发生了显著变化——离开意识/前意识/潜意识这样的区分,开始把自体看成去中心的,把心理看成变化的、非线性的、不连续的意识状态,与健康的自体统一体的幻想持续进行辩证。比如说 Sherry Turkle(1978)认为,拉康对去中心的自体的关注是他最突出的贡献,并写道,"几代人一直在争论弗洛伊德的理论中最具革命性的是什么,争议常常围绕弗洛伊德对性的看法。但是拉康的工作突出了弗洛伊德的工作在今天仍具革命性的部分。个体是'去中心'的,没有自治的自体"(p. xxxii)。

多年来,以不同形式提出这个观点的不同的精神分析声音已经得到认可和关注,但是尽管这些声音来自各领域有影响的人物,由于他们总是跟有严重人格异常的病人工作,因此被认为某种程度上处于精神分析的"主流"之外。可以说第一个声音其实是前—分析的——由 Josef Breuer (Beruer 和 Freud,1893 - 1895)发出,他主张创伤性歇斯底里是基于能够制造失忆的意识的催眠状态的存在。但是在出版了 *Studies on Hysteria* 以后,弗洛伊德在多数时候公开鄙视解离、催眠现象或意识状态理论可能起到的作用(第 15 章;也见 Loewenstein 和 Ross,1992),把分析理论的未来主要寄托在 Ferenczi 身上(1930a,1931,1933)。

在接下来的几代,火炬传递到领军人物手上,比如 Sullivan(1940,1953)、Fairbairn(1944,1952)、Winnicott(1945,1949,1960a,1971d)、Laing(1960)、Balint(1968)和 Searles(1977),他们以各自的比喻给"自体多样性"现象赋予了核心地位。事实上,沙利文在一篇发行并不广泛的评论中曾经写过(Sullivan,1950b, p. 221),"据我所知,一个人有多少人际关系就有多少人格"。

我认为温尼科特对这个领域的贡献尤为深远。他不仅把解离本身概念化成精神分析现象,在他的写作当中还直接将其纳入到精神分析情境中(Winnicott,1949,1971d),而我认为,导致病态使用解离状态的我们定义的心理"创伤"就是他所说的"侵入"(impingement)的实质。尽管他没有从意识的解离状态角度来详细阐述,但是最有意义的也许是他看到了真假自体(Winnicott,1960a),强调了心理成长中的*非线性*因素。有理由认为,温尼科特在精神分析理论上的"非线性跳跃"作为一个重要因素,鼓励后经典分析思想家们从去中心化的自体以及成长是辩证而非单向过程的角度重新审视潜意识心理模型。

在这个背景下,Sorenson(1994)最近做的一项研究讨论了正在得到迅速修正的以前对人类心理功能本质的一些理所当然的设想——预设一个线性的、分级的、单向的成长模型,其中,整合的必要性或持续性优先于非整合。以 Thomas Ogden 对 Melanie Klein 的发展理论的重新解读为例,Sorenson 说了以下的话:

Ogden(1989)认为,Melanie Klein 从偏执—分裂心位到抑郁心位的心理发展理论过于线性和有序。Klein 的阶段在发展上是历时的(diachronic),他提出了体验的共时（synchronic）维度，其中所有的部分持续发挥重要作用，同时既否定又保护彼此的背景。例如，抑郁心位不加抑制的整合、包容与坚定，导致停滞、僵化和无生气；偏执—分裂心位的彻底分裂和破碎同样导致自体体验的不连续和心理混乱。偏执—分裂心位提供了过于僵化的整合所需要的松动……我相信，我们褒整合贬非整合是犯了错，Ogden 就不愿意这么对待抑郁心位和偏执—分裂心位。（p. 342）

为非线性心理状态的重要意义发声的另外一个人是 Betty Joseph。Spillius and Feldman(1989)写道，Joseph 强调"如果希望推动长期的心理变化，分析师对咨询中的改变是积极的还是消极的不进行价值判断就变得很重要……我们不应该把变化当作一个需要实现的状态；它是一个过程，不是一个状态，*是咨询中'无时不在的瞬间转变'的持续与发展*"。（p. 5，斜体加注）

正常的自体多样性

一个人真实而自知地活着的能力依赖自体状态的分离与统一之间的持续辩证，每个状态都处于最佳功能，毫无阻碍地相互交流与协商。如果在发展上一切顺利，这个人只会隐约地或瞬间地察觉到自体状态及其现实的存在，因为每个状态都作为紧密的个人身份——作为"我"的认知与体验状态——的健康幻觉的一部分行使功能。每个自体状态都是一个功能良好的整体的一部分，其中贯穿着与现实、价值、情感和他人观点的内部协商过程。尽管自体的不同部分之间有碰撞甚至是敌意，很少有哪个自体状态完全在"我"的感受之外行使功能——也就是说，自体的其他部分都不参与。跟压抑一样，解离是人类心理的一个健康的适应性的功能。在需要全神贯注于单一现实、单一强烈情感，暂停自体反思能力时①，解离是某个特定自体状态能够最优地（不仅是防御地）行使功能的基本过程。就像 Walter Young(1988)概括的那样，"在正常情况下，解离通过屏蔽过度的不相关刺激增强了自我整合功能……在病态情况下……正常的解离功能被用于防御"(pp. 35 - 36)。

---

① 类似例子有：报告不知道是谁的阴茎以及"其实无所谓"的病人；没有注意到泪水把书打湿的女人；站在窗前等待第一位病人时陷入沉思的我。

也就是说，解离是个体保持个人连续性、紧密而整合的自体感的主要手段。但是怎么会这样呢？自体体验分成彼此不连接的部分是怎么用于自体整合的呢？我在第12章提出，最有说服力的答案是，自体体验起源于彼此未连接的自体状态，每个状态自身都是紧密的，作为统一体的自体体验（参见 Hermans，Kempen，van Loon，1992，pp. 29‑30；Mitchell，1991，pp. 127‑139）是后来才获得的、发展上具有适应性的幻觉。被不可避免的、突如其来的打断所创伤性地威胁时，这个统一体的幻觉就成了累赘，被它无法作为认知冲突进行符号化加工和应对的输入压垮，陷入危险之中。统一体的幻觉如果过于危险而无法保持，就会简单地诉诸解离，先发制人地对可能的再次创伤进行防御。就像我的某个病人"醒来"后所说的那样，"我总能在马路上捡到钱，大家都说我运气好。我才发现不是我运气好。我只是从没抬过头"。

Slavin 和 Kriegman（1992）从生物进化和人类心理适应的角度对这个问题进行了探讨，他们写道：

> 在一个整合的身份结构中存在着多个版本的自体……其内部紧密或统一或许还不到自体心理学中的"自体"（self）、Blos 的自我心理模型中的"合并人格"（consolidated character）或者 Erikson 框架下的"身份认同"（identity）等概念所隐含的那种程度……个体"身份"或紧密"自体"等理念是对自体体验中的完整、连续和紧密等关键体验极有价值的比喻。但是经常发生的是，当我们透视整合良好的个体的心理时，我们实际上看到的是"多重自体"或者自体的不同版本以某种形式或模式共同存在，共同产生了个体感，主格的"我"或宾格的"我"……尽管我们内省性地或在临床上观察到的共存的"多重版本自体"有可能代表了不同互动图式的固化，这个多样性也可能提示自体整合过程中存在着内在的功能上的局限性……我们临时性地对自体进行结构化——围绕各种自体/他人图式的不稳定联盟——的代价是始终会有失整合、破碎或身份弥散的风险。于是保持自体紧密……就应该是心理持续进行的最重要的活动之一……（但是）……对这样一个"至高无上的自体"的追求……*并非源于因创伤或环境没能提供充分的镜映（自体客体）功能而引发的破碎。相反，这种内在追求源于自体系统本身的设计。*（pp. 204‑205，斜体加注）

它的含义对于精神分析怎样理解"自体"以及怎样促进治疗成长意义深远。我在

第12章评论过，健康是站在多个现实之间的空间里而不失去任何一个的能力——是同时有很多自体时感觉像是一个自体的能力。"站在空间里"是一种便捷的说法，描述的是一个人在任何时候都能为在那个时候还不能被他体验为"我"的自体所接纳的主观现实腾出空间的能力。它把创造性想象与幻想和固化区分开，也把嬉戏（playfulness）和搞笑区分开。有些人比其他人更能"站在空间里"。比如，Vladimir Nabokov(1920)在他24岁时写道，"我曾支离破碎。今天我是一个整体；明天我将再次支离破碎……*但我知道那都是同一个和声中的音符*"(p.77，斜体加注)。

有些人根本无法"站在空间里"，在这些人那里我们看到的心理模型更多地由解离而不是由压抑组织起来。高度解离的人格组织的主要性质是致力于防御，保持由自体状态的分离（他们的不连续性）提供的保护，降低其同时进入意识的可能性，使每个转换到意识中的"真相"都能自顾自地不受干扰，创造出我的一位病人描述为"一门心思"的人格结构。

时间与永恒

当病态解离运作时，不管是在人格的核心部分，还是在功能良好个体的某个隔离的问题严重的部分，治疗中任何时点上的分析工作都包括促进从解离到冲突的过渡，使真正的压抑成为可能，从而对压抑的内容进行反思探索和诠释重构，体验真正的过去。此时尤为重要的问题是病人对时间变化的体验以及分析师怎样看待永恒现象。Bollas(1989)和Ogden(1989)都认为意识的历史感是必须具备的心理能力。Ogden写道，"绝对不能假定病人在分析开始时就是有历史的（即，史实感）。也就是说，我们不能想当然地认为病人已经具有这样的自体连续感，即他的过去跟他在当前的体验是有联结的"(p.191)。在此之前，我们所说的对诠释的"阻抗"往往只是证明解离的声音把分析师的话体验成不确认它的存在。

我想用一个临床时刻来说明我是什么意思。它来自我跟一位男病人的工作，对他来说，错过咨询和"补上"咨询这类常见问题比我预期得复杂，而且出人意料地暴露了他的自体与连续的过去、现在和未来之间的脆弱连接。由于他的人格处于解离结构，当客体在物理上缺席时，他无法为其保留心理表征，维持连续性。仿佛客体（不管是某个人还是某个地方）和体验客体的自体都"死了"，只留下一片空白。像很多其他这样的人一样，他的解决办法是把日常生活中的事件具体化，机械地记下来，希望通过认知连接获得一些关于自体连续性的体验,让生活"过得去"。他对生活的"放任"态度的一个例外是,对错过的咨询他一定要"补上"。因为我要求他为取消且没有重新预约的咨询付费,我相信他执意坚持不管什么时候每次咨询都得补上跟权力和钱有关,我坚信这是对的,因为我们对此进行的讨论几乎总感觉像是露骨的权力斗争。

我还能想起那一刻,当时显然有些深层的东西呼之欲出。我们正在讨论这个问题,还是在往常的对抗框架下,我莫名其妙地感觉到对他的温暖与柔情,甚至想搂他的肩膀。我自己情感状态的这个变化让我开始注意他的音调,直到那时我才听出来,然后我就问了他。我说那一刻他的声音听起来让我觉得他的一部分在伤心或害怕,但又说不出来,我不知道他是否有所察觉。这时他开始用一种我从没听到过的声音说话——犹豫但明显忧伤,还隐约有些绝望。他有些羞耻地坦白——他不是想让我重新安排他取消的咨询,而是想让我重新安排*所有的*咨询,包括我自己取消的咨询,也包括法定节假日。

跟他探索这件事并不容易,因为我一旦直接接触他那个带着绝望和渴望的自体状态,他就会马上逃走,变得更加解离,根本察觉不到他的"不切实际"的愿望没有考虑任何个人感受。我告诉他是我对他的什么感受让我听到他的那个我一直忽略的部分。他的眼睛睁得大大地,渐渐开始更自由地表达,但是现在的他更像一个吓坏了的孩子。"如果我错过了一次咨询……"他迟疑地说,"如果我没有在做咨询……我就不知道咨询中发生了什么……如果你不补上……我就永远都不知道。我就再也得不到了。"

像你我知道的那样,时间不会为我的病人在这个意识状态存在,如果我没有察觉到我自己的意识状态在回应他时发生了变化,这个消失在时间里的未经符号化的自体就不一定找得回来了。Reis(1995)的想法更加激进,他甚至认为,"时间体验的中断才是造成主观解离困扰的关键"(p. 219)。

人际间过程的解离

作为治疗关系中的动力因素,解离过程在病人和分析师身上都会发生,传统上只有在治疗极端的心理异常或者严重的解离障碍时才会进行这样的观察。但是我认为,这个说法放在人类行为的普遍现象上也是对的,而且不管是什么理论取向,在进行分析工作时跟任何治疗师与任何病人都相关。

伦敦的安娜·弗洛伊德中心出产过一系列有见地的文章,关于心理状态的发展状况如何决定分析"技术"。Peter Fonagy 和他的同事(Fonagy,1991;Fonagy 和 Moran,1991;Fonagy 和 Target,1995a)提出了一个冲突和解离的关系视角,把这两个现象放在一个结合了发展与认知研究、客体关系和后经典人际敏感的临床模型中。"我们的立场是,"Fonagy 写道(Fonagy 和 Moran,1991,p. 16),"发展越是不平衡,单纯依赖诠释冲突的技术越是不起作用,越需要设计出旨在支持和加强孩子忍受冲突能力的分析干预策略。"类似的,甚至更直指要点的是(Fonagy 和 Target,1995a,pp. 498-499,斜体加注),"诠释也许有帮助,但是他们的作用不再局限于解除压抑和指出歪曲的知觉和信念……*他们的目标是重新激活病人对自己和他的客体的心理状态的关心*"。

病态解离是对反思能力的防御性损伤,使心理脱离自体——温尼科特(1949)所说的"身心"。在分析关系中,这样的病人(致力于以自体反思为代价保存自体连续性的个体)需要的是"认可"而不是"理解"(见第 10 章),但是如果分析师要帮助一个在当下基本没有反思能力的人,他必须接受,他的"认可行为"不管是在发展理论上还是在治疗实践中,都是一个两人过程——双方共同管理的"双行道"(Beebe 和 Lachmann,1992;Beebe,Jaffe 和 Lachmann,1992)。我们来看 Fonagy 和 Target(1995a)对此的看法:

> 我们相信,分析师通过积极参与病人的心理功能为病人提供发展上的帮助,以及病人开始积极参与分析师的心理状态这个互惠过程,有可能建立起反思能力,并逐渐让病人自己这么做……*关键是通过澄清病人对分析师心理状态的知觉,建立起病人的身份感*……这样就能渐渐地提供一个第三方视角,在病人和分析师之间打开一个思维空间。(pp. 498-499,斜体加注)

病人和分析师*之间*以及关于病人和分析师的思维空间——这个空间在关系上是唯一的,对个体也是唯一的;不属于任何一个人,而是属于双方以及双方中的各方;一个半梦半醒的空间,在这里"不可能"变得可能;不相容的各自有其"真相"的自体能够"梦到"对方的现实而不失去它自己的完整。它是一个主体间的空间,像入睡之前意识的"昏迷"状态一样,允许醒着和做梦同时存在。在病人和分析师建构的人际间场里,为实现治疗中的成长打开这样一个空间,使"希望和恐惧"(Mitchell,1993)这对势不两立的敌人,由于各自找到了声音而有可能建立对话。这个现象怎么才能发生呢?简单地说,我的答案是,通过积极参与"对方"心理状态的互惠过程,使病人当下对自体的知觉能够与之前解离的不相容的自体叙事体验一起分享意识。

在允许打开这样一个空间的不对称两人过程里,分析师的角色是什么呢?鉴于解离在人际间行使功能的方式,病人自体中未经符号化的部分同样会在分析师那里付诸行动,作为临床过程中单独而有效的沟通渠道——一个变化多端的渠道[①]。因此,分析师倾听姿态的一个维度是致力于他在当下的持续体验,同时他的注意力要放在其他地方。也就是说,在某个时刻,不管外显的言语内容看起来有多么"重要",分析师都应该努力同时协调于他对关系及其变化的主观体验。最理想的是,他应该设法体验到(1)他察觉到自体变化(不管是他自己的还是病人的)发生的那些时刻产生的作用;(2)关于是否跟他的病人一起还是由他自己来加工这个察觉,*他自己的自体反思的细节*——如果跟病人一起,什么时候怎样加工。他是不是不愿意"侵犯"他的病人?他是不是想要保护病人对安全的需要以及病人面对创伤时的无力感?对是否说话他是不是感到左右为难?他有没有觉得无法兼顾,必须在他自己的自体表达和病人的无力感之间作出选择?如果是,他能否找到办法来使用这个自由受限的体验?分享这一系列的想法以及产生这些想法的时刻在这种情形下会有用吗?我相信,在任何时点上,如果分析师能开放地探索他怎么选择将会产生的影响,而不是把他的选择看成要么"正确"要么"错误",那么这些问题本身就比答案更加重要。在我自己的工作中,我发现哪怕我选择不公开跟我的病人分享体验,我对主体间场中的变化的有意识察觉,由于改变了我对听到内容的加工模式,都会被我的病人承接并最终成为"可用的",因为我已经不是在变化发生之前的那个背景下听我的病人和我自己的对话。我是在体验因病人自体的另一部分的参与而决定的意义,由他的这部分自体跟我的自体的一部分共同行动出来,超越了以前由词语传递的意义。

分析情境是持续变化的由两个人的输入所建构的现实背景。Smith(1995,p. 69)曾评论,"只要房间里有两个观点各异的人,意外就会不断发生"。这就呼应了Theodor Reik(1936,p. 90)的说法,他声称"通往潜意识的康庄大道"就是体验意外,因为它允许分析师"有新的发现并创造出自己的技术"。

以我跟 Max 工作中的一个这样的意外时刻为例。Max 是一位 24 岁的男病人,第

[①] 就我最近对自体心理学的批判(第 11 章),Richard Geist(一位自体心理学者)和我进行了一次讨论,我想请读者参考 Peter Kramer(1990)对该讨论的评论。Kramer 认为我的分析状态体现了"对运动中的两个人的即时感知"(p.6),他写道,"人际间分析师是自由移动的——肯定是这样,因为他们无时无刻不在质疑任何观点的有效性"(p. 5)。

一代美籍犹太人,一个处于上升期的亲密家庭里唯一的孩子。因为他妈妈只会说依地语(Yiddish,犹太人使用的国际语),他跟她说依地语,但是只跟她说依地语,这成为他的人格发展中很重要的一个问题。当他到了青春期,开始在世界上找他的位置时,他渐渐放弃了跟他的"依地自体"(参见 Harris,1992;Foster,1996)的所有联结,这个自体建立在他妈妈的幻觉之上,她以为他有熟练掌握英语的天分,事实上他没有。他深爱的妈妈把他理想化成她为美国知识界所作的贡献,尽管他努力达到她的期望,也许正是*由于*他的努力,他经常让自己难堪,当众卖弄并不娴熟的语言能力,在最想光芒四射的场合弄巧成拙。简单地说,他经常自取其辱。他像是无法从这些经历中吸取教训,每次羞愧难当时总是不明所以。我对 Max 的看法是,他不能把他妈妈对他的期望顺应到接纳自己是个有优势也有局限的人,他不断再现出解离的自体表征,他就是她以为的样子,同时想方设法向他自己证明,他并不是她以为的样子,他只是一个"做自己的典型的美国孩子"。也就是说,因为他的"依地自体"在跟他妈妈以外的任何关系里都无法兼容,他无法协商出代表他所有自体的创造性参与的紧密的身份感。他从对生活的反思中解离出来,而只有这种反思才能让人感觉到对自己的掌控,并说出"这就是我"。他卡在只能说"这不是我"那里,只能与被他拒绝的通过拙劣表现发出声音的"依地自体"的"非我"体验在一起。

  Max 和我围绕他的感受下了很多功夫,我认为准确地说,是我毅然决然地帮他脱离他妈妈眼里的他。他坚持认为不是他中了他妈妈的魔法,他总是不懂装懂地用错词无非是他对字典不够熟悉,并非潜意识里忠诚于他跟妈妈的纽带。我在很长一段时间里一直以不同的方式给他我最"中意"的诠释,但他固执(却客气地)拒绝了,礼貌地抗议说,他为他自己做主,他也爱妈妈,这二者并不对立。当我再一次向他传递"真相"时,他不愠不火地跟我说,"我尊重你,我真的很想接受你对我的看法,但是我不能,我感觉自己卡在……卡在……Sylvia 和 chiropodist 之间了"。我大笑起来。在恢复平静擦掉眼泪之后,我抬头担心地看着他,以为他会因为我的反应而受伤、羞愧或愤怒。他一样也没有。Max 看起来真的很困惑。我解释了我为什么笑,告诉他本来应该是什么(Scylla 和 Charybdis)。他迟疑地问,"那是什么?"我给他讲了这个传说。我发现我没法漏掉任何细节。我还讲了 Jason 和 Argonauts, the Straits of Messina,魔鬼,巨石,旋涡,所有的事。讲完以后,他停了好一会儿,承认他"无比感激",因为用他的话说,"你刚刚把我这辈子该知道的事都告诉我了"。让我惊讶的不仅是他能跟我说俏皮话,还有他可以听得那么清楚。让我惊诧的(还有点儿难堪的)是我一直都没察觉到我的角色变化。但我完全没有准备的是,他突然认识到他的话不仅是在表达羞愧,同时也是在真实地表达他的感谢。他能够感觉到他真的学到了新东西,而且为此开心。通过分享体验,Max 和我各自发现,"暴露"在对方眼里这件事很复杂但是并不创伤。Max 听懂的不只是希腊神话;他还听懂了笑话。当我们可以一起说笑时,Max 的各种现实和我的各种现实开始协商。在那之前,语言对符号化他的解离自体体验不起作用,因为就像 Bruner(1990,p.70)所说的那样,"'暴露'于滔滔不绝的语言当中远不及边'做'边说重要"。

很显然,对这件事可以有很多种解读。我自己的想法是,对他的一部分而言,我是他爱的妈妈(让人失望的是,她的名字并不是 Sylvia),对她来说,他必须聪明、恭顺、没有瑕疵,完全符合她的期待。对他的另一部分而言,我是手足科医生(chiropodist)——努力把他从他痛苦的"蹩脚(handicap)"里解救出来。但是,当我决心要治好他的"鸡眼"(corns)(他知觉到的"真实"的他),在他出现口误而我一反常态地回应得很随性之前,他从未指望我们的关系能带来"更好"的现实。我们各自以那个时刻构成我们身份的多种自体状态始料未及地进行了亲密接触,并且感受到了对方的认可;像 Levenson(1983,p.157)提醒的那样,"参与—观察不应该是指派给治疗师的:它是一种共同努力。治疗师一时的自私行为比一辈子的善意参与更有助于提升病人的能力"。

对 Max 来说,这是一次转化体验,他开始更自由地在同一种关系里尝试不同的存在方式。他不再确信只有放弃通过跟他妈妈的关系建构起来的自体他才能更充分地成为"他自己"——那个不必因为没有无所不知而羞愧的聪明男生。

有趣的是,在这次咨询后不久,因为可以更安全地挑战我,他对抗父亲的俄狄浦斯动力开始浮现出来。这包括他变本加厉地质疑我在对他进行希腊神话的"启蒙"时除了治疗需要,是否还包括想要高人一等的私心。他甚至记起了一些细节,比如在他口误后我的大笑未免持续得太久,我大概是太想扮演教育者的角色了。就这样,随着他开始越来越能够守住单一的意识状态而不解离,包含对另一个人的情感的复杂的人际间事件不断发生,而这些事件以前会创伤性地相互碰撞进而跟他的自体定义不相容,使他无法进行自体反思也无法让这些事件成为可解决的内部冲突。Max 和我能够回头再看我们以为之前已经解决的历史问题,更有意义的是,在这个过程中我们回顾了彼此的关系,并一起审视了我们跟自己说已经处理了的事件,而那些事件代表了我们共谋要去忽略或安抚某个无声地渴望认可的声音。更重要的是,Max 摆脱了解离的联结模式的残余,它让一个羞愧难当的年轻人由于一心想着拒绝自体的解离部分而无法充分活出他自己。他能够接受自己的这个部分,这让我们一起完成的工作(包括重建工作)在感觉上变得真实,因为他能够更舒服地"站在空间里",现实之间的空间,过去、现在和未来之间的空间,而不失去其中的任何一个。

解离和"观察自我"

这就引出了"观察自我"这个问题。一个人的自体状态能在多大程度上同时进入察觉(也就是所谓的"观察自我"的相对在场),是分析师用于决定某个病人是否"可分析"的传统标准。我个人的观点是(见第 12 章),经典意义上被定义为可分析的病人与被认为是不适合做分析的病人之间的区别只是自体之间相互解离的程度问题。我所说的从解离到冲突的结构变化,在临床上是指病人开始有能力进行自体反思,自体的一部分观察并反思(往往带着厌恶)其他被解离的部分。这跟经典的冲突理论的区别在于,发展观察自我的目的不只是为了在治疗之后更能忍受内部冲突。总会有一些自体状态把体验用行动再现出来,因为这些体验在当下的某个时刻无法在认知上符号化成"我"。多数时候这在正常的健康的人类谈话中不会产生问题。只有当这些自体状态被体验成"非我",并且与确定自体和现实的其他模式不连续的时候,问题才会发生。我发现对大多数病人而言,尽管程度不同,观察自我本身作为有效的心理状态,其目的都是先要能够观察和反思那些它讨厌并想否认但又不能否认的自体的存在。知觉上的这个变化在有些病人那里意义重大,牵扯到重大的人格重组。对于严重解离障碍患者的治疗来说,这个变化堪称改弦易辙;从一般意义上说,我在每个分析的所有阶段都遇到过这样的变化。如果成功地协商出这样的变化,就有机会通过在移情/反移情场里拓宽病人对现实的知觉领域,在他的解离自体状态之间完成内部连接。在连接过程中,幻想、知觉、想法和语言各司其职,前提是病人不必被迫作出选择,即,哪个现实更"客观"(Winnicott,1951),哪个自体更"真实"(Winnicott,1960a,1971b)。

在这个背景下,我们来看看 Searles(1977)在一篇文章中呈现的临床片段,它生动地展示了常规分析过程中这个视角的创造性整合。Searles 写道:

> 如果病人偶尔在咨询开始的时候说"我不知道从哪儿开始",这可能没什么特别意义。比如说,这有可能只是因为他最近遇到了很多事。但是大概两年前我开始认识到,那些经常以这句话(或者一些类似的说法)开始的病人是在潜意识里

说,"在这次咨询中,不清楚我的多个'我'中的哪一个该开始报告它的想法、它的感受和它的自由联想"。也就是说,并不是说这个"我"有太多话题需要选择从哪里开始报告,而是说这个时候有太多的"我"在"它们"中间竞争哪一个应该开始说话……有位女病人,通过分析已经能够把很多之前被排除的部分身份整合到有意识的身份感当中,在一次咨询开始时,她以更强的自我力量感自信满满地幽了一默,"我们看看我的那几个身份中的哪一个今天会现形?"(pp. 443–444)

我最近一次想起 Searles 的这个例子是在某一次跟病人做完咨询之后。这次咨询开始时她少见地沉默了很久,然后平铺直叙,丝毫不带焦虑或防御地说,"今天我要跟你进行三种不同的对话"。"怎么不同?"我问,又是一阵沉默,这次她很明显是在反思。"好问题!"她说。"开始时我以为是*话题*不一样,但是你问我这个问题时我认识到,我不想回答是因为真的同时有三种不同的情绪,我不知道该用哪种情绪回答你。"没有比这个时刻更好的证据了,证明原则上解离并不是一种自体保护方式(尽管面对创伤时它有这样的作用)。在这里可以把它看成产生创造力、游戏、幻觉和利用潜在空间推动自体成长的一种内在方式。这次咨询后不久,在跟她父亲的又一次令人不快的电话交谈之后,她看着镜子中的自己,边怨恨她父亲边看她的脸——扮出各种面部表情(参见 Winnicott,1971c),不断变换着,享受着恨的感觉,但是像她说的那样,"一直都觉得那还是'我'"。

心灵的解离

行动化开始时,随着病人自体状态的改变,分析师会不可避免地转变他的自体状态,但是这个现象总是一条双行道。行动化也很容易从分析师开始。解离是一个催眠过程,既然分析师和病人正在分享的事件是同样属于他们双方的——决定各方当下的现实和各方怎样体验他自己和对方的人际间场——*任何一方*突然从场中撤出都会打断对方的心理状态(见第 13 章)。这样,当行动化开始时(不管由谁先开始),由于没有哪个分析师能立刻协调于当下的现实转变,他将不可避免地成为这个解离过程的一部分,至少在一段时间内。他经常也处于跟他的病人性质类似的催眠状态,变得固着在咨询的言语内容上;词语开始显得"不真实",往往这时候"分析师会醒过来",认识到"发生"了什么事。他已经催眠地从参与行动化的他自己的那个部分解离出来,但是再进去时,他不会再"睡着"了,而病人尽管还在说话却已经在当下他们之间的体验面前

"睡着"了。持有另一个现实的病人的某个解离自体状态——与讨论中的这个激烈对抗的——将开始赢得声音。

分析师的解离不是"错";它是正常人际交流过程中固有的一部分,除非成为反移情中的一个真正的问题,不管解离的声音怎样反复呼吁关注,他都无法"醒来"。有人甚至会延伸温尼科特的"客体使用"概念(Winnicott,1969),提出分析师在病人那里应该始终是"聋子",任何诠释都是"错",至少对病人自体的某些解离部分来说,这样才能让病人"重新创造"分析师,作为构成病人成长关键的自体重新创造过程的一部分。也就是说,让病人自体中未经符号化的部分有机会反对分析师的"错"(见第10章),让这些声音有机会通过行动化让分析师在关系中了解它们。

女病人Kate刚度假回来,她惊奇地发现,度假时她可以为所欲为而在我这里她不能,因为在纽约她做什么都得告诉我,她担心我的感受。她说她不知道为什么会这样,因为她知道我喜欢她,她怀疑这本身其实就是原因——她不敢让自己充分体验我对她的喜欢,因为那样她就会想要得到更多。她把这种可能性对比她在度假时对巧克力不再过敏,每餐的甜点她都吃巧克力,既不内疚也没长痘。"所以,"Kate说,"真相可能是你对我来说就像巧克力。不管你说我什么,我只要接受了都会长痘,因为当我开始认识到我有多依恋你,痘痘提醒我不能过于信任你——要小心对你坦白多少。如果我不是你期待的那样,你可能突然就会伤害我。"

我真诚地回复:"而现在你对我足够信任,至少让我知道了你不只是我看到的样子。"

Kate反驳,"你在说是你的努力*让*我更加信任你。但是我不知道我现在的感觉是信任还是'我不在乎你怎么想'。现在我真的不相信你刚才怎么会那么说。如果我信任你而不是信任我自己,我会长痘,*我就说这么痘*。"

读者可能会抗议:"得了吧,你怎么能确定她是那么说的?毕竟,'我就说这么多'和'我就说这么痘'听起来差不多。"读者或许是对的,特别是考虑到我喜欢潜意识文字游戏。我都怀疑我听到的次数未免太多了,我觉得完全有可能其中的某一次,比如说这一次,我听到的只是我想听到的。事实上我并不确定。我确定的是当我笑起来,她马上就明白了我在笑什么,尽管她显然不是有意识地想说双关语,但她很愿意进入这样的游戏心态。我觉得我更能站得住脚(这不是我习惯的位置)如果我安于这样的可能性,我的耳朵确实捕捉到了她进入潜在空间的意愿(Winnicott,1967,1971b)——对我们关系中以前已经固化的由分离的不连续意识状态持有的那部分进行游戏。她准确地知觉到我希望她信任我,我也承认。我还承认她准确地知觉到我喜欢她,我担心在我承认以后她会更加难以自由地做她自己。她告诉我是我多虑了(我确实是)。她说她很高兴我那么说,但是在那个时候她真的不需要确认,因为她的确觉得可以在我面前以从没有过的方式自由地做她自己,我的输入并没有让她觉得为了保护她自己她只能"开溜"。

这个案例的重点在于我并不知道每时每刻会发生什么;我跟她一样都在潜在空间里,我想说的是如果我不这样,这个概念就没有意义。我必须找到自己的立足点而不是依附于我的主观"真相",而同时还能够做我自己——这个概念我在第10章比喻成分析师有能力在两个现实领域保持双重公民,持有可以进入病人多种自体状态的护照。

移情和"真实"关系

从这个参考框架来说,没有哪个移情能因为"技术"错误而被破坏或毒害。分析师在病人和他自己的真实体验指导下,在病人允许的程度上跟病人的每个自体或自体状态建立关系,在每个关系里,他都有机会创造性地使用他自己的意识状态。通常,病人某个特定的自体状态以前从未单独抽离出来,跟另一个人交流它独特的自体感、目标、历史以及个人"真相"而没有任何羞耻感。在我自己的工作中,这个体验有时会直指在那之前一直"阻抗"改变的某个症状或行为模式的源头,比如说,某个多年受进食障碍困扰的病人,有一天报告她终于发现她为什么暴食。她说:"我这么做是因为我觉得我的大脑想要转换到另一个意识,我想阻止它——所以我在那个时候吃喝一些冻的东西来刺激我自己。我要保持清醒,保持稳定,有时我担心自己做不到,就会吃一些油腻难消化的食物,比如意粉或面包圈。"

面质和共情之间的相互作用很有意思,从多个真实关系而不是"一个真实关系和一个移情关系"的视角工作时这两者尤其相关。病人的每个解离的自体状态各行其是,因为它只遵照单一的"真相"行事,但是另一方面,每个都有它自己存在的理由,不会为了符合分析师个人信念体系里关于"成长"的定义来重写现实。在这个意义下的分析关系是协调与面质之间的协商辩证,或者(以略微不同的参考框架来表达)是"共情与焦虑"之间(见第4章)。关于"我是谁"的个人叙事不可能直接发生改变;无法在认知上对其进行编辑或者以更好更具"适应性"的版本替代它。只有*知觉*现实的变化才能改变定义病人内部客体世界的认知现实,而且这个过程需要再现病人和治疗师之间的现实碰撞。分析师对他自己的困惑的抗争——能够在单一分析场内创造性地使用相对立的现实而不随意把他对澄清意义的需要强加给病人,在分析过程中发挥的作用跟共情或诠释一样重要。也就是说,病人想要发展出对他成长能力的信心,从解离进展到内部冲突,就必须跟分析师一起参与到我在第10章和第15章所说的分析关系的"混乱"部分。随着病人在分析师的帮助下,在同一背景下更加能够听到之前不相容的持有不同现实的其他自体状态的声音,对创伤性的情感泛滥的担心将会消退,相对立的现实自动彼此排斥的可能性也会降低。因为自体不同部分之间的对抗减少,某个自体状态利用其自身得到共情支持后的满足来加强它在人格中的"特权"感的危险也变小。翻译成传统的"病态自恋"心理学,不再需要诉诸解离而是更多体验和解决内部冲突时,病人用于保护"夸大自体"(见第7章)的投入就会降低。

Fonagy(1991)把符号化自己和别人的意识与潜意识心理状态的能力定义为"心智化"能力(p.641),并写道:

> 只有理解了客体在外部世界中的行为背后的心理过程,才能对客体有"整体"感。在心理状态产生之前,客体的心理表征将部分取决于特定情境……由于还不具备心理功能……(其结果是),这个早期阶段不可避免地由于投射使客体的心理表征发生歪曲……在能够有把握地赋予客体心理状态之前,投射不可能得到约束。(pp.641-642)

> 对于那些心智化能力严重受损的个体,能否处理移情中的这部分是分析治疗的前提……*如果不具备这个条件,病人将会把诠释当成攻击,把分析当成虐待侵入。*(p.652,斜体加注)

精神分析本质上是一个高度专业化的交流场,构成精神分析的"意义"时刻不断地随着对现实和时间的体验而发生变化。时间和意义的变化性质反映了病人和分析师自体状态的行动化,决定了病人的多个自体和分析师的多个自体之间的多种关系,在某些时刻只有其中的一部分得到了关注。随着分析师与病人自体中每个解离部分之间的对抗与被对抗,确认与被确认——投射和内射的循环——在他自己和病人的内在世界之间反复摆荡,病人用于维持他的心理解离结构的能量将被征调过来,激活扩展了的"我"体验。因为这个解离不明显的自体构造同时是适应性的、自体表达的,某些自体状态不必继续保持在对生活的参与之外,除非"待命"的监视者突然意外地因"非理性的"需求而制造混乱。

最后一点。Grotstein(1995)写道,投射性认同"把所有精神分析的明示或暗示内容都塞给了代表了另外一个自体的、投射的'另外自我'"(p.501)。他说"分析关系,像任何成对的关系一样,构成了一个自成一体的团体,同时也是两个个体之间的关系。因此,这一对也要接受团体规定的管理"(pp.489-490)。Grotstein所说的"另外自我"跟我所说的多个自体状态或者多重自体并没有什么不同。

我觉得Grotstein的观察既敏锐又有趣,我有时甚至想,以这样的方式体验分析过程跟进行夫妻治疗的某些因素很有意思地交叉了——很像是作为一个整体在治疗夫妻(有时是家庭)。比如,在夫妻治疗的早期阶段,治疗师根本不可能把夫妻作为一个单元发表意见,双方都会对此做出反应。治疗师不得不跟夫妻双方单独发展关系,同时应对夫妻单元的相关问题。如果这个复杂任务可以策略地完成,就有可能慢慢地把夫妻作为一个单元对话,哪怕每个成员对问题的看法不一样,因为创造了一个背景(个体与治疗师的关系),使每个"自体"的主观性可协商。每个现实能够开始跟其他分离的现实协商,以完成共同目标。

我发现审慎地使用面向多个自体这种方法,可以足够贴近多数病人的主观现实体验,以至于很少有病人质疑我怎么会"那样"看问题。它导致了更强的整体感受(不是失—整合),因为每个自体状态都变得清晰,其重要意义得以实现,这就逐渐缓解了病人之前持有的对他"到底"是谁和他怎样成为这样一个人的困惑。对分析师来说,不必辛苦地"找出"正在发生什么,过去发生了什么,事情"意味"着什么。他跟当下在场的自体进行对话,从那个自体中发现它自己的故事,而不是努力猜测。总之,它促使分析师更有能力帮助病人发展出面对生活的能力,包括Loewald(1972,p.409)所说的,过去、现在、未来成为相互作用的时间模式。

18　变化的同时保持不变

对临床判断的反思[①](1998)

怀着对 Jack Benny 和 Zero Mostel 的歉意,我想用一个故事开始这一章,这个故事可以叫做"在来开会的路上发生的一件关于我的论文题目的趣事"——它意外地成为我如何看待临床判断的一个例子。可靠的"临床判断"当然都是事后得出的:分析师在会上提交临床资料,认为他就是这么做的,主持者(不管多么不露痕迹)认为他但愿自己是这么做的。我最近在接到大会日程时(见 n.1)发现,那上面写的我将在临床判断这个专题提交的论文题目是"变化的同时保持*清醒*(Sane)",而不是我实际提交的题目。某人已经在进行临床判断了!在我的想象里,这个"某人"是认为这个矛盾难以理解的某个编辑。我能想象这个编辑看着我的题目"变化的同时保持不变(same)",自言自语地说,"Bromberg 应该不是这个意思。病人不可能在变化时保持不变。啊,我知道了。我敢说题目应该是'变化的同时保持*清醒*(Sane)',是他的秘书听错了"。

在我看来,这个故事中最有意思的部分(除了暴露了我向往有个秘书以外),是题目的这个变化确实抓住了我想法中的一个重要因素,但是它过度缩窄了我使用的参考框架,失去了更宽阔的背景。像我将要阐明的那样,对很多病人来说,"保持不变"相当于保持清醒。因此,作为富于想象力的编辑单方面的行为,他所做的改变既"对"又"错"。我很欣赏他的临床判断,但是就像分析中有阻抗的病人一样,我觉得他把诠释强加给我的头脑,而我的灵魂却因为这不是一场对话而痛苦。

在反思临床判断概念时,我认识到我的想法跟我 17 年前的一篇论文(第 6 章)中提到的问题极其类似,在那篇论文中,我写了"解离的使用",讨论了*选择*和*决定*两个

---

① 本章修正并扩展了之前的一篇论文,该论文提交给美国心理学会精神分析分会(Division of Psychoanalysis of the American Psychological Association)1996 年春季会议的"临床判断的关系部分"(Relational Aspects of Clinical Judgment)专题讨论会。最初的版本发表在 *Psychoanalytic Dialogues*,1998,8:225-236。

概念之间的区别。我描述了一位有严重自恋问题的病人（R小姐），她的生活来到紧要关头，面临婚期临近和梦寐以求但需要长期出差的职位这两个不可调和的选项。她跟男朋友感情很深，非常在意他，但是这个工作机会是她盼望已久的一次挑战。在分析中她深刻地认识到，尽管她知道她不能二者兼得，但是跟过去的类似情境不一样的是，在内心悲喜交加、得失参半的挣扎和冲突中，她仍然能够保持对这两件事的依恋和投入而不扔掉她自体的任何部分。她最终选择了工作，放弃了恋情，但是对她而言同样重大的问题是，她作了选择而不是决定，她感到伤心和丧失但是没有失去自尊或自体。她一贯的模式本来是在体验到不完全受她控制时解离自己的一部分。比如说，结束一段感情总是被体验成她的"决定"。*决定*这个词隐含着掌握；自负地控制"客观现实"，也自负地控制选项，保证挑选出"正确"的选项。*选择*这个词表达的是困难的挑选过程，有价值的东西只有失去其他有价值的东西才能得到。这需要有能力承认对形势的把握并不完美，冲突是人生中痛苦但可以承受的一部分。按照精神分析理论来说，这要求有能力体验并加工内在冲突。

如果在过去，面对这样的困难抉择时，R小姐总是疏离那个"错"的选项，"决定"另外一个"对"的选项，这样就通过解离保存了完美掌控的幻觉。她喜欢引用她最喜欢的流行歌曲里的一句歌词，"自由就是该失去的都已失去"。如果事先感觉到必须作出选择，那么后果不是悲伤或哀悼，而是自恋严重受损之后的自体丧失。

这个案例和临床判断这个题目之间的关系先是围绕着分析师的专业自恋，他们偏爱作出正确的决定，再向自己和同事证明他们的决定是对的。毕竟临床判断不才是分析师工作的基础吗？我们放下对与错，简化成作选择，每个选择都有得到和失去，那又怎样呢！我认为，并且将给出最近工作中的两个临床案例来证明，用后经典二人范式工作的分析师们都已经把临床判断的意义从决定变为选择，剩下的工作就是让这个转变在我们的治疗行为理论中得到明确。

就这个案例先看看病人的"可分析性"问题。传统上，这个临床判断是分析师（或某个第三方）作出的"决定"，其依据是评估病人是否拥有某些自我功能，作为病人获得"真正的"分析体验所必要的先决条件。但是后经典主义认为，病人的自我功能并不是分析的先决条件，也不是某个"客观"的他方单边"决定"病人是否适合分析的依据，相反，自我功能的意义只有在关系矩阵里才能赋予，只有在*那个特定分析师*把什么带入或者没有带入关系场的背景下，自我功能才具有决定可分析性的价值。很显然，这样我们就不仅重新定义了可分析性，还再次考虑了精神分析本身该如何重新定义。

也就是说,我的意见是,像可分析性一样,最好把临床判断看成是在关系中协商的结果,除了个别情形,分析师永远不能独自单方面"决定"临床判断的对与错。这些判断不是在分析师的头脑里单独形成的,而是在协调分析情境的人际间—主体间场里。病人会持续不断地发出信号,提示分析师所说的话是否正在得到有用且愉快而安全的认知加工。就此而言,诠释和移情退行(见第3章和第10章)都是共同建构的事件的一部分,只有当分析师忘记这些时他才变得"危险",用温尼科特(1963a,p. 189)的话说——知道得太多太快,侵入而不是认可病人的体验——*病态*退行才会发生。对比之下,分析师承认他"不知道"不仅是*准确*的,而且通过分享他的心理状态,他承认他没有因为不知道而难过,这样他就允许不知道这个状态本身成为一种有效的心理状态,而不是在有病(无知)和治愈(领悟)之间无意义地等待。在我看来,这是自体状态之间"桥梁"的实质。分析师的认可行为体现在他愿意通过语言把他自己的心理状态说出来。如果他远离这项任务,代之以只对病人进行建构,就破坏了语言的使用,把词语变成了客体,替代了意义,而不是通过符号化体验创造意义。如果分析师明确说出他的心理状态——跟病人在一起时他身上发生着什么——他就给了语言一个机会,从未连接的自体孤岛持有的个体"真相"中创造出Bruner(1990)所说的"有意义的行为"。不然,这样的时刻轻易就会失去成为新的、共同创造的现实的机会,而病人和分析师谁都不能单独创造出这样的现实。

还是这个案例,再看看病人的诊断问题。在传统上这个临床判断也是分析师(或某个第三方)作出的"决定"。在很多临床医生的想法里这当然关系到参数,如果不是可分析性。我必须坦白,在我职业生涯的早期,我自己也热衷于"分裂样"的诊断。但是后来,我不再一心想着鉴别诊断,尽管我仍然认为理解人格结构为分析工作增加了一个有价值的维度。

不久前我在飞机上经历的一件事基本上概括了我的观点。乘务员开始送餐时,广播响了,一个声音说:"今天您可以选择鸡肉或面条,如果您没有得到想要的也请不要难过,因为这两种我都尝过了,味道非常相近。"在我个人的工作中,诊断就像飞机餐一样。在飞行中用餐固然好,但是我不会太在意餐盒上的标签,用餐只是不想饿得难受。最重要的是,如果我发现鸡肉和面条的味道相差无几,我不会意外也不会难过。

创伤、羞耻和临床判断

近几年我观察到,在诊断以外,精神分析的治疗行为在促进病人的人格结构性成长时,需要持续协调于创伤对病人忍受内在冲突能力的影响。

为了让病人最大限度地从分析治疗中受益,治疗关系必须支持他保护(或发展)内部结构,对工作进展中可能发生的创伤性情感唤起进行管理,不管是泛化的,还是在特定领域。分析中的关注点始终是病人安全地体验到他的自体结构是稳定和坚固的,能够承受来自他人主观性的输入,而不会因为触发与未修复的早期创伤相关的强烈的羞耻和恐惧而使他当下的自体体验被吞没。

因篇幅有限不能在这里展开讨论,我的观点是*常规*焦虑,由沙利文(1953)关联到威胁"自尊"的这种情感,不管数量上还是质量上都区别于他所说的"*严重*焦虑"。后者我觉得最好称为羞耻,在主观上和结果上都不同于常规焦虑。羞耻意味着对个人身份的创伤性打击,总是引发解离过程以保全自体。常规焦虑意味着自我形象管理问题,由于不需要解离,允许从体验中学习。沙利文(1953, p. 152)生动地写道:"严重焦虑不贡献任何信息。严重焦虑以当头一击的方式,把发生了什么清除得一干二净……不严重焦虑可以慢慢看清它发生的情境。"

尽管已经说了这么多我还是急于补充,对有过强烈的羞耻体验的个体而言,没有词语足以形容体验的攻击强度。只有通过跟分析师的行动化而*再次经历*创伤,它的巨大影响才能为"别人"所了解,希望这一次"别人"有勇气参与再次经历,并把病人的心理安全作为头等大事。

面对自体倒塌的可能,心理退守到最后的安全措施,防御性地把意识从即时体验的某些部分撤出来,同时增强其他部分。我指的是病态解离过程——催眠地断开不相容的自体体验,把最能够保全清醒和生存的意义领域毫发无损地拯救出来,守护它们的自体—他人互动模式。在产生自体意义的特定的人际间交往模式内,各自都有其刻板边界。这就使个人身份在每个自体状态*之内*都有了主观上的一致感和连续感,不管在特定时刻哪个状态进入意识和认知。个体状态就这样催眠地相互断开但仍然"待命"。

更复杂的是,有人或许会说,每个自体状态都是一个自恋岛,拥有并保护它独特的"真相"感(见第13章)。任何特定时刻,当自体中被推崇的部分和被贬低的部分极不对等时,分析治疗随时都有可能发生退行中断。对自体中过度推崇部分和贬低部分的边界的体验过程是每个病人最大的焦虑、恐惧和羞耻来源,也是他实现真正的分析成长的唯一希望。我们有时听到病人说,他第一次进入治疗时,希望可以只探索自己的某些部分而不碰其他部分。但是,他通常无法说出希望不碰的是什么,而随着工作的进展,他往往愿意触及大部分*内容*领域。只有在我们所说的临床*过程*的关系矩阵内,不碰的潜意识意义才能展示出来,只有通过这个过程无法预测的演变,探索自体任何"部分"的行为才越来越等同于探索整个人。只有那个时候,才真正谈得上结构成长。

分析师对这个演变的贡献是"临床判断"无法体现的。相反,分析师的贡献在于他能够尽可能充分地做他自己,同时允许自己沉浸在当下时刻呈现出来的主体间场里。他必须跟病人存在于那个时刻的每个自体状态建立真实关系——既尊重那些呼叫安全和连续的声音,也尊重那些呼叫变化和冒险的声音——分别跟每个自体互动,同时还要记得把当前的时刻作为中间站,把病人以前的样子(过去)跟他最终可能成为的样子(未来)连接起来。也就是说,分析师必须非线性地建立联系,同时还要有能力对他知觉到的关系体验进行线性加工(即,过去、现在和未来)。由此促使病人实现 Lacan (1966, p. 373n) 描述的合成(synthesis),"在分析开始时,主体只说他自己而不对你说话,或者只对你说话而不说他自己。当他能够对你说他自己时,分析就结束了"。虽然我并不认同 Lacan 所说的完成这一步就意味着分析结束,但我跟他一样相信,这个时刻标志着真正的人格结构成长,而且这样的时刻在整个分析过程中反复发生,意味着心理结构正在进行从解离到内部冲突的重新组织。我认为这些"变化点"——Peterson (1993) 准确地指出这样的点有很多——在成功的分析中一次又一次地发生,而不是说病人已经到达最终目标。

梦、解离和临床过程

我发现不管跟哪个病人工作,把解离过程纳入思考范围都能使分析工作的各方面更加深入,我对梦进行工作的方法也深受影响。*比如说,我相信,病人不仅需要"把梦带来",还需要"把做梦的人带来"*[①]。就像我在第 5 章提出的那样,如果梦仅仅是普遍存在的解离现象中最为大家熟悉的一个特别情形,是人类心理正常的自体催眠能力,

---

[①] James Grotstein 发表于 1979 年的一篇论文对我产生了重大影响,"谁是做这个梦的做梦者,谁是理解这个梦的做梦者?"在此向他致谢。

那么做梦就可以看成常规的日常心理解离活动——是心理的夜间功能,是为了应对低水平的非我体验而不干扰清醒时的核心意识幻觉而做出的适应性努力。它在精神分析中的表现之一是,把那个时刻定义病人分析关系的"我"所不能安全地容纳的未加工的体验,作为独立的现实予以容纳和抱持(见 Caligor,1996)。也就是说,在某个层面上,可以把分析中对梦的使用看成是过渡体验,使催眠状态下断开的自体状态有可能连接起来,允许"非我"自体状态的声音被听到,并且进入被病人定义为"我"的那个动态结构之中。这个过程的发生我觉得用"梦的解析"不足以描述,它是病人和做梦的人在分析关系中创造性地使用投射/内摄过程而逐渐展开的对话。Cecily de Monchaux(1978)曾经在一篇对临床极有启发的关于梦的实质(她称为"夜间思考")的论文里表达过类似观点。她的一位病人"开始觉得自己像是……吞噬了双胞胎的那个人"(p. 449),在描述跟这位病人的工作时,她写道,"无法进入意识的解离就像处于应激反应的麻木或僵化阶段一样,*通过*夜间思考,变成能部分进入意识的解离,这就提供了通往整合的试验田或中间站"(p. 448)。

知道了这些,我现在想提供一个我工作中的例子。这位病人叫 Henry,多数时候他的功能都很好,没有解离障碍迹象。Henry25 岁,父母都在专业上颇有建树,他们潜意识地传递给 Henry 的是,他们迫切需要自己的孩子尽快"长大",这样他们才能重返职场,但同时他们害怕察觉到这种需要,不然就会感到自私和内疚,这是他们难以忍受的。不管什么时候,只要 Henry 表现出他也有能力像父母一样,在"外面的"世界为他自己着想,他马上就会为自己的成熟受到表扬,他的父母就会高兴地解脱出来,再也不必操心 Henry 还需要什么帮助,哪些事还会困扰到他,在哪些方面他可能还需要依赖他们,等等。像你能够预料的那样,Henry 无法协商过渡到充分的自主,因为独立变得等同于不安全和孤独。真实的自体表达像是堕入空虚——解离地坠落水底,闭上眼睛"屏住呼吸"。睁开眼睛,自如地呼吸,在呼吸中感受生命,意味着失去所有的安全感。

在分析中,Henry 跟那个由他早年的客体依恋决定的自体重新建立连接,成为"他父母的孩子",之前他一直在现实生活中否认这部分,他并不是无助和依赖,而是一个聪明机智的年轻人,只是"还差得远",当然也还没准备好结束治疗(以防我产生这样的想法)。就像他常常提醒我的那样,他还需要我"把碎片拼起来",他"出于某些原因"自己做不到,尽管他一次次地把碎片凑在一起,但还是很难想象他怎么就拼不出完整的"画面"。这个移情问题经过咨询中的讨论已经"得到理解",但是对 Henry 的外部生活并没有明显的影响。当我指出这个观察时,Henry 很"感谢"我的"耐心",实际上我已经在一点点地失去耐心,他苦恼地说他还没有准备好"进行"任何领悟。Henry 看起来真的迷失了,他叹道:"我什么时候才能长大?"我体验到他的痛苦是真实的,于是为我心里念叨"你都长大了!"的不耐烦的声音感到内疚。

Henry 有很多梦,但是我问他有哪些联想时,他总是说得模糊而乏味,如果说这看上去跟我们"卡"在那里有些关系,这只是*我的*想法,他并不这么想。对 Henry 来说,他的梦和联想就是"死胡同"。很显然这样下去不会有任何进展,那次咨询中的工作俨然已经终结。"为什么",我问自己,"如果移情的意义像我想得那么明显,他还需要用做梦而不是用想的吗?做梦的必要性在哪呢?为什么*我*觉得意义那么'明显'而他并不觉得呢?"有时候我会这样问他,然而并没有什么用。他会为他的"愚钝"找出理由,让我觉得自己像个痛苦不堪的父母,想帮助孩子学会他再怎么"努力"也无法"学会"的功课。我能感觉自己已经加入到某个行动化当中。但是它是什么呢?

Henry 又报告了一个梦。这个梦跟他读过的一篇小说有关,关于出生后就被分开的两个双胞胎,其中一个遭到虐待,在另一个知道他的存在之前就死了。活着的那个双胞胎的悲剧在于明明知道原本可以不一样,却永远无法跟兄弟团聚,只能孤独地"长大"(参见 Bion,1967)。跟他在这个时期做过的别的梦一样,他的联想模糊而乏味,我能感觉到自己变得越来越挫败。我决定把我的心理状态突然发生的变化告诉他,包括我的挫败感,这么有意思的一个梦在他的联想里变得干巴巴的。他没回应,只是静静地躺在椅子上,像是动弹不得。仿佛死掉的人是*他*。我感觉内心涌起一股内疚,击中了我;我在跟他一起再现他的梦。正在上演的是,"做梦"的病人和"报告"梦的病人在分别说着自己的话。双胞胎里健康的那个人,"做梦的人",正由我的意识作为我的一部分容纳着。我在那个时刻是 Henry 唯一"活着"的可以思考的部分。而传达这个梦的是 Henry 的那个"死去"的自体——还没来得及活就已经"死"了的那个双胞胎——我一直在"虐待"他,催他"长大"而不是在我心里"经历"他的死亡。正如 Ferenczi(1930b)所说,"这种说法并非别出心裁,把神经症比作双重畸形,身体的某个部分藏着一个所谓的畸胎组织,未能发育起来的双胞胎碎片"(p. 123)。

同时感到厌烦和内疚使我感受到 Henry 解离自体的存在。那个自体能够为我所知,是因为我体验到我自己身份里两个不连续部分之间的不一致——思维过程的活跃和主观体验的死板,无法"连接起"那些"明显"在为自己的意义呐喊的碎片。只有当我感觉到我自己的无能为力,我自己受到阻挠而动弹不得的自主感,我自己为没能找出他无法"做到"的原因而产生的挫败感,而同时又为对他的愚钝失去耐心而内疚时,我才能够*使用*这个体验跟 Henry 一起经历他的梦里最生动的意义——正在我们之间上演的梦。借用 Aron(1996)的概念，随着我们之间越来越能够"心心相通"(meeting of minds)，那次咨询成为突破阻滞的众多"变化点"之一，因为它让 Henry 在单一关系背景下体验到之前解离的自体状态的声音，这些自体状态持有不相容的现实观点和不相容的关于他"真的"是谁的体验。

解离是人类沟通过程中固有的一部分，关于 Henry 的梦的那次咨询说明了解离在治疗关系中的复杂角色。在那之前，我的"临床判断"一直是单方面事件。我一直在努力向 Henry 灌输真相，想让他看到他"其实"已经长大这个客观现实。Laub 和 Auerhahn(1989)明确指出，"在梦里最创伤的，像在生活中一样，是无法影响环境来调节需求，无法唤起施救者的援助"(p.397)。作为父母愿望的再现，我一直试图让 Henry 活跃起来，这样我就不必容纳他死气沉沉的自体，我自己的解离过程不可避免地成为行动化的一部分，并最终让我察觉到我对"另一个"双胞胎来说遥不可及。关于分析师接纳他自己的解离自体状态的意愿能够怎样服务于病人的利益，我跟 Henry 工作梦的这次咨询只是一个例子，它允许病人用"梦"表达的其他自体进入当下治疗关系的清醒意识里。这样，对梦的分析就不再是"诠释"一个故事，而是变成病人和分析师共同建构过渡现实的一个空间——做梦的人和报梦的人都包括在这个空间里(参见 Bosnak, 1996)。

再议安全和面质

我在第 10 章提出，我们治愈的能力取决于我们能否跟病人一起经受分析工作中的混乱体验而不过早地逃到冲突和防御的术语里。但是"经受"这个词在这个背景下到底是什么意思？沙利文(1937，p.17)指出，"一个人的信息量取决于他有多大意愿就他的存在状态和体验进行交流"。我想补充的是，在评估工作进展时其基础是病人所有的心理状态都得到了详尽的探索，他对自体的理解汇聚成最深层的体验。在任何时候，分析师对病人心理状态全心全意的认可*就是*对病人自体的充分接纳，分析师需要明白，没有哪个自体状态比另一个更为重要。因为每个自体状态都是一个自体，而且是一个特别的自体，没有哪个部分可以因"治愈"而消失，不管它带来多少痛苦。[1]

---

[1] Mitchell(1997a, p.34)认为，"那些抱怨婚姻沉闷无聊的病人往往并不知道沉闷对他们来说有多珍贵，他们在多么小心地维持沉闷，机械的、可预测的做爱质量在怎样防备着对意外和不可预测性的恐惧"。

某个自体状态可能会遭到其他部分的反对,无限期地保持沉默,但是它迟早会以行动化或症状的方式显示出来。

比如说,抑郁不仅是感受;在某些时候它就是这个人,对有些人来说,在多数时候抑郁就是他们自己。也就是说,抑郁对某些人而言不只是一种情感"障碍";它就是他们本人。绝望也一样,对体验过早期创伤的人来说,它是一种尽管隐蔽但不可避免的自体状态。确定地说,某些病人并没有存心隐藏。我想起了自体的一部分主要是由绝望和无能为力构成的那些人——Schecter(1978a)所说的不相信有建立良好关系的可能性——而且拼命抗争,生怕这个现实被忽略。即使自体的其他部分感觉到些许希望,一个无奈的声音也会行动起来,强行进入"施救者"的心理,坚持得到"认可"。

这些病人让我们坚定不移地相信,精神分析的治疗行为绝不是内在冲突的解决,它要求持续关注创伤对心理结构的影响。对这些个体而言,治疗是怎么回事——他们怎样使用治疗——关系到我们所说的"情感过度唤起"。为什么会是这样呢?这些病人一致表明,他们究竟能否使用分析治疗取决于治疗能否有效地帮助他们发展出自我安慰的内部结构。也就是说,治疗必须逐渐减轻病人被无法管理的过度唤起带来的吞噬威胁所创伤时的无力感。也就是说,分析中需要始终铭记的核心目标是,安全地对自体结构进行重组,使其足够稳定和坚固,能够承受另一个人的输入而不触发早期创伤的阴影。只要他还无法在不害怕再次创伤的情况下应对另一个人,他就别无选择,只能依赖各个未连接的自体状态持有的解离"真相",保护他的自体体验不被他人的主观性摧毁。这种保护的代价是,无法加工和符号化复杂的人际间体验。也就是说,治疗必须支撑他接纳别人身上那些他能够在当下反思和符号化加工的部分。这就是治疗的全部吗?不是!但我相信,对每个病人来说,在分析的不同时点上这都是非常重要的因素,不管在他们的总体人格结构中解离是否起到关键作用。

我认为,分析就是为了让病人在关系中接收并加工他体验到的分析师对他造成创伤的可能而不解离。我是什么意思呢?我在再次强调之前说过的要经受住分析治疗中的"混乱"。我一再发现要经历很多混乱,病人才能进入并保持以前同时在意识当中不相容的自体,在此之前总要经历一系列行动化的压力。这些行动化通常都是单个自体状态各自排斥其他状态的存在,坚持得到独一无二的关注。在这些行动化中治疗师无法成为"好客体",因为病人自体的不同部分对什么是"好客体"有不同的现实。治疗师可以同时面向病人自体的不同部分,但是只有当病人同时进入那些部分时才能接受他。回到临床判断问题,我的观点是治疗师靠他自己永远无法确定哪些部分可以接近、哪些不能。

在我个人的工作中经常发生的是,在治疗初期,我只能靠近病人自体中绝望和愤怒的部分。如果这种情形持续得太久,它就会感染到我,而我也会表现出来。在这种情境下,我每次努力想要摆脱时,我的病人都会指责我妄图改变他的现实"真相"。他会说"你看,这就是绝望,"这仿佛在说,"你做得再好也不能改变任何事;我永远无法忘记灾难随时可能发生。"这是允许发出声音的病人的唯一部分,在某些时刻也是这个部分最直接地跟我相遇——我认识的每个治疗师几乎都会在某种对抗性的行动化中最终遭遇这个自体状态。

这类病人的人格结构中很难建立起"信任"。看起来像是信任,往往只是病人自体中仍然解离的部分未经反思的适应,还不能在同一个关系背景下持有自体利益和安全。经常是当我开始察觉到我自己的行动化时,这部分才能跨过我的意识门槛。比如说,我会识别出我体验的一部分隐约感到不舒服,因为我付出的太多得到的太少。这会让我找到我自己的某个解离部分。我可能发现自己突然开始抱怨、犯困或走神。也可能发现自己开始怀疑作为治疗师的能力,或者对分析到底有没有作用感到无力。如果后面这种感觉再强烈些,我甚至会开始想象一个画面,我的病人说他对摆脱混乱完全不抱希望——我会用 Ralph Greenson(1974,p. 260)的话来回答,他在类似时刻这么回复病人:"你不能只是吹口哨。"(You ain't just a whistlin' Dixie.)我甚至想象了一个面质场面,病人指责我放弃了他,我说出自己的绝望感时也指出这种感觉并没有让我放弃他。但是不管我想象的是什么场景,在跟这样的病人工作时,如果我能长时间置身于这些内部场景,寻找"阻抗"背后的目标,使它能够被说出来、被认可,通常都能促进我的每个自体和病人每个自体之间直接建立关系。经过这样的过程,真正的信任才成为可能——不是病人告诉我他感到绝望让我"理解"他,而是因为我自己的心理状态深受影响,我们都经受住了这样的体验,并且"活着讨论下去"。

尾声

这个观点也影响到我跟那些与 Henry 相比解离心理结构更突出的病人工作时进行的临床判断。有时,在对这样的病人进行判断之前,必须先经历一次转化,在知觉层面就要接受病人的现实。我来做个说明。

我办公室的书柜上曾经摆放过一个陶艺雕像——一个男人躺在一只木桶上,他的腿垂在两边,脸上盖着一顶帽子。在这件事发生不久它就被不小心打碎了,之前它放在那儿好多年,有的病人看到它时会评论几句,有的病人好像没看到一样。我特别喜欢它,不仅因为它的艺术性。我觉得跟它很亲近,有时当我跟病人痛苦地卡在某个治疗僵局里时,我会望向那个"木桶上的男人"寻求安慰。有一天,我出乎意料地明白了"在木桶上"究竟意味着什么,而雕像里的那个男人竟然是我恍然大悟的关键。这件事发生在某次咨询中,当时那位病人很显然是第一次注意到这个雕像,在这个病人的眼里什么都跟别人不一样,在那次咨询之后,这个雕像在我眼里也跟以前不一样了。这个病人叫Adam,他觉得整个世界都想破坏他的理性,于是誓死捍卫他的现实"真相",我太了解这些了。我听到他从房间另一边的座位上跟我说:"哈!你从哪儿弄来个没有脑袋的雕像?""*什么*雕像?"见我那么惊讶,他更加确定地说:"那个没有脑袋的人呀!""哦,"我顺着他的眼光看过去,说,"他不是没有脑袋。从你那看是那样的吗?""*就是*那样。"他说,我立刻知道我遇到麻烦了。

换成别的病人,哪怕他把雕像说成是在汤碗里游泳的金鱼我都无所谓,但是对方是Adam,那个时刻我感到浑身不舒服,我觉得必须维护我的"个人"现实,但又不知道该怎么做。从我的"治疗师自体"我最先想到的是,"我还真不知道我有个没有脑袋的雕像,现在我也没看见书柜上有这么个东西,等等"。但是我没说出来。至少又有两个对立的我开始出现,他们都觉得这么说很假;其中一个觉得我这是在说Adam的心理能力很弱,另一个觉得我没有自己的现实,都不知道这个雕像"究竟"是什么。我最后说出来的是,"我从没觉得这个雕像没有脑袋,现在我也不这么觉得,但我这么跟你说可能会给我自己惹麻烦,我拿不准该怎么办"。见他一脸沉默,我又说,"尽管我确信自己知道这个雕像是什么,但我发现当你对你自己的知觉那么肯定时,我也深受影响,已经很难再坚持我自己的现实!"这句话好像比我说过的任何一句话都更能引起他的兴趣。

重点当然是我们讨论的事情不能以我们中间任何一方的现实为准,如果我的临床判断完全是由我来"决定"我怎样才对或者Adam怎样才对,我们就会分别固着在我们自己的真相上,无法找到交汇点就我们的知觉进行协商。然而,不属于我们任何一方的某个现实在我们的谈话中逐渐形成——在这个现实里,尽管我们无法直接知道(也就"无法证明")对方的主观体验,仍然能够进行主体间接触。我看到的是"木桶上的人"。他看到的是"没有脑袋的人"。的确,正在发生的事情有一部分跟视觉有关,我们后来发现了这一点。我从他坐的地方看,他从我的座位看,我们都看到了对方之前看到的样子,但是这里更重要的是,我们是怎么做到的。我最终不仅能够(在知觉上)看到"没有脑袋的人",还意外地知道了一个没有脑袋的人是什么感觉,我跟他分享了这个感受。我告诉他我开始明白,当他活在一个别人都认为他是没有脑袋的人的世界里,当他听到别人(也包括我)说起他跟他自己知觉到的不一样,但又被迫接受这样的"现实"时,他是什么感觉。在这个过程中,我不仅充分体会到 Adam 把我置身于木桶上时我是什么感受,还体会到别人把他置身于木桶上,也就是把他知觉成一个没有脑袋的人时,他是什么感受。在此之前,Adam 和我都没协商过我们的个人现实,因为我对我的"真相"很确定,Adam 不能把别人当成主体,当成独立的思维加工中心,而只能当成客体。他不能"容我有自己的想法"(cut me enough slack),无法设想当他在思考他的现实时我在想什么。

分析师的"技术"与人际间和主体间过程相辅相成。无论分析师相信的是,任何病人在任何时候最需要的都是安全并把互动(包括分析师的自我暴露)统统看成是侵犯病人内部现实的威胁,还是相信最重要的是在互动中使用他自己(包括分析场内分析师自我暴露的价值),不管是哪种姿态,都在跟病人的主体间协商中为分析师提供了潜在有效的站位。只有当分析师把他偏好的姿态凌驾于个人敏感(例如,当成客观上正确的"技术"),他才会失去在主体间工作的能力,使病人无法在分析中使用他。在这个意义上,我相信临床判断永远是关系上的,在行使判断时,如果分析师认为该由他来作出选择,那他就永远是错的。因为他永远在一个复杂的有多个现实的(他自己和他病人不断变化的自体状态)场里工作,这项工作的最佳状态是,沉浸在关系场里,其中面质和安全之间的平衡(病人对"变化时保持不变"的体验)始终处于变化中,也始终都要对分析师的姿态进行审视和重新协商。

也就是说,*任何*特定分析姿态天生都是既"对"又"错",这是必然的,因为分析师不能既接受病人作为现在的样子,又在跟他建立联结时考虑他成长的可能性。分析师必须接受的是,在任何分析的大部分工作中,他的临床判断(不管他觉得自己有多"正确")都会被病人的某个不同的自体状态认为"这不是我","你没有理解我"。只有认识到病人不是只需要领悟或建立"正确关系"的"统一"的自体,分析师才能允许构成病人"自体"的多种声音都跟他建立关系,并且各行其是。对我来说,这才是有治疗意义的"临床判断"——分析师能跟病人不连续的非线性现实建立联结,而不强迫放弃任何一个或者把它当成对另一个更"真实"或更具适应性的自体的"防御"。能够牢记这个目标的咨询师把病人的成长潜力放回到病人自己手上,允许他最大限度地对其主观体验进行认知符号化。这样,他就越来越能够把过去回忆成"过去",开放地自发地生活在现在,同时展望未来,尽管未来终将"结束"。

19 "救命！我要从你心里出去"[①]

就精神分析是怎样通过语言产生和理解意义的，Edgar Levenson(1992)用一段话概括了他的观点，我相信这就是他(及追随他的人际间学者们)一直倡导的后经典模式的核心：

> 分析师在安全和容纳的框架内努力做到完美——他当然做不到——距离理想状态的偏差作为双方的共享数据，构成了治疗师和病人的人际间场；这些数据并非偶然地反映了病人在咨询室以外的生活，因为在精神分析中不言自明的是：在移情和讨论的内容中都有递归和模式重复。治疗中谈论的话题将在治疗师和病人的关系中真实再现(于现实或幻想中，视理论的不同)。(pp.560-561)

在 Levenson 的后经典人际间视角下，我尝试把客体关系的敏感性加入我自己作为人际间/关系取向分析师的临床工作中。我曾经提出(第10、12、16、17章)，移情/反移情场可以看作与分析师互动时病人内部客体世界的持续展开，反过来说，病人的客体表征通过人际间的双向互动在这个投射与内射的复杂场里得以呈现。重点在于，病人跟别人一起做了什么以及对别人做了什么，尽管变化多端不可预测，反映了构成他的人际间心理表征世界的多个顽固的关系模式。在日常生活中，当病人面对别人时，这些顽固的联结模式选择性地共同创造出某个现实，以支持病人的存在方式以及他知觉自己和别人的方式。按照人际间/关系间方法工作时，这些顽固的模式无疑更易松动，但是希望除此之外还能发生些别的事，能够让病人的内在客体世界呈现出来。我不能不同意 Levenson 的是，分析师不可能无可挑剔，如果足够幸运，只有做不到无可

[①] 本章之前的版本于1997年6月提交给由加州洛杉矶当代精神分析协会(the Institute of Contemporary Psychoanalysis, Los Angeles, CA)主办的"关系精神分析展望"(Perspectives on Relational Psychoanalysis)专题讨论会(与 Lewis Aron 和 Adrienne Harris 一起)。

挑剔，才能让*真正的*问题得以呈现。

在理解治疗带来的成长时，我重点关注的是所有形式的解离现象——健康的适应性的，病态的自我保护的——以及 Donnel Stern(1996, p. 256)提醒的，解离是一个主动过程。对每个病人来说，解离行为在人际间的大量出现——病人的各个自体与分析师的各个自体一起做了什么——使移情体验变得有用，共同创造出把幻想和知觉连接起来的投射/内射场，使分析探索工作得以开展。

一般来说，在临床过程的很多时点上，分析师都要容纳病人解离的自体体验，并跟病人一起把它呈现出来。分析师察觉到的他自己和/或病人的自体体验在咨询中的"转变"，往往是某个行动化正在发生的重要线索。如果分析师能够识别并认可病人解离的部分，病人就可以开始在关系背景下"操练"它的存在，不用担心损害在那个时刻他未加反思就定义为"我"的那个自体。当病人解离的自体体验在他们之间得到充分加工，病人就收回了它，渐渐地，不仅自体反思能力和忍受内部冲突的能力得到提高，动态统一体的感受——我所说的"身处多个自体但感觉像是一个自体的能力"也不断增强。但是，分析师和病人必须先一起经历"混乱"。

吃人的人生

在一次精神分析大会上，我在听某个专题的报告时（Anderson, Balamuth, Looker, Schachtel, 1996），突然产生了一个极其大胆的想法。三位报告人提交的案例材料都是关于移情—反移情过程，病人和分析师共同身陷某个现象，在躯体体验和言语化体验之间摆荡。① 第一位分析师（Anderson）描述了她与一位女士的工作，这位女士由于原因不明的背痛前来咨询，她报告梦到了两只双胞胎兔子，一只坐在另一只死后的遗骸里吃它。第二位分析师（Balamuth）讲到他的男病人怎样在他父亲临终前急切地想要"了解"这个男人，他的急切怎样让他绝望地想通过为父亲拍照来"穿透"模糊看清他，可他父亲甚至在拍照时都拒绝"给予"眼神接触。他对分析师说，"我像豹子一样，想扑向他，把他撕开，进到他身体里，看看他是谁"。第三位分析师（Looker）随后报告了一位女病人，她在某个僵局时抱怨："治疗不可能起作用，因为你把感觉都藏起来

---

① 这三个案例的全部临床背景请参见 Aron 和 Anderson（1998）编写的论文集中三位作者（Anderson, 1998；Balamuth, 1998；Looker, 1998）的论文，该文集收录了大量的关系式精神分析文章。

了。只有我的脑袋在接受治疗,其他部分都在挨饿。"

随着这些案例的展开,我吃惊地发现,这三位病人尽管在人格、历史和使用的语言上截然不同,呈现出来的都是强大的潜意识幻想——大部分未被语言符号化——在主导他们的想象,就像随后出现的那样,预示着与分析师之间的某种行动化。在这个解离的幻想里,他或她的"真正"自体的某个关键部分被抓在别人心里——那个人拒绝做出回应——这样就剥夺了病人保持自体完整的权利,即心理体验和身体体验的统一,温尼科特(1949)所说的身心。

病人的那些没有得到"别人"认可也就没有得到确认因而无法进入的部分,变成属于别人的"客体",也变成他自己的客体。他无法把自己"安放"在身心统一体里,他感觉被客体化了,不真实,像是在"别人"心里。他渴望重建他的"完整",竭力想要穿透并吞噬对方的心理,从中找到他自己。如果"别人"(分析师)识别不出他的解离体验并呈现出来,让他进入,病人的吃人需求就会通过移情和反移情的行动化表达出来。一点一点地——有时感觉像是"一口一口地"——分析师眼里的病人形象从内部被吃光(就像双胞胎兔子的梦一样),分析师不得不体验并回应病人身上那些他想拒绝的部分。当行动化在两人之间展开时,病人开始在分析师的心里安放一个完整的自体,同时自己也开始感觉完整。

如果我听起来像是在谈论投射性认同或者温尼科特(1969)的"客体使用"概念,那就对了——至少在某些方面是。我认为这是从不同的视角看同一个过程。跟我类似,Benjamin(1995)对主体间理论的发展和客体使用过程之间的关系的看法也很有意思。她认为

> 温尼科特的体系可以扩展为设想……在别人的否认和确认之间存在着基本张力……在强调自己的现实和接受别人的现实过程中张力被瓦解和再造……这样的破坏让(内部心理)联结过渡到使用客体,与别人建立关系,这个别人在客观上被知觉为存在于自体之外,是独立的实体。(p. 39)

从这个意义上说,Benjamin和我都把"施虐是变态的客体使用"引进我们的观点,这个概念由Ghent(1990)提出,用来说明在某些病人身上发现的某种常见的潜意识施虐是怎么来的。Ghent指出,客体联结无法过渡到客体使用的主要原因是抚养者的防御,它让孩子或病人感觉他或她才是具有破坏力的那一个,导致对对方的恐惧和怨恨,

发展出破坏性。"简而言之",Ghent 写道,"我们有施虐得以发展的环境(施虐作为一个自体单元,是单独的自体),需要攻击性地控制对方,作为一种变态的客体使用"(p. 124)。

但是为什么是吃人?真有必要那么夸张吗?我用这个词是因为在我自己的工作中,我发现在体验层面,心理上的同类相食比喻抓住了甚至是温尼科特的"残忍无情"都不足以表达的某个部分。它指向的是收回——不仅是心理上,还是曾经被夺走的*生理上的活力*——它把 Ghent 所说的施虐放到了一个更广阔的两人背景下(也见 Mitrani, 1994, 1995)。其次,我认为这个视角尤其能够生动地反映解离,或许更重要的,正常的多个自体所发挥的关键作用。

在某些儿童养育模式中可以看到这种同类相食的起源。父母在孩子面前拥有心理优势并不是因为他可以告诉孩子他*应该*是什么样,而是他可以告诉孩子他*就是*什么样。做到这一点最有效的方式是通过父母跟孩子联结而不是直接用言语沟通。也就是说,父母决定孩子自体感的能力不是通过(用词语)说"你是如此这般的"(尽管他们当然也会这么做),而是以他已经是"如此这般的"方式跟孩子联结,同时忽略他身上的其他部分,仿佛那些部分压根就不存在。这些"不被确认"(Laing, 1962a)的自体部分在认知上始终未符号化成"我",因为没有可以激活它们的意义关系背景。这样,孩子的自体感就被绑定在早年的客体上,客体知觉到的他是什么样和否认他是什么样决定了他的身份。从那时起,在他的内部客体世界和"外部"世界中,他必须想办法在"别人"心里找到同一个"如此这般的"他,才能感觉连续和完整。

说到这我想起小时候的一个"笑话",好像是发生在 20 世纪 30 年代的金融萧条时期。这是一个笑中带泪的故事,一个男人因为担心付不起房租而夜不能寐,连续三个晚上失眠。终于,在绝望之中,他在凌晨两点打电话给房东,对着话筒喊:"我这个月不能付你房租;现在该*你*睡不着了。"

我们在临床工作中可能都有这样的体验,病人想方设法让我们想起他们,不管我们愿不愿意,通常我们都"不"愿意。这就像是病人说:"该你睡不着了。"在我自己的体验里,只要我没有"睡"得太久不想被叫醒,我总能察觉到我的病人处于深重的心理痛苦之中,无法用词语表达,因为那根本不是字面意义上的痛苦。这更像是孤独带来的不可承受的痛苦,像是对消失的恐惧。为什么是孤独?为什么是消失?为什么在这个时候会那么急切地想被别人了解?我觉得这种碰撞类似一个人的自体感在最初形成时跟"别人"在心理上的互动过程。

有时,治疗师的录音电话比治疗师本人的作用还大,只要病人知道他或她肯定会听留言。在那些时刻,让治疗师等同于上文中的房东的是(尽管治疗师是真正关心病人福祉的),他在某种程度上真心*不想*充分了解那个为其存在呐喊的自体。病人拼命想让*那个*自体活着,防止它从别人的脑袋里消失,通过这么做,这种体验与病人和他早期客体的类似体验之间解离了的连接得以再现。对分析师而言,这是接触病人解离的自体状态的第一步,只要病人不放弃让这些声音被听到的努力。多数情况下,病人都不会放弃,如果他看到分析师足够稳定,在确定病人"究竟"是什么样时能够接受自身的局限性。

多个自体、语言和"暴露"

确认和不确认的交替出现必然导致多个自体状态,尽管这不都是病态的。每个自体状态都强硬主张它自身得到确认的权利,要求分析师在主观上体验到它的个体现实,认可它。两个心理共同参与,各自允许对方的体验被了解,被言语符号化,创造出自体状态的表征,在温尼科特(1963a,p. 190)的意义上,这个自体状态在关系过程中被"发现"。

从这个参考框架来说,像 Ginot(1997,p. 373)准确指出的那样,"自我暴露不是……通过分享体验提升亲密感。而是把主体间矩阵产生的或与之相关的感受表达出来"。病人未符号化的意识状态的主观现实,特别是病人对分析师的体验,必须在分析师那里被感受到,并得到认可。如果说有某种人际间/关系间的分析"技术",那就是分析师要有能力在分析过程中反复不断地协商出意义,并予以认可。在分析师放弃协商,后退到把诠释当作技术工具时,不管他诠释得多么准确,都只能让病人越发感到沉闷和孤单(见 Aron,1992;Hoffmann,1994)。病人在这种时刻体验到的是分析师正在对他进行破坏,而这并不完全是移情。回到吃人的比喻,当分析师在诠释姿态下不能充分理解病人自体的某个部分时,他就是在吃掉病人发现完整自己的可能性,病人会更加想要夺回被分析师解离的那个隐藏的"现实",仿佛那个部分被分析师吞噬了。随着分析空间被不认可产生的能量所充斥,病人逐渐变成被分析师的意识驱逐的自体,慢慢地侵入分析师的知觉领域,最终策动分析师个人对病人那个一直被解离并逐出人际间认可的自体做出回应。当病人自体的一部分更有能力在意识领域体验并持有被拒绝的自体的其他部分,解离作为自动防御过程就会逐渐退出,病人将更有能力进行自体反思,也更能忍受自体状态之间的冲突,并最终发展出*解决*内部心理冲突的能力。作为解释过程的精神分析需要这些条件的满足,而压抑这种机制倒不一定总是存在。我举个例子:

以下临床片断不是来自我自己的工作,而是来自英国分析师 Enid Balint。尽管她沿袭的完全是英国客体关系理论,而我主要是美国的人际间学派,这两者之间的连接在她呈现的临床敏感性里得到了充分体现,这个片断反映的几个重要问题还解释了为什么我会致力于研究互动姿态本身以及在 Enid Balint 称为"想象知觉"(imaginative perception)的主体间区域即*幻想和知觉交界处进行分析工作*。她认为先要有"存在感",才能有意识思维,这跟沙利文一样,只是表达方式不同。要有这种感觉,这个人必须属于某个环境,在其中他能投射,还能使用该投射并与之建立联结。有意识必须有"我"和"你"(Balint, 1987, p. 481)。反过来,"我"和"你"通过想象知觉过程建立联结。Balint 写道(1989, p. 102),"最初的想象知觉只有在两个热切的生命之中才能出现;具有生命潜力的婴儿和内在充满生命力并协调于婴儿的妈妈"。

我想讨论的临床片断选自 Balint 于 1987 年发表的名为"记忆和意识"(Memory and Consciousness)的论文,这个案例现在已经非常有名。她谦虚地表示,这个案例支持了弗洛伊德(1915)的假设,"有可能存在一系列的意识状态"(Balint, 1987, p. 482)。这表明,Balint 在这个案例中印象更为深刻的是病人自体状态之间显著的不连续性,而不是压抑。同样的,跟我们眼下的主题更密切相关的是,让她印象深刻的是她自己和病人之间深深的距离感。尽管她的病人 Smith 先生是个极其成功的商人,在分析的第一个阶段,Balint 报告她简直"无法理解房间里的这个人怎么可能在商界那么成功。在这个阶段,我无法在想象中知觉他"(p. 477)。而且,在很多方面,Smith 先生好像也无法在想象中知觉他自己。在这个背景下,她引进了"身体记忆"这个新的术语来描述这个男人身上他好像没有意识到的那些部分:

> 在分析的前几年,Smith 先生没有心理或者视觉记忆。躺椅上的他看起来像个婴儿,就此而言,他只有身体记忆。这个婴儿和他所处的环境都难以用词语描述。他就是一个不会思考也不会用言语交流的婴儿……他的意识思维来自其他人的意识,跟他自己的知觉没有连接。(1987, p. 482)

我们现在对 Enid Balint 使用的"身体记忆"概念已经习以为常,用它来指代有"自己的心理"的身体——这个画面可以回溯到1872年精神科医生Henry Maudsley的那句形象的评论,"没有化为眼泪的悲伤在身体里哭泣"(选自Taylor,1987,p.87)。但Balint描述的她跟Smith先生的工作方式更为有趣。她把英国客体关系理论在临床上应用到了极致。"经过三年的分析,Smith先生*对知觉开窍了*"(1987,p.482)。Balint描述了发生的事:

> 咨询快结束时,同时有我们三个人在场:一个"他"(很可能是那个婴儿),一个"分析师",还有一个跟分析师对话的人,可以称为"叙事者"。在那次咨询中,快结束时,他(婴儿)和那个叙事者——他组织句子,除了有身体还有声音——相遇了……当叙事者谈论成年人时,成年人和婴儿在某种程度上合为一体,他的某些话有了味道……婴儿的嘴巴像是在品尝词语,吃进去,又欢快地吐出来……我用"咿咿呀呀"(babbling)来形容它,而Bion(1963)在某个阶段用"比比划划"(doodling),Smith先生非常喜欢这个词。这对躺椅上的婴儿很合适,对叙事者(这两者分开了)也是。我用这个词时,成年人会把他自己知觉成婴儿。叙事者在那之后很快就消失了,只留下成年的Smith先生,他工作读书,还能在我使用正确的词语时知觉到那个婴儿。(p.478)

找到"正确的词语"[①]是人际间工作的一部分,这太难了,对此沙利文再清楚不过。而人际间工作的其他部分,包括分析师充分尊重病人的安全体验,也同等重要、同等不可或缺。每一对分析组合实现成长的条件都不一样,每对搭档都必须在安全与冒险之间寻求平衡。特别是某些病人,他们只有在能够加工分析师的主观性时才能安全地直面分析师,而对任何病人来说,只有安全或者只有直面都是不够的。分析师不可能做"对",但是,只要他不强迫病人"拥有"分析师的知觉,以此来改进病人的现实,他就还是安全的。分析师应该真正努力让病人了解分析师的感受,同时他也真正好奇病人的感受。我认为这就是为什么在直接的面质姿态时,很多看起来"脆弱的"病人能"坚持"下来,也能接受分析师眼里的他们。在倾听别人的"真相"时,他们自己的"真相"没有受到威胁。但是某些病人在面质时的烦躁确实会导致真正的混乱,随后的工作也比

---

① 精神分析师日益需要更准确地理解什么是"正确的词语",由此兴起了一个新的包含多学科的研究领域,把精神分析和语言心理学联系在一起,比如Adrienne Harris(1992,1994,1995,1996)所做的工作。

Balint 和 Smith 先生之间的情形吃力得多。

坚持

我怎么才能描述那种体验呢？病人每次觉得他从你心里挣脱时都像是同时也在挣脱他自己，而你还得努力维持分析框架。跟有这种问题的病人工作时，谈论"技术"完全没有意义，就像 Dorothy 从 Kansas 到 Oz 根本就是身不由己却说这是"战略选择"一样。分析师像 Dorothy 一样，不得不接受身处某个地方却不确定那是哪里以及她怎么才能回家。想探究病人的本质，理解他的过去，现在并不是一个安全的立足点。对这样的病人来说，过去就是现在，尽管这不可理喻，治疗师也只能接受，不要想着去"分析"它，也不能放弃，更不能因为没能得到更多而报复。使事情更复杂的是，一旦治疗师把病人的抱怨或指责当作"材料"进行"工作"，病人就会以为分析师不想通过他们之间的直接联结来"了解"他。

正如这一章的题目指出的那样，分析师越是想"了解"病人，就越是会不由自主地失去病人，这种感觉让他察觉到病人的解离体验。治疗师通过他自己的失败感和无力感接收到这条信息，"救命！我要从你心里出去"。另一方面，这条信息以言语交流的方式传递给分析师时，往往是指责治疗师不想听到病人的痛苦，不想听到病人有多么绝望，也不想听到病人的抑郁和孤独，或者是坚持认为治疗师对病人厌倦了或者没兴趣。按照这个思路，被分析师认定为"精神病性移情"的很多情形其实是解离人格中的解离自体状态的真实再现，而治疗师没有察觉到该解离。治疗师以为他看到的是一个统一但"疯狂"的没有观察自我的人。我的一位病人曾经在我终于理解了他的意思之后跟我说，"如果不是因为现实，我本来没有任何问题"。

病人觉得你不必那么想了解他，他想从你的心里出去，当这种体验特别强烈时，把它当成对过去的移情表达进行探索进而改变它是不可能的。它更多的是病人自体体验中的解离结构的表达，包括说不出的孤单和疏远。这种无法言说的状态，因为处于解离中，完成它的符号化不能通过人际间的意义探索——多年来被称为"诠释"的那个过程。这样的个体首先需要感觉到真实才能让新的意义产生"意义"。他急切地需要有人认可他，知道活在他的身体内——成为他——是什么样。为了达到这个目的他说了什么并不是真正的分析内容，他只是把它们作为建筑材料用于建构真正的分析内容：当他努力把自己从困住他的内部监狱中解救出来时他的绝望，除非有人可以充分了解他的心理状态。除此之外，不管在治疗师看来多么有意义，对病人来说都只不过是关于他的又一个故事。在未说出的自体参与进来之前，病人只是被迫收下并不属于他的意义，接受一些新的词语或概念，替代感觉上的真实。

对有些病人尤为如此，假如分析师察觉到却没有指出病人想要"从你心里出去"，病人就会以这样那样的方式感觉到对自体和/或别人的暴力倾向。被病人体验为他的身体的、解离的没有生命力的生理"躯壳"——潜意识地也包括不了解自己的别人——当然不可能被破坏或消灭，除非真的死去。这个事实有时确实会导致想要（在某些案例中甚至确实会尝试）自杀或杀人，以变态的方式表达对生命力被否认的愤怒。

我们来看一个例子。我的某个病人一直被他妈妈认为是"特别的孩子"，他报告过一个梦，在梦里他听到一个声音，"杀了那个特别的孩子！"他由此联想到 William Golding (1955) 在 *Lord of the Flies* 里的一幕，一帮孩子追打一个被排斥的孩子，"猪，"他们喊着，"杀了那个特别的孩子。"在这里，做梦的人是病人的某个部分，这部分察觉到他自己的另一部分对这个特别孩子恶毒的恨——这个孩子的存在是他妈妈臆想出来的，也是属于她的。杀了他，做真实的自己，这个解离了的愿望有时确实会导致危险的自伤行为。

我使用"躯壳"（见第 10 章）来指代心理从身心当中解离出来的后果，我的本意不在于这个躯壳是"假"的，像温尼科特的"假自体"那样，而在于这个壳为了维持解离结构而变得僵硬，无法充分体验、联结并有创造力地生活。病人希望打开吃他的那个人的躯壳，夺取它的内容，重新定义自体，这也许是由人类特有的充分做自己的权利所驱动。Grotstein (1995) 引用 John Bowlby 私下交流时说过的话，"婴儿很可能与生俱来地敏锐感觉到作为猎物/受害者的恐惧，同时察觉到为了生存需要成为猎人/杀戮者"（p. 484）。只有当"别人"对自己的主观体验保持敏感，认可它并在认知上予以加工，创造出 Enid Balint (1989, p. 102) 所说的"两个热切的生命"，充分做自己的权利才能得以实现。因此，病人才会希望撕开对方对他的全然存在"无动于衷"的躯壳，穿透它，知觉由分析师持有却不表露、明明知道却不加思考的感受（借用 Bollas [1987] 的概念）。

一个案例

这个问题在我的某个病人身上表现得尤其突出，我将提供我们工作中的一些片断。Christina 是个漂亮而有才华的诗人，50 岁出头，经历过严重的童年创伤。她能够挺过来是因为她具有某种强大的心理能力，可以严格保持解离的心理结构，麻木地面对现实中的自己和别人。她运用心理和知觉工具精确地操控行为，像是一个脱离人类世界的上了发条的玩具——拒绝任何自发性，把人类存在变成了简单的复制："什么也没发生；在我身上什么也没发生；我什么也没看见；我什么也不知道；我什么也不想知道；没有什么可质疑的；该怎样就怎样；只要我按照别人的期待去做，而且心甘情愿，就能得到好处。"她也是这么做的。作为"特别的孩子"，她行为乖巧，表现得很开心，更重要的是，很"正常"。让她引以为豪的是，时刻伴随她的恐惧和孤独以及她用于防止崩溃的策略，都是她一个人的秘密，从未暴露。她在分析期间做的第一个梦是，她打了别人的头，造成脑损伤：

那个人的嘴大张着——舌头耷拉出来，她开始前后摇晃，然后突然倒了下去。场面切换到一家医院，受害者被人用轮椅推了出来，像个摆在那里的玩具。她旁边还有很多玩具，都画着花脸穿着戏服。其中一个跟我说，她得跟他们在一起，因为她的脑子坏掉了，只有在他们中间她才能活下来。

在发展过程中，她为了生存下来在心理上进行解离，最受打击的是对体验进行符号化的能力——心理表征能力，尤其是 Target 和 Fonagy(1996, p. 469)所说的"心智化"能力——思考别人是怎样看待她的，而不是把自己当成"客观"现实。这个缺陷在分析中越来越明显，她开始逐渐放下秘密，认识到心理现实只不过是外部现实的翻版，她一直受制于"外面的世界"。她的内在世界不可思议的混乱；而且随时会被意外打断，比如闪电、汽车逆火，等等：

我有时会做梦，但是那不是梦。睡着以后我能看见很多东西……像抽象画……乱七八糟的几何图形搅在一起；里面突然会冒出别的东西——比如说突然跳出一个眼球。特别吓人。我一直害怕打雷。感觉离我特别近。有时候我都觉得是我的脑袋里面在打雷。以前在夜里我总是用手捂住耳朵，这样即便打雷我也有所准备。我也害怕别的巨响——枪声、爆竹和汽车逆火。我甚至会转头就跑。我感觉汽车像要爆炸一样。啊不行，我不能再想汽车了；不然它真的会爆炸。我得把它安抚下来。以前我觉得要打雷了就会请求上帝别让它来。我唱"Harbor Lights"，然后我就觉得安全了，就可以说"我希望汽车爆炸"。不！我不是那个意思。我在试探，但是试探过头了它就有可能真的爆炸。有点儿像把舌头伸出来试试行不行。我就是这么开始写诗的，就像伸舌头，看着没什么意义，所以很安全。这就像我不用说"我希望它爆炸"，我可以写"我希望它化为纷飞的麦片"。

一直以来，我唯一感觉真实的只有我的想法；我的身体就是一团死肉。唯有词语最重要……用对了词我就很安全。如果词语不管用——就像有时在电话上跟接线员说不明白——我就不知道该怎么办了。有时我会失控——有种冲动想要摧毁听不懂我说话的人。甚至我自己的话也会把我惹毛。就像现在，我没办法把"安抚"这个词从我脑袋里赶走。我知道你用过那个词。我想让你把它赶走。

Christina 的一生就像一系列仪式，她在仪式中等待死亡，治疗也不过是众多仪式中的一种。她不是*感到*绝望。她就*活在*绝望里。她做的一切、她感觉到的一切对她都毫无意义，只是发生了而已。Ogden(1986)描述过"'它'的发展阶段，婴儿只活在体验里(p. 42)……每件事都是独立的存在，不构成时间上连续的自体，除了它本身以外跟什么都没关系"(p. 48)。Christina 像是停滞在这个阶段。在治疗期间，出现在任何一次咨询中的亲密感都会在该次咨询结束前被封杀，绝不会延续到下一次。Barbara Pizer(在媒体上)写过跟这类病人工作的体验——跟那些"在无力招架的忽略面前，以独立和自恋式的撤退来对抗恐惧"的病人工作，很像是跟遭遇过冻伤的患者在一起："当我们经历我的方法掀起的人际间内在心理风暴时，我会问对方，他/她是否体验过冻伤。'挨冻时你感觉不到，进到房间里暖和起来了才开始疼，而且是钻心地疼。'"

每次咨询结束时 Christina 都会重申，谈来谈去根本没用，因为什么也不会改变，下次咨询开始时她还是以解离的状态出现，跟接下来将在咨询中出现的或是在之前的咨询中出现过的其他状态毫无连接。我开始觉得我这辈子都注定只能眼看着她的咨询一次次地过去，感觉不到连续性，感觉不到希望，没有机会建立联结，直到结束治疗也绝不可能感觉到一丝温情。她至少还可以把咨询当作死亡前的仪式"打发"掉；而我连这样都不行，因为我每次从咨询中解离出来时她都知道，而且会当场指出来。这种情况我跟其他病人工作时也遇到过，而且事实上这样的挑战总能让我为之一振。但Christina 不一样。她从一个意识状态转变到另一个时特别具有压迫性。我被压制得太久了，开始渴望哪怕能感觉到一点点连续性，哪怕她能记得一周周地我们一起经历了什么，哪怕能有一点点进步，更重要的是，能有一点点活力。Christina 不肯表现活力。她慢慢地让我明白，问题不仅在于她，也在于我。我希望她能有活力不仅是治疗目标,也是我个人建立联结的需要——我需要感觉到 Christina 有血有肉,因为我讨厌越来越强烈的去人性化体验,像是"在外面挨冻"。所以我*强行*制造活力。在她看来,我的"活力"很做作——证明我并没有严肃地对待她。她一直都保持着觉知。

尽管我曾经写过(第16章),治疗师把自发性变成技术时必然会失败。然而,*我知道*并没有用。Christina 比我知道得更清楚,所以我制造"活力"的努力才一次次地失败。但是或许正是这个事实最终促成了改变。我终于开始感到绝望,不再"努力"。这时——我不再为了让自己感觉到活力而努力时——我才体验到她开始帮我了。

我现在还能想起那次咨询,她把不可能变成了可能——开始游戏她的绝望体验。她起身离开,向门走去,我已经为她常用的离开仪式做好了准备。"没有出路。"她叹道,指的是她的现实问题找不到解决方案。我说:"当然有,就从门出去。"简直像是太阳从西边出来,她笑了。"那是。你想让我赶紧走你好见下一个病人。"她像往常一样犀利,我(提心吊胆地)承认了,而在那之前,出门前的体验一次又一次地重演却都因为缺少可以表达其意义的主体间背景而一直没有被言语符号化。这样的场面我们已经反复经历了很多次,但这次不一样了。我有些享受跟她在一起的那个时刻,虽然还是希望她离开让我见下一位病人。这次我没有一心想着让她(以及她的绝望)赶紧离开。如果有人还在琢磨这个场面能否算是"游戏",可以参考 Frankel(1998)的观点,游戏并不总是愉悦的:

> 当我们的解离状态在游戏中出现时,我们是在跟自己的主观性游戏,但是社会游戏也是跟别人的主观性游戏……当我们跟另一个人游戏时,我们寻找和唤起的不仅是我们的某些状态,也有对方的。*我们会惊诧于别人的状态及其转换,在我们看来那些状态都有问题,令人不安。*(pp.176-177,斜体加注)

分析进行到第四年时,Christina 漫长的麻木日子开始找到声音,低声说,生活或许是值得冒险的。她开始允许这个声音进入分析,但是主导她的还是那个平淡乏味、保持警惕的痛苦自体。就在这个时候,Christina 报告了下面这个梦:她走在海堤顶上,海堤越来越窄,直到她再走就会掉下深渊。但是她不能往回走,因为无法转身。画面转换到她看着镜中的自己,突然发现她的头旁边开始长出第二个头,那上面的脸还没长出来。她吓坏了,不想再看。

告诉我这个梦时 Christina 的心理状态很难用词语形容。她允许自己做这个梦,这说明尽管她感觉分析可能会把她带入"黑洞"①，但她不想再为了避免可能的二次创伤而忍受死气沉沉的解离。Theodore Sturgeon(1953)在小说 *More Than Human* 中描写了他的主人公处于同样无法回头的境地，他"感到深埋在心底的需要爆发了。那么多年了他从未看到过希望。这爆发跨越了鸿沟，把他生机勃勃的内心和形同朽木的外壳连接在一起"(p.9)。

在接下来的咨询中，Christina 开始直接面对她身上存在的其他自体，那些自体从她小时候起就跟她说话。这是一个深藏的秘密，可怕而羞耻，即使在我的支持下，她透露细节时也还带着极度的怀疑和担心，如果我把她愿意冒险看成进步或者就此看到希望，她就会变得愤怒。

那以后不久她又报告了一个梦，她走在黑暗的地下道里，突然看到头顶的裂缝里透过一束光：

> 我知道我得爬上去才行。我想从地下道里出来，但那是不可能的，所以我也没必要费劲往上爬。在梦里我对自己说，"有人告诉我地下道的尽头有光"。我开始笑，因为这太老套了。我不记得在梦里我有没有真的听到这个声音，但是感觉像是听到了。我笑是因为在梦里我想到你是那个说话的人，而且这么说太老套了。但我知道那不是你；是跟我一起在地下道里的某个人。然后我就醒了。我不想把这个梦告诉你，因为我知道你会马上以为我看到了希望，但是我没有。我不确定那个声音是朋友还是敌人。我太老了不能再放手一搏。我这样就挺好。我为什么要冒险去敲开心扉信任别人？除了我自己还有谁能照顾我？我为什么要冒险？

对 Christina 这类病人来说，放下解离是*严重的*冒险行为，他们很难做到，于是病人和分析师就需要付出更多的努力，才能完成从解离到体验内心冲突和矛盾的治疗性过渡。在这个阶段，有些病人把分析师的话隔离在外，把这些话变得没有意义——甚至没有声息——这种情况经常会持续一段时间，直到这个"移情现象"成为能够加以探索的"素材"。举例来说，Christina 开始冒险与别人进行深入交往，更多地知觉到他们之间在发生什么，不再需要自动地切断知觉，使体验像是没发生在她身上一样。在这

---

① Grand(1997)把"黑洞"现象放在关系背景下进行了深刻的临床讨论。

个阶段,一旦我想探讨我们之间在发生什么,她就把我体验成"只是嘴巴在动",这不妨碍她在认知上接收我的话而且显得好像是在思考——她确实有这么做,但是这一切对她当下的存在并不产生影响。我的话对她不起任何作用,是因为她"转换"到了另外一个自体状态,这部分的她跟她的自体意识——她体验到的"我"——没有连接,而我面对的就是这个部分。因此就算她回应了我的话,她都不知道在那个时刻是她的哪个部分在跟我对话,这样她就把她和我都变成了无生命的客体,再睿智的讨论都不会引起创伤性的焦虑和羞耻。好像我在跟她讨论别人。依我的观察,当病人发现他们逐渐能够全然处于当下而不再被焦虑淹没,开始害怕会失去那个他们赖以摆脱疯狂的部分时,常常会发生这种现象。

Christina 一直在努力不要变得彻底去人性化(像她自己说的,掉进"黑洞")。她无法"唤醒"自己的生活——在生活中作出自己的选择——如果不失去由早年客体依恋中的创伤性断裂所决定的自体构造。像 Target 和 Fonagy(1996, p. 470)提醒我们的那样,"没有心智化能力也没有想法和情感的反思能力的小孩子,被迫相信他或她的想法和信念正确地反映了真实世界,尽管自体体验并不连续"。跟 Christina 工作时,有时可以感觉到她非常害怕如果不连续的自体状态得不到保持她就不可能保持心智正常,所以绝不允许通过人际联结把这些不连续连接起来。当然,从某种程度上说,她是对的。她时刻保持疑虑确实能够防止她的心理被无法连接正常的自体不连续性的体验所摧毁,但代价是没有活力的生命。

Christina 的解决方案是把所有的选项永久性地悬置起来,等待真实生活开始的"那一天"。过渡是不可能的;她害怕的黑洞一直站在是(being)和成为(becoming)之间,她的每一次努力都在控制她对停止存在(existing)的恐惧。她自己察觉到的成长使她的一部分领会到治疗本身就是随时会"逆火"的汽车。跟我在一起的某些时候,她的解决方案像是某种"知觉进食障碍",在越来越多的相反的证据面前,她甚至更加坚定地实施她的现实,无法安全地"接纳"由"别人"的词语传递的意义,予以消化,同时仍旧保留她自己的想法和情感。

经过差不多六年的分析,Christina 开始体验到她自己是一个被伤害过而且仍然可能被伤害的人,但是并非一定是个"受损"的人。这时她报告了下面这个梦:她在树林里开着一辆四驱赛车(对她来说最能象征自身利益的东西),由于没能及时发现,意外地冲进了沼泽。车子被淹没了而她还在车里。她感到形势危急,如果逃生很可能会有头被卡住的危险。她没有恐慌。"我的头还没卡住,"她对自己说,"也许不会卡住。"事实上她的头没有被卡住,她游了出来,梦也醒了。

跟我说起她的联想时她既高兴又害怕,"我想不是每个受过惊吓的人都被吓坏了,他们不是一回事"。Christina 现在能够体验焦虑,知道那不是时时伴随她提醒她就在"黑洞"边缘的创伤性恐惧。她现在能够认识到焦虑虽然不愉快但是可以忍受——那只是她的感觉而不是跟世界对话的方式。梦里反映的事实是,她不再感觉自己被"搁置"在需要随时为创伤做好准备的世界里,她允许自己察觉到她已经开始卸下用于防御在她感觉安全时突然发生创伤的解离盔甲。也就是说,她开始理解伤害不等于创伤性的自体损坏。她认识到她在冒险追求自身利益,她选择了生活而不是等待,与此同时,也接受了不可避免的丧失、伤害和终将到来的死亡。

Christina 的故事到这里就结束了,这本书也一样。但是 Christina 的分析并没有结束,而是又持续了几年,像你想到的那样,经历了艰难的哀悼,不仅为早年客体的丧失,也为那么多年从来没有被善待过的自体,没有在真正意义上生活过的自体。她不再害怕"从我的心里出去",开始坚信在那*里面*她也很安全,就像我在她的心里一样。随着工作的进展,她解离的时候越来越少,变得越来越坚强、自发,富于活力和爱心。我们结束时,在我看来她跟大部分自体相处融洽,生活充满了生机和创造力,虽然像她说的那样,"在我这把年纪"。

参考文献

Adams, H. (1904), *Mont Saint-Michel and Chartres*. New York: Penguin Classics, 1986.

American Psychiatric Association (1994), *Diagnostic Criteria from DSM-IV*. Washington, DC: American Psychiatric Press.

Anderson, F. S. (1998), Psychic elaboration of musculoskeletal back pain. In: *Relational Perspectives on the Body: Psychoanalytic Theory and Practice*, eds. L. Aron & F. S. Anderson. Hillsdale, NJ: The Analytic Press, pp. 287–322.

——Balamuth, R., Looker, T. & Schachtel, Z. (1996), Panel presented at annual spring meeting of the Division of Psychoanalysis (39) of the American Psychological Association, New York City.

Appignanesi, L. & Forrester, J. (1992), *Freud's Women*. New York: Basic Books.

Aron, L. (1991), The patient's experience of the analyst's subjectivity. *Psychoanal. Dial.*, 1: 29–51.

——(1992), Interpretation as expression of the analyst's subjectivity. *Psychoanal. Dial.*, 2: 475–507.

——(1996), *A Meeting of Minds: Mutuality in Psychoanalysis*. Hillsdale, NJ: The Analytic Press.

——& Anderson, F. S., eds. (1998), *Relational Perspectives on the Body: Psychoanalytic Theory and Practice*. Hillsdale, NJ: The Analytic Press.

Baars, B. J. (1992), Divided consciousness or divided self. *Consciousness and Cognition*, 1:59–60.

Bacal, H. (1987), British object-relations theorists and self psychology: Some critical reflections. *Internat. J. Psycho-Anal.*, 68:81–98.

Bach, S. (1977), On the narcissistic state of consciousness *Internat. J. Psycho-Anal.*, 58: 209–233.

——(1985), *Narcissistic States and the Therapeutic Process*. New York: Aronson.

Balamuth, R. (1998), Re-membering the body: A psychoanalytic study of presence and absence of the lived body. In: *Relational Perspectives on the Body: Psychoanalytic Theory and Practice*, ed. L. Aron & F. S. Anderson. Hillsdale, NJ: The Analytic Press, pp. 263–286.

Balint, E. (1968), Remarks on Freud's metaphors about the "mirror" and the "receiver." *Comp. Psychiat.*, 9:344–348.

——(1987), Memory and consciousness. *Internat. J. Psycho-Anal.*, 68:475–483.

——(1989), Creative life. In: *Before I Was I.* New York: Guilford, 1993, pp.100–108.

——(1991), Commentary on Philip Bromberg's "On knowing one's patient inside out." *Psychoanal. Dial.*, 1:423–430.

——(1993), Enid Balint interviewed by Juliet Mitchell. In: *Before I Was I.* New York: Guilford, pp.221–236.

Balint, M.(1935), Critical notes on the theory of the pregenital organizations of the libido. In: *Primary Love and Psychoanalytic Technique.* New York: Liveright, 1965, pp.37–58.

——(1937), Early developmental stages of the ego: Primary object love. In: *Primary Love and Psychoanalytic Technique.* New York: Liveright, 1965, pp.74–90.

——(1952), New beginning and the paranoid and the depressive syndromes. In: *Primary Love and Psychoanalytic Technique.* New York: Liveright, 1965, pp.230–249.

——(1959), *Thrills and Regressions.* New York: International Universities Press.

——(1965), *Primary Love and Psychoanalytic Technique.* New York: Liveright.

——(1968), *The Basic Fault.* London: Tavistock.

Barrett-Lennard, G. T. (1981), The empathy cycle: Refinement of a nuclear concept. *J. Counsel. Psychol.*, 28:91–100.

Bartlett, F.C.(1932), *Remembering.* Cambridge, England: Cambridge University Press.

Barton, S.(1994), Chaos, self-organization, and psychology. *Amer. Psychol.*, 49:5–14.

Bass, A. (1992), Review essay: M. Little's *Psychotic Anxieties and Containment. Psychoanal. Dial.*, 2:117–131.

——(1993), Review essay: P. Casement's *Learning from the Patient. Psychoanal. Dial.*, 3:151–167.

Becker, E.(1964), *Revolution in Psychiatry.* New York: Free Press.

——(1973), *The Denial of Death.* New York: Free Press.

Beebe, B. & Lachmann, F.M. (1992), The contribution of mother-infant mutual influence to the origins of self-and object representations. In: *Relational Perspectives in Psychoanalysis*, ed. N.J. Skolnick & S.C. Warshaw. Hillsdale, NJ: The Analytic Press, pp.83–117.

——Jaffe, J. & Lachmann, F. M. (1992), A dyadic systems view of communication. In: *Relational Perspectives in Psychoanalysis*, ed. N. J. Skolnick & S. C. Warshaw. Hillsdale, NJ: The Analytic Press, pp.61–81.

Benjamin, J. (1995), *Like Subjects, Love Objects: Essays on Recognition and Sexual Difference.* New Haven, CT: Yale University Press.

Berman, E.(1981), Multiple personality: Psychoanalytic perspectives. *Internat. J. Psycho-Anal.*, 62:283–300.

Bion, W. R. (1955), Language and the schizophrenic patient. In: *New Directions in Psycho-Analysis*, ed. M. Klein, P. Heimann & E. Money-Kyrle. London: Tavistock, pp.220–329.

——(1957), Differentiation of the psychotic from the non-psychotic personalities. In: *Second*

Thoughts. London: Maresfield Library, 1967, pp. 43 – 64.

—— (1963), *Elements of Psychoanalysis.* London: Heinemann.

—— (1965), *Transformations.* London: Heinemann.

—— (1967), The imaginary twin. In: *Second Thoughts.* London: Maresfield Library, pp. 3 – 22.

—— (1970), *Attention and Interpretation.* London: Tavistock (reprinted, London: Maresfield, 1984).

—— (1978), *Four Discussions with W. R. Bion.* Strathclyde: Clunie.

Bird, B. (1972), Notes on transference: Universal phenomenon and hardest part of analysis. *J. Amer. Psychoanal. Assn.*, 20:267 – 301.

Blatt, S. J. (1974), Levels of object representation in anaclitic and introjective depression. *The Psychoanalytic Study of the Child*, 29:107 – 157. New Haven, CT: Yale University Press.

Blaustein, A. B. (1975), A dream resembling the Isakower phenomenon: A brief clinical contribution. *Internat. J. Psycho-Anal.*, 56:207 – 208.

Bliss, E. L. (1988), A reexamination of Freud's basic concepts from studies of multiple personality disorder. *Dissociation*, 1:36 – 40.

Bollas, C. (1987), *The Shadow of the Object.* London: Free Association Books.

—— (1989), *Forces of Destiny.* London: Free Association Books.

—— (1992), *Being a Character.* New York: Hill & Wang.

Bonanno, G. A. (1990), Remembering and psychotherapy. *Psychotherapy*, 27:175 – 186.

Boris, H. N. (1986), Bion re-visited. *Contemp. Psychoanal.*, 22:159 – 184.

Bosnak, R. (1996), *Tracks in the Wilderness of Dreaming.* New York: Delacorte Press.

Brenner, I. (1994), The dissociative character: A reconsideration of "multiple personality." *J. Amer. Psychoanal. Assn.*, 42:819 – 846.

—— (1996), On trauma, perversion, and multiple personality. *J. Amer. Psychoanal. Assn.*, 44:785 – 814.

Breuer, J. & Freud, S. (1893 – 1895), Studies on hysteria. *Standard Edition*, 2. London: Hogarth Press, 1955.

Bromberg, P. M. (1979), The schizoid personality: The psychopathology of stability. In: *Integrating Ego Psychology and Object Relations Theory*, ed. L. Saretsky, G. D. Goldman & D. S. Milman. Dubuque, IA: Kendall/Hunt, pp. 226 – 242.

—— (1980), Sullivan's concept of consensual validation and the therapeutic action of psychoanalysis. *Contemp. Psychoanal.*, 16:237 – 248.

—— (1982), The supervisory process and parallel process in psychoanalysis. *Contemp. Psychoanal.*, 18:92 – 111.

—— (1983), Discussion of "Refusal to Identify: Developmental Impasse" by A. J. Horner. *Dynam. Psychother.*, 1:122 – 128.

—— (1984), The third ear. In: *Clinical Perspectives on the Supervision of Psychoanalysis and Psychotherapy*, ed. L. Caligor, P. M. Bromberg & J. D. Meltzer. New York: Plenum Press, pp. 29 – 44.

——(1986a), Discussion of "The wishy-washy personality" by A. Goldberg. *Contemp. Psychoanal.*, 22:374–387.

——(1986b), Discussion of "Dialogue on love and hate in psychoanalysis" by L. Epstein & M. Schwartz. *Contemp. Psychother. Rev.*, 3:54–68.

——(1989), Discussion of "Keeping the analysis alive and creative over the long haul" by G. Friedman. *Contemp. Psychoanal.*, 25:337–345.

——(1991a), Reply to discussion by Enid Balint. *Psychoanal. Dial.*, 1:431–437.

——(1991b), Introduction to "Reality and the Analytic Relationship: A Symposium." *Psychoanal. Dial.*, 1:8–12.

——(1993), Discussion of "Obsession and/or obsessionality: Perspectives on a psychoanalytic treatment" by W. E. Spear. *Contemp. Psychoanal.*, 29:90–101.

——(1995), Introduction to "Attachment, detachment, and psychoanalytic therapy" by D. E. Schecter. In: *Pioneers of Interpersonal Psychoanalysis*, ed. D. B. Stern, C. Mann, S. Kantor & G. Schlesinger. Hillsdale, NJ: The Analytic Press, pp. 169–174.

——(1996), Discussion of "The Psychoanalytic Situation" by Leo Stone. *J. Clin. Psychoanal.*, 5:267–282.

——(1997), Commentary on L. Friedman's "Ferrum, ignis, and medicina: Return to the crucible." *J. Amer. Psychoanal. Assn.*, 45:36–40.

Broughton, R. J. (1968), Sleep disorders: Disorders of arousal? *Science*, 159:1070–1078.

Brown, R. (1965), The principle of consistency. *Social Psychology*. New York: Free Press, pp. 549–609.

Bruner, J. (1990), *Acts of Meaning*. Cambridge, MA: Harvard University Press.

Buie, D. H., Jr. & Adler, G. (1973), The uses of confrontation in the psychotherapy of borderline cases. In: *Confrontation in Psychotherapy*, ed. G. Adler & P. G. Myerson. New York: Science House.

Caligor, L. (1996), The clinical use of the dream in interpersonal psychoanalysis. *Psychoanal. Dial.*, 6:793–811.

Carroll, L. (1871), Through the looking-glass, and what Alice found there. In: *The Annotated Alice*, ed. M. Gardner. New York: Bramhall House, 1960, pp. 171–345.

Carroll, P. V. (1937), Shadow and substance. In: *Five Great Modern Irish Plays*. New York: Modern Library, 1941, pp. 217–232.

Castaneda, C. (1968), *The Teachings of Don Juan: A Yaqui Way of Knowledge*. New York: Ballantine Books.

——(1971), *A Separate Reality: Further Conversations with Don Juan*. New York: Simon & Schuster.

——(1972), *Journey to Ixtlan*. New York: Simon & Schuster.

——(1974), *Tales of Power*. New York: Pocket Books.

——(1977), *The Second Ring of Power*. New York: Pocket Books.

——(1981), *The Eagle's Gift*. New York: Simon & Schuster.

Chrzanowski, G. (1977), *The Interpersonal Approach to Psychoanalysis*. New York: Gardner

Press.

——Schecter, D. E. & Kovar, L. (1978), Sullivan's concept of the malevo-lent transformation. *Contemp. Psychoanal.*, 14:405-423.

Chu, J. A. (1991), The repetition compulsion revisited: Reliving dissociated trauma. *Psychotherapy*, 28:327-332.

Coates, S. W. & Moore, M. S. (1997), The complexity of early trauma: Representation and transformation. *Psychoanal. Inq.*, 17:286-311.

Crowley, R. M. (1973), Sullivan's concept of unique individuality. *Contemp. Psychoanal.*, 9:130-133.

——(1975), Bone and Sullivan. *Contemp. Psychoanal.*, 11:66-74.

——(1978), Are being simply human and uniqueness opposed? *Contemp. Psychoanal.*, 14:135-139.

D'Aulaire, I. & D'Aulaire, E. P. (1962), *D'Aulaire's Book of Greek Myths*. New York: Doubleday.

Davies, J. M. (1992), Dissociation processes and transference-countertrans-ference paradigms in the psychoanalytically oriented treatment of adult survivors of sexual abuse. *Psychoanal. Dial.*, 2:5-36.

——& Frawley, M. G. (1994), *Treating the Adult Survivor of Childhood Sexual Abuse*. New York: Basic Books.

de Monchaux, C. (1978), Dreaming and the organizing function of the ego. *Internat. J. Psycho-Anal.*, 59:443-453.

Dennett, D. (1991), *Consciousness Explained*. London: Allen Lane.

Dickes, R. (1965), The defensive function of an altered state of consciousness: A hypnoid state. *J. Amer. Psychoanal. Assn.*, 13:356-403.

Duncan, D. (1989), The flow of interpretation. *Internat. J. Psycho-Anal.*, 70:693-700.

Duncker, P. (1996), *Hallucinating Foucault*. Hopewell, NJ: Ecco Press.

Dupont, J., ed. (1988), *The Clinical Diary of Sándor Ferenczi*. Cambridge, MA: Harvard University Press.

——(1993), Michael Balint: Analysand, pupil, friend, and successor to Sándor Ferenczi. In: *The Legacy of Sándor Ferenczi*, ed. L. Aron & A. Harris. Hillsdale, NJ: The Analytic Press.

Easson, W. M. (1973), The earliest ego development, primitive memory traces, and the Isakower phenomenon. *Psychoanal. Quart.*, 42:60-72.

Edel, L. (1980), *Bloomsbury: A House of Lions*. New York: Avon Books.

Ellenberger, H. F. (1977), L'histoire de 'Emmy von N.' *L'Évolution Psy-chiatrique*, 42:519-540.

Emde, R. N., Gaensbaure, T. J. & Harmon, R. J. (1976), Emotional expression in infancy: A biobehavioral study. *Psychological Issues*, 10, Monogr. 37. New York: International Universities Press.

Emerson, R. W. (1851), Borrowing. In: *What Cheer*, ed D. McCord. New York: Coward-

McCann, 1945, p. 321.

Epstein, L. & Feiner, A. H. (1979), *Countertransference.* New York: Aronson.

Fairbairn, W. R. D. (1940), Schizoid factors in the personality. In: *Psychoanalytic Studies of the Personality.* London: Routledge & Kegan Paul, 1952, pp. 3–27.

——(1941), A revised psychopathology of the psychoses and psychoneu-roses. In: *Psychoanalytic Studies of the Personality.* London: Routledge & Kegan Paul, 1952, pp. 28–58.

——(1944), Endopsychic structure considered in terms of object-relation-ships. In *Psychoanalytic Studies of the Personality.* London: Routledge & Kegan Paul, 1952, pp. 82–132.

——(1952), *Psychoanalytic Studies of the Personality.* London: Routledge & Kegan Paul.

Feiner, A. H. (1979), Countertransference and the anxiety of influence. In: *Countertransference,* ed. L. Epstein & A. H. Feiner. New York: Aronson, pp. 105–128.

——(1982), Comments on the difficult patient: Some transference-countertransference issues. *Contemp. Psychoanal.*, 18:397–411.

Fenichel, O. (1945), *The Psychoanalytic Theory of Neurosis.* New York: Norton.

Ferenczi, S. (1909), Introjection and transference. *First Contributions to Psycho-Analysis,* New York: Brunner/Mazel, 1980, pp. 35–93.

——(1913), Stages in the development of the sense of reality. In: *First Contributions to Psycho-Analysis.* New York: Brunner/Mazel, 1980, pp. 213–239.

——(1928), The elasticity of psychoanalytic technique. In: *Final Contributions to the Problems and Methods of Psychoanalysis,* ed. M. Balint. New York: Brunner/Mazel, 1980, pp. 87–101.

——(1930a), Notes and fragments II. In: *Final Contributions to the Problems and Methods of Psycho-Analysis,* ed. M. Balint. New York: Brunner/Mazel, 1980, pp. 219–231.

——(1930b), The principle of relaxation and neo-catharsis. In: *Final Contributions to the Problems and Methods of Psychoanalysis,* ed. M. Balint. New York: Brunner/Mazel, 1980, pp. 108–125.

——(1931), Child analysis in the analysis of adults. In: *Final Contributions to the Problems and Methods of Psychoanalysis,* ed. M. Balint. New York: Brunner/Mazel, 1980, pp. 126–142.

——(1933), Confusion of tongues between adults and the child: The language of tenderness and passion. In: *Final Contributions to the Problems and Methods of Psychoanalysis,* ed. M. Balint. New York: Brunner/Mazel, 1980, pp. 156–167.

Ferguson, M. (1990), Mirroring processes, hypnotic processes, and multiple personality. *Psychoanal. & Contemp. Thought,* 13:417–450.

Festinger, L. (1957), *A Theory of Cognitive Dissonance.* New York: Row, Peterson.

Field, E. (1883), Wynken, Blynken, and Nod. In: *The Oxford Book of Children's Verse in America,* ed. D. Hall. New York: Oxford University Press, 1985, pp. 160–161.

Fink, G. (1967), Analysis of the Isakower phenomenon. *J. Amer. Psychoanal. Assn.*, 15:

231-293.

Fisher, C., Byrne, J. V., Edwards, A. & Kahn, E. (1970), A psychophysiological study of nightmares. *J. Amer. Psychoanal. Assn.*, 18:747-782.

Fisher, C., Kahn, E., Edwards, A. & Davis, D. (1974), A psychophysiological study of nightmares and night terrors. In: *Psychoanalysis and Contem-porary Science, Vol. 3*, ed. L. Goldberger & V. Rosen. New York: International Universities Press, pp. 317-398.

Fonagy, P. (1991), Thinking about thinking: Some clinical and theoretical considerations in the treatment of a borderline patient. *Internat. J. Psycho-Anal.*, 72:639-656.

—— & Moran, G. S. (1991), Understanding psychic change in child psychoanalysis. *Internat. J. Psycho-Anal.*, 72:15-22.

—— & Target, M. (1995a), Understanding the violent patient: The use of the body and the role of the father. *Internat. J. Psycho-Anal.*, 76:487-501.

—— & —— (1995b), Dissociation and trauma. *Current Opinion in Psychiat.*, 8:161-166.

—— & —— (1996), Playing with reality: I. Theory of mind and the normal development of psychic reality. *Internat. J. Psycho-Anal.*, 77:217-233.

Foster, R. P. (1996), The bilingual self: Duet in two voices. *Psychoanal. Dial.*, 6:99-122.

Fraiberg, S. (1969), Libidinal object constancy and mental representation. *The Psychoanalytic Study of the Child*, 24:9-47. New York: International Universities Press.

Frankel, J. B. (1998), The play's the thing: How the essential processes of therapy are seen most clearly in child therapy. *Psychoanal. Dial.*, 8:149-182.

Franklin, G. (1990), The multiple meanings of neutrality. *J. Amer. Psychoanal. Assn.*, 38:195-220.

Freud, A. (1946), *The Ego and the Mechanisms of Defense.* New York: International Universities Press.

——(1969), Discussion of John Bowlby's work. In: *The Writings of Anna Freud, Vol. 5.* New York: International Universities Press.

Freud, S. (1895), Project for a scientific psychology. *Standard Edition*, 1:295-397. London: Hogarth Press, 1966.

——(1900), The interpretation of dreams. *Standard Edition*, 4 & 5. London: Hogarth Press, 1953.

——(1910), Five lectures on psychoanalysis. *Standard Edition*, 11:9-55. London: Hogarth Press, 1957.

——(1911), Formulations on the two principles of mental functioning. *Standard Edition*, 12:213-226. London: Hogarth Press, 1958.

——(1912), Recommendations to physicians practicing psychoanalysis. *Standard Edition*, 12:109-120. London: Hogarth Press, 1961.

——(1913a), Totem and taboo. *Standard Edition*, 13:1-161. London: Hogarth Press, 1955.

——(1913b), On beginning the treatment (Further recommendations on the technique of psychoanalysis, I). *Standard Edition*, 12:121-144. London: Hogarth Press, 1958.

——(1914), On narcissism: An introduction. *Standard Edition*, 14: 67-102. London: Hogarth Press, 1957.

——(1915), The unconscious. *Standard Edition*, 14: 159-215. London: Hogarth Press, 1957.

——(1923), The ego and the id. *Standard Edition*, 19:3-66. London: Hogarth Press, 1961.

——(1925), Negation. *Standard Edition*, 19:235-239. London: Hogarth Press, 1961.

——(1926), Inhibitions, symptoms and anxiety. *Standard Edition*, 20: 87-172. London: Hogarth Press, 1959.

Friedman, L.(1973), How real is the realistic ego in psychotherapy? *Arch. Gen. Psychiat.*, 28:377-383.

——(1978), Trends in the psychoanalytic theory of treatment. *Psychoanal. Quart.*, 47: 524-567.

——(1983), Discussion: Piaget and psychoanalysis, by A. Tenzer. *Contemp. Psychoanal.*, 19:339-348.

——(1986), Kohut's testament. *Psychoanal. Inq.*, 6:321-347.

——(1988), *The Anatomy of Psychotherapy*. Hillsdale, NJ: The Analytic Press.

——(1994), The objective truth controversy: How does it affect tomorrow's analysts? *Internat. Fed. Psychoanal. Educ. Newsltr.*, 3:7-14.

Friedman, L. J. (1975), Current psychoanalytic object relations theory and its clinical implications. *Internat. J. Psycho-Anal.*, 56:137-146.

Fromm, E.(1941), *Escape from Freedom*. New York: Rinehart.

——(1947), *Man for Himself*. New York: Rinehart.

——(1956), *The Sane Society*. London: Routledge & Kegan Paul.

——(1964), *The Heart of Man: Its Genius for Good and Evil*. New York: Harper & Row.

Gabbard, G. O. (1992), Commentary on "Dissociative processes and transference-countertransference paradigms..." by J. Davies & M. G. Frawley. *Psychoanal. Dial.*, 2:37-47.

Garma, A. (1955), Vicissitudes of the dream screen and the Isakower phenomenon. *Psychoanal. Quart.*, 24:369-383.

Gedo, J.(1977), Notes on the psychoanalytic management of archaic transferences. *J. Amer. Psychoanal. Assn.*, 25:787-803.

Ghent, E.(1989), Credo: The dialectics of one-person and two-person psychologies. *Contemp. Psychoanal.*, 25:169-211.

——(1990), Masochism, submission, surrender. *Contemp. Psychoanal.*, 26:108-136.

——(1992), Paradox and process. *Psychoanal. Dial.*, 2:135-159.

——(1994), Empathy: Whence and whither? *Psychoanal. Dial.*, 4:473-486.

——(1995), Interaction in the psychoanalytic situation. *Psychoanal. Dial.*, 5:479-491.

Gill, M. M. (1979), The analysis of the transference. *J. Amer. Psychoanal. Assn.*, 27 (supplement): 263-288.

——(1984), Psychoanalysis and psychotherapy: A revision. *Internat. Rev. Psycho-Anal.*, 11:

161-179.

Ginot, E. (1997), The analyst's use of self, self-disclosure, and enhanced integration. *Psychoanal. Psychol.*, 14:365–381.

Giovacchini, P. (1985), The unreasonable patient: A borderline character disorder. *Psychoanal. Pract.*, 1:5–24.

Gitelson, M. (1962), On the curative factors in the first phase of analysis. In: *Psychoanalysis: Science and Profession*. New York: International Universities Press, 1973, pp. 311–341.

Glatzer, H. T. & Evans, W. N. (1977), On Guntrip's analysis with Fairbairn and Winnicott. *Internat. J. Psychoanal. Psychother.*, 6:81–98.

Gleick, J. (1987), *Chaos*. New York: Viking.

Goldberg, A. (1986), Reply to P. M. Bromberg's discussion of "The wishy-washy personality" by A. Goldberg. *Contemp. Psychoanal.*, 22:387–388.

Goldberg, P. (1987), The role of distractions in the maintenance of dissociative mental states. *Internat. J. Psycho-Anal.*, 68:511–524.

——(1995), "Successful" dissociation, pseudovitality, and inauthentic use of the senses. *Psychoanal. Dial.*, 5:493–510.

Golding, W. (1955), *Lord of the Flies*. New York: Coward-McCann.

Goleman, D. (1985), Freud's mind: New details revealed in documents. *The New York Times*, November 12, pp. C1–C3.

Goodman, A. (1992), Empathy and inquiry: Integrating empathic mirroring in an interpersonal framework. *Contemp. Psychoanal.*, 28:631–646.

Gottlieb, R. (1997), Does the mind fall apart in multiple personality disorder? Some proposals based on a psychoanalytic case. *J. Amer. Psychoanal. Assn.*, 45:907–932.

Grand, S. (1997), The paradox of innocence: Dissociative "adhesive" states in perpetrators of incest. *Psychoanal. Dial.*, 7:465–490.

Gray, S. H. (1985), "China" as a symbol for vagina. *Psychoanal. Quart.*, 54:620–623.

Greenberg, J. R. (1981), Prescription or description: The therapeutic action of psychoanalysis. *Contemp. Psychoanal.*, 17:239–257.

——(1986), Theoretical models and the analyst's neutrality. *Contemp. Psychoanal.*, 22:87–106.

——(1991a), Countertransference and reality. *Psychoanal. Dial.*, 1:52–73.

——(1991b), Psychoanalytic interaction. Presented at winter meeting of the American Psychoanalytic Association, New York City.

——& Mitchell, S. A. (1983), *Object Relations in Psychoanalytic Theory*. Cambridge, MA: Harvard University Press.

Greenson, R. R. (1974), Loving, hating, and indifference toward the patient. *Internat. Rev. Psycho-Anal.*, 1:259–266.

Grotstein, J. S. (1979), Who is the dreamer who dreams the dream, and who is the dreamer who understands it? *Contemp. Psychoanal.*, 15:407–453.

——(1995), Projective identification reappraised. *Contemp. Psychoanal.*, 31:479–511.

Guntrip, H. J. S. (1961a), *Personality Structure and Human Interaction: The Developing Synthesis of Psycho-dynamic Theory*. New York: International Universities Press.

—— (1961b), The schizoid problem, regression and the struggle to preserve an ego. In: *Schizoid Phenomena, Object Relations and the Self*. New York: International Universities Press, 1969, pp. 49–86.

—— (1969), *Schizoid Phenomena, Object Relations and the Self*. New York: International Universities Press.

—— (1971), *Psychoanalytic Theory, Therapy, and the Self*. New York: Basic Books.

Haley, J. (1969), The art of psychoanalysis. In: *The Power Tactics of Jesus Christ and Other Essays*. New York: Avon Books, pp. 9–26.

Harris, A. (1992), Dialogues as transitional space: A rapprochement of psychoanalysis and developmental psycholinguistics. In: *Relational Perspectives in Psychoanalysis*, ed. N. J. Skolnick & S. C. Warshaw. Hillsdale, NJ: The Analytic Press, pp. 119–145.

—— (1994), Gender practices and speech practices: Towards a model of dialogical and relational selves. Presented at spring meeting of Division of Psychoanalysis, American Psychological Association, Washington, DC.

—— (1995), Symposium on psychoanalysis and linguistics: Introduction. *Psychoanal. Dial.*, 5:615–618.

—— (1996), The conceptual power of multiplicity. *Contemp. Psychoanal.*, 32:537–552.

Havens, L. L. (1973), *Approaches to the Mind*. Boston: Little, Brown and Company.

—— (1976), *Participant Observation*. New York: Aronson.

Heilbrunn, G. (1953), Fusion of the Isakower phenomenon with the dream screen. *Psychoanal. Quart.*, 22:200–204.

Held-Weiss, R. (1984), The interpersonal tradition and its development: Some implications for training. *Contemp. Psychoanal.*, 20:344–362.

Hermans, H. J. M., Kempen, H. J. G. & van Loon, R. J. P. (1992), The dialogical self: Beyond individualism and rationalism. *Amer. Psychol.*, 47:23–33.

Hirschmuller, A. (1978), *The Life and Work of Josef Breuer*. New York: New York University Press.

Hoffmann, I. Z. (1983), The patient as interpreter of the analyst's experience. *Contemp. Psychoanal.*, 19:389–422.

—— (1991), Discussion: Toward a social-constructivist view of the psychoanalytic situation. *Psychoanal. Dial.*, 1:74–105.

—— (1994), Dialectical thinking and therapeutic action in the psychoanalytic process. *Psychoanal. Quart.*, 63:187–218.

Horner, A. (1979), *Object Relations and the Developing Ego in Therapy*. New York: Aronson.

Hughes, L. (1941), Evil. In: *The Collected Poems of Langston Hughes*, ed. A. Rampersad. New York: Knopf, p. 227.

Isakower, O. (1938), A contribution to the patho-psychology of phenomena associated with falling asleep. *Internat. J. Psycho-Anal.*, 19:331-345.

James, H. (1875), *Roderick Hudson*. New York: Penguin Books, 1969.

Johnson, B. (1977), The frame of reference: Poe, Lacan, Derrida. *Yale French Studies*, 55/56:457-505.

Kaiser, H. (1965), The universal symptom of the psychoneuroses: A search for the conditions of effective psychotherapy. In: *Effective Psychotherapy*, ed. L. B. Fierman. New York: Free Press, pp. 14-171.

Kamenetz, R. (1994), *The Jew in the Lotus*. San Francisco: HarperCollins.

Kennedy, R. (1996), Aspects of consciousness: One voice or many? *Psychoanal. Dial.*, 6:73-96.

Kernberg, O. F. (1966), Structural derivatives of object relationships. *Internat. J. Psycho-Anal.*, 47:236-253.

——(1975), *Borderline Conditions and Pathological Narcissism*. New York: Aronson.

——(1991), Transference regression and psychoanalytic technique with infantile personalities. *Internat. J. Psycho-Anal.*, 72:189-200.

Kerr, J. (1993), *A Most Dangerous Method*. New York: Knopf.

Khan, M. (1971), "To hear with the eyes": Clinical notes on body as subject and object. In: *The Privacy of the Self*. New York: International Universities Press, 1974, pp. 234-250.

Kirmayer, L. J. (1994), Pacing the void: Social and cultural dimensions of dissociation. In: *Dissociation: Culture, Mind, and Body*, ed. D. Spiegel. Washington, DC: American Psychiatric Press, pp. 91-122.

Kirstein, L. (1969), Afterward. In: *W. Eugene Smith: His Photographs and Notes*. New York: Aperture Press.

Klenbort, I. (1978), Another look at Sullivan's concept of individuality. *Contemp. Psychoanal.*, 14:125-135.

Kohut, H. (1966), Forms and transformations of narcissism. *J. Amer. Psychoanal. Assn.*, 14:243-272.

——(1971), *The Analysis of the Self*. New York: International Universities Press.

——(1972), Thoughts on narcissism and narcissistic rage. *The Psychoanalytic Study of the Child*, 27:360-400, New York: Quadrangle.

——(1977), *The Restoration of the Self*. New York: International Universities Press.

Kramer, P. (1990), Così fan tutti. *The Psychiatric Times*, April, pp. 4-6.

Krystal, J. H., Bennett, A. L., Bremner, J. D., Southwick, S. M. & Charney, D. S. (1995), Toward a cognitive neuroscience of dissociation and altered memory functions in post-traumatic stress disorder. In: *Neurobiological and Clinical Consequences of Stress: From Normal Adaptation to PTSD*, ed. M. J. Friedman, D. S. Charney & A. Y. Deutch. Philadelphia: Lippincott-Raven, pp. 239-269.

Kvarnes, R. G. & Parloff, G. H., eds. (1976), *A Harry Stack Sullivan Case Seminar*. New York: Norton.

Lacan, J. (1966), *Ecrits*. Paris: Seuil.
Laing, R. D. (1960), *The Divided Self*. London: Tavistock.
——(1962a), Confirmation and disconfirmation. In: *The Self and Others*. Chicago: Quadrangle, pp. 88–97.
——(1962b), *The Self and Others*. Chicago: Quadrangle.
——(1967), *The Politics of Experience*. New York: Pantheon.
Lamb, C. (1822), A dissertation upon roast pig. In: *Anthology of Romanticism*, 3rd ed., ed. E. Bernbaum. New York: Ronald Press, 1948, pp. 385–388.
Lampl-de Groot, J. (1981), Notes on "multiple personality." *Psychoanal. Quart.*, 50: 614–624.
Langan, R. (1997), On free-floating attention. *Psychoanal. Dial.*, 7:819–839.
Lasch, C. (1979), *The Culture of Narcissism*. New York: Norton.
Laub, D. & Auerhahn, N. C. (1989), Failed empathy — A central theme in the survivor's Holocaust experience. *Psychoanal. Psychol.*, 6:377–400.
——(1993), Knowing and not knowing massive psychic trauma: Forms of traumatic memory. *Internat. J. Psycho-Anal.*, 74:287–302.
Lerner, M. (1990), *Wrestling with the Angel*. New York: Norton.
Levenson, E. A. (1972), *The Fallacy of Understanding*. New York: Basic Books.
——(1976a), The aesthetics of termination. *Contemp. Psychoanal.*, 12:338–342.
——(1976b), A holographic model of psychoanalytic change. *Contemp. Psychoanal.*, 12: 1–20.
——(1978), Two essays in psychoanalytical psychology — I. Paychoanalysis: Cure or persuasion. *Contemp. Psychoanal.*, 14:1–30.
——(1982), Follow the fox. *Contemp. Psychoanal.*, 18:1–15.
——(1983), *The Ambiguity of Change*. New York: Basic Books.
——(1988), Real frogs in imaginary gardens: Fact and fantasy in psychoanalysis. *Psychoanal. Inq.*, 8:552–567.
——(1992), Mistakes, errors, and oversights. *Contemp. Psychoanal.*, 28:555–571.
Levi, A. (1971), "We." *Contemp. Psychoanal.*, 7:181–188.
Lewin, B. D. (1946), Sleep, the mouth, and the dream screen. *Psychoanal. Quart.*, 15: 419–434.
——(1948), Inferences from the dream screen. *Internat. J. Psycho-Anal.*, 29:224–231.
——(1950), *The Psychoanalysis of Elation*. New York: Norton.
——(1952), Phobic symptoms and dream interpretation. *Psychoanal. Quart.*, 21:295–322.
——(1953), Reconsideration of the dream screen. *Psychoanal. Quart.*, 22:174–199.
Lewis, C. S. (1956), *Till We Have Faces: A Myth Retold*. New York: Harcourt Brace Jovanovich.
Lightman, A. (1993), *Einstein's Dreams*. New York: Pantheon Books.
Lionells, M. (1986), A reevaluation of hysterical relatedness. *Contemp. Psychoanal.*, 22:570–597.

Loevinger, J. (1973), Ego development: Syllabus for a course. In: *Psychoanalysis and Contemporary Science, Vol. II*, ed. B. B. Rubinstein. New York: Macmillan, pp. 77-98.

—— & Wessler, R. (1970), *Measuring Ego Development, Vol. I*. San Francisco: Jossey-Bass.

Loewald, H. (1960), On the therapeutic action of psychoanalysis. *Internat. J. Psycho-Anal.*, 41:16-33.

——(1972), The experience of time. *The Psychoanalytic Study of the Child*, 27:401-410. New York: Quadrangle.

——(1979), The waning of the Oedipus complex. *J. Amer. Psychoanal. Assn.*, 27:751-775.

Loewenstein, R. J. & Ross, D. R. (1992), Multiple personality and psychoanalysis: An introduction. *Psychoanal. Inq.*, 12:3-48.

Looker, T. (1998), "Mama, why don't your feet touch the ground?" Staying with the body and the healing moment in psychoanalysis. In: *Relational Perspectives on the Body: Psychoanalytic Theory and Practice*, ed. L. Aron & F. S. Anderson. Hillsdale, NJ: The Analytic Press, pp. 237-262.

Lyon, K. A. (1992), Shattered mirror: A fragment of the treatment of a patient with multiple personality disorder. *Psychoanal. Inq.*, 12:71-94.

Mahler, M. (1968), *On Human Symbiosis and the Vicissitudes of Individuation*. New York: International Universities Press.

——(1972), On the first three subphases of the separation-individuation process. *Internat. J. Psycho-Anal.*, 53:333-338.

——Pine, F. & Bergman, A. (1975), *The Psychological Birth of the Human Infant: Symbiosis and Individuation*. New York: Basic Books.

Marcuse, J. J. (submitted), And what does this bring to mind? Reflections on techniques of dream interpretation.

Marin, P. (1975), The new narcissism. *Harper's Magazine*, October, pp. 5-26.

Marmer, S. S. (1980), Psychoanalysis of multiple personality. *Internat. J. Psycho-Anal.*, 61:439-459.

——(1991), Multiple personality disorder: A psychoanalytic perspective. *Psychiat. Clin. N. Amer.*, 14:677-693.

McDougall, J. M. (1987), Who is saying what to whom? An eclectic perspective. *Psychoanal. Inq.*, 7:223-232.

Mead, G. H. (1934), *Mind, Self and Society*. Chicago: The University of Chicago Press.

Merleau-Ponty, M. (1942), *The Structure of Behavior*. Boston: Beacon Press, 1963.

Mitchell, S. A. (1988), *Relational Concepts in Psychoanalysis: An Integration*. New York: Harvard University Press.

——(1991), Contemporary perspectives on self: Toward an integration. *Psychoanal. Dial.*, 1:121-147.

——(1993), *Hope and Dread in Psychoanalysis*. New York: Basic Books.

——(1997a), Psychoanalysis and the degradation of romance. *Psychoanal. Dial.*, 7:23-41.

——(1997b), *Influence and Autonomy in Psychoanalysis*. Hillsdale, NJ: The Analytic Press.

Mitrani, J. L. (1994), On adhesive pseudo-object relations, Part I. *Contemp. Psychoanal.*, 30: 348–366.

——(1995), On adhesive pseudo-object relations, Part II. *Contemp. Psychoanal.*, 31: 140–165.

Modell, A. (1976), The "holding environment" and the therapeutic action of psychoanalysis. *J. Amer. Psychoanal. Assn.*, 24:285–308.

——(1978), The conceptualization of the therapeutic action of psychoanalysis: The action of the holding environment. *Bull. Menn. Clin.*, 42:493–504.

——(1986), The missing elements in Kohut's cure. *Psychoanal. Inq.*, 6:367–385.

Moore, B. E. & Fine, B. D., eds. (1968), *A Glossary of Psychoanalytic Terms and Concepts*, 2nd ed., New York: American Psychoanalytic Association.

——(1990), *Psychoanalytic Terms and Concepts*, 3rd ed. New Haven, CT: American Psychoanalytic Association & Yale University Press.

Nabokov, V. (1920), Sounds. *The New Yorker*, August 14, 1995.

Nesse, R. M. (1991), What good is feeling bad?: The evolutionary benefits of psychic pain. *The Sciences*, Nov./Dec.: 30–37.

Ogden, T. H. (1985), On potential space. *Internat. J. Psycho-Anal.*, 66:129–141.

——(1986), *The Matrix of the Mind.* Northvale, NJ: Aronson.

——(1989), *The Primitive Edge of Experience.* Northvale, NJ: Aronson.

——(1991), An interview with Thomas Ogden. *Psychoanal. Dial.*, 1:361–376.

——(1994), The analytic third: Working with intersubjective clinical facts. *Internat. J. Psycho-Anal.*, 75:3–19.

Ornstein, P. H. & Ornstein, A. (1980), Formulating interpretations in clinical psychoanalysis. *Internat. J. Psycho-Anal.*, 61:203–211.

Osborne, J. W. & Baldwin, J. R. (1982), Psychotherapy: From one state of illusion to another. *Psychotherapy*, 19:266–275.

Parker, R. B. (1983), *The Widening Gyre: A Spencer Novel.* New York: Dell.

Peterson, J. (1993), Reply to Van der Hart/Brown article. *Dissociation*, 6:74–75.

Piaget, J. (1932), *The Language and Thought of the Child.* New York: Meridian, 1955.

——(1936), *The Origins of Intelligence in Children*, trans. M. Cook. New York: International Universities Press, 1952.

——(1969), *The Psychology of the Child.* New York: Basic Books.

Pine, F. (1979), On the expansion of the affect array: A developmental description. *Bull. Menn. Clin.*, 43:79–95.

Pizer, B. (in press), Negotiating analytic holding: Discussion of P. Casement's "Analytic holding under pressure." *Psychoanal. Inq.*, Vol. 20, No. 1.

Pizer, S. A. (1992), The negotiation of paradox in the analytic process. *Psychoanal. Dial.*, 2: 215–240.

——(1996a), The distributed self: Introduction to symposium on "The multiplicity of self and analytic technique." *Contemp. Psychoanal.*, 32:499–507.

——(1996b), Negotiating potential space: Illusion, play, metaphor, and the subjunctive. *Psychoanal. Dial.*, 6:689 – 712.

Plato (4th cent. B.C.), Apology (tr. B. Jowett). In: *The Dialogues of Plato*. New York: Bantam Books, 1986.

Putnam, F. (1988), The switch process in multiple personality disorder and other state-change disorders. *Dissociation*, 1:24 – 32.

——(1992), Discussion: Are alter personalities fragments or figments? *Psychoanal. Inq.*, 12: 95 – 111.

Rangell, L. (1979), Contemporary issues in the theory of therapy. *J. Amer. Psychoanal. Assn.*, 27(supplement): 81 – 112.

Reik, T. (1936), *Surprise and the Psycho-Analyst*. London: Kegan Paul.

Reis, B. E. (1993), Toward a psychoanalytic understanding of multiple personality disorder. *Bull. Menn. Clin.*, 57:309 – 318.

——(1995), Time as the missing dimension in traumatic memory and dissociative subjectivity. In: *Sexual Abuse Recalled*, ed. J.L. Alpert. Northvale, NJ: Aronson.

Ricoeur, P. (1986), The self in psychoanalysis and in phenomenological philosophy. *Psychoanal. Inq.*, 6:437 – 458.

Rivera, M. (1989), Linking the psychological and the social: Feminism, post-structuralism, and multiple personality. *Dissociation*, 2:24 – 31.

Roth, S. (1992), Discussion: A psychoanalyst's perspective on multiple personality disorder. *Psychoanal. Inq.*, 12:112 – 123.

Rothstein, A. (1980), *The Narcissistic Pursuit of Perfection*. New York: International Universities Press.

——(1982), The implications of early psychopathology for the analyzability of narcissistic personality disorders. *Internat. J. Psycho-Anal.*, 63:177 – 188.

Russell, P. L. (1993), Discussion of Peter Shabad's "Resentment, indignation, entitlement: The transformation of unconscious wish into need." *Psychoanal. Dial.*, 3:515 – 522.

Rycroft, C. (1951), A contribution to the study of the dream screen. *Internat. J. Psycho-Anal.*, 32:178 – 184.

——(1962), Beyond the reality principle. In: *Imagination and Reality*. London: Maresfield Library, 1968, pp. 102 – 113.

Sacks, O. (1992), The last hippie. *The New York Review*, March 26, pp. 53 – 62.

Sander, L. (1977), The regulation of exchange in the infant caretaker system and some aspects of the context-content relationship. In: *Interaction, Conservation, and the Development of Language*, ed. M. Lewis & L. Rosenblum. New York: Wiley, pp. 133 – 156.

Sandler, A-M. (1975), Comments on the significance of Piaget's work for psychoanalysis. *Internat. Rev. Psycho-Anal.*, 2:365 – 377.

——(1977), Beyond eight month anxiety. *Internat. J. Psycho-Anal.*, 58:195 – 208.

Sandler, J. & Sandler, A-M. (1978), On the development of object relationships and affects. *Internat. J. Psycho-Anal.*, 59:285 – 296.

Schafer, R. (1968), *Aspects of Internalization*. New York: International Universities Press.

——(1976), *A New Language for Psychoanalysis*. New Haven, CT: Yale University Press.

——(1983), *The Analytic Attitude*. New York: Basic Books.

Schecter, D. E. (1978a), Attachment, detachment, and psychoanalytic therapy. In: *Interpersonal Psychoanalysis: New Directions*, ed. E. G. Witenberg. New York: Gardner Press, pp. 81 – 104.

——(1978b), Malevolent transformation: Some clinical and developmental notes. *Contemp. Psychoanal.*, 14:414 – 418.

——(1980), Early developmental roots of anxiety. *J. Amer. Acad. Psychoanal.*, 8:539 – 554.

Schwaber, E. (1983), Psychoanalytic listening and psychic reality. *Internat. Rev. Psycho-Anal.*, 10:379 – 392.

Schwartz, H. L. (1994), From dissociation to negotiation: A relational psychoanalytic perspective on multiple personality disorder. *Psychoanal. Psychol.*, 11:189 – 231.

Searles, H. F. (1959), The effort to drive the other person crazy: An element in the aetiology and psychotherapy of schizophrenia. In: *Collected Papers on Schizophrenia and Related Subjects*. New York: International Universities Press, 1965, pp. 254 – 283.

——(1977), Dual-and multiple-identity processes in borderline ego functioning. In: *Borderline Personality Disorders*, ed. P. Hartocollis. New York: International Universities Press, pp. 441 – 455.

Settlage, C. F. (1977), The psychoanalytic understanding of narcissistic and borderline personality disorders. *J. Amer. Psychoanal. Assn.*, 25:805 – 834.

Shakespeare, W. (1599 – 1601), Hamlet, Prince of Denmark. In: *The Complete Plays and Poems of William Shakespeare*, ed. W. A. Neilson & C. J. Hill. Cambridge, MA: Riverside, 1942, pp. 1043 – 1092.

Shapiro, D. (1965), *Neurotic Styles*. New York: Basic Books.

Shelley, M. (1818), *Frankenstein*. New York: Bantam, 1991.

Shengold, L. (1989), *Soul Murder*. New Haven, CT: Yale University Press.

——(1992), Commentary on "Dissociative processes and transference-countertransference paradigms ..." by J. Davies & M. G. Frawley. *Psychoanal. Dial.*, 2:49 – 59.

Silberer, H. (1909), A method of producing and observing symbolic hallucinations. In: *Organization and Pathology of Thought*, ed. D. Rapaport. New York: Columbia University Press, 1951, pp. 195 – 207.

Slavin, M. O. & Kriegman, D. (1992), *The Adaptive Design of the Human Psyche*. New York: Guilford.

Slochower, J. A. (1994), The evolution of object usage and the holding environment. *Contemp. Psychoanal.*, 30:135 – 151.

Smith, B. L. (1989), Of many minds: A contribution on the dynamics of multiple personality. In: *The Facilitating Environment*, ed. M. G. Fromm & B. L. Smith. Madison, CT: International Universities Press, pp. 424 – 458.

Smith, H. F. (1995), Analytic listening and the experience of surprise. *Internat. J. Psycho-Anal.*, 76:67–78.

Sorenson, R. L. (1994), Therapists' (and their therapists') God representations in clinical practice. *J. Psychol. & Theol.*, 22:325–344.

Sperling, O. E. (1957), A psychoanalytic study of hypnogogic hallucinations. *J. Amer. Psychoanal. Assn.*, 5:115–123.

——(1961), Variety and analyzability of hypnogogic hallucinations and dreams. *Internat. J. Psycho-Anal.*, 42:216–223.

Spillius, E. B. & Feldman, M., eds. (1989), *Psychic Equilibrium and Psychic Change: Selected Papers of Betty Joseph*. London: Tavistock/Routledge.

Spruiell, V. (1983), The rules and frames of the psychoanalytic situation. *Psychoanal. Quart.*, 52:1–33.

Stanton, A. H. (1978), The significance of ego interpretive states in insight-directed psychotherapy. *Psychiatry*, 41:129–140.

Stein, G. (1937), *Everybody's Autobiography*. Cambridge, MA: Exact Change, 1993.

Steingart, I. (1969), On self, character, and the development of a psychic apparatus. *The Psychoanalytic Study of the Child*, 24:271–303. New York: International Universities Press.

Stern, D. B. (1983), Unformulated experience. *Contemp. Psychoanal.*, 19:71–99.

——(1996), Dissociation and constructivism. *Psychoanal. Dial.*, 6:251–266.

——(1997), *Unformulated Experience: From Dissociation to Imagination in Psychoanalysis*. Hillsdale, NJ: The Analytic Press.

Stern, D. N. (1985), *The Interpersonal World of the Infant: A View from Psychoanalysis and Developmental Psychology*. New York: Basic Books.

Stern, M. M. (1961), Blank hallucinations: Remarks about trauma and perceptual disturbances. *Internat. J. Psycho-Anal.*, 42:205–215.

Stolorow, R. D. (1975), Toward a functional definition of narcissism. *Internat. J. Psycho-Anal.*, 56:179–186.

——Brandchaft, B. & Atwood, G. E. (1987), *Psychoanalytic Treatment*. Hillsdale, NJ: The Analytic Press.

Stone, L. (1961), *The Psychoanalytic Situation: An Examination of Its Development and Essential Nature*. New York: International Universities Press.

Strachey, J. (1934), The nature of the therapeutic action of psychoanalysis. *Internat. J. Psycho-Anal.*, 15:127–159.

Sturgeon, T. (1953), *More Than Human*. New York: Carroll & Graf.

Sullivan, H. S. (1937), A note on the implications of psychiatry, the study of interpersonal relations, for investigations in the social sciences. In: *The Fusion of Psychiatry and Social Science*. New York: Norton, 1964, pp. 15–29.

——(1940), *Conceptions of Modern Psychiatry*, New York: Norton.

——(1942), Leadership, mobilization, and postwar change. In: *The Fusion of Psychiatry and*

Social Science. New York: Norton, 1964, pp. 149–176.

——(1948), The meaning of anxiety in psychiatry and in life. In: *The Fusion of Psychiatry and Social Science.* New York: Norton, 1964, pp. 229–254.

——(1950a), Tensions interpersonal and international: A psychiatrist's view. In: *The Fusion of Psychiatry and Social Science.* New York: Norton, 1964, pp. 293–331.

——(1950b), The illusion of personal individuality. In: *The Fusion of Psychiatry and Social Science.* New York: Norton, 1964, pp. 198–226.

——(1953), *The Interpersonal Theory of Psychiatry.* New York: Norton.

——(1954), *The Psychiatric Interview.* New York: Norton.

——(1956), *Clinical Studies in Psychiatry.* New York: Norton.

——(1972), *Personal Psychopathology.* New York: Norton.

Symington, N. (1983), The analyst's act of freedom as agent of therapeutic change. *Internat. Rev. Psycho-Anal.,* 10:283–291.

Target, M. & Fonagy, P. (1996), Playing with reality: II. The development of psychic reality from a theoretical perspective. *Internat. J. Psycho-Anal.,* 77:459–479.

Tauber, E. S. & Green, M. R. (1959), *Prelogical Experience.* New York: Basic Books.

Taylor, G. J. (1987), *Psychosomatic Medicine and Contemporary Psychoanalysis.* Madison, CT: International Universities Press.

Terr, L. C. (1984), Time and trauma. *The Psychoanalytic Study of the Child,* 39:633–665. New Haven, CT: Yale University Press.

Thompson, C. (1953), Transference and character analysis. In: *Interpersonal Psychoanalysis,* ed. M. Green. New York: Basic Books, 1964, pp. 22–31.

——(1956), The role of the analyst's personality in therapy. In: *Interpersonal Psychoanalysis,* ed. M. Green. New York: Basic Books, 1964, pp. 168–178.

Tolpin, M. (1971), On the beginnings of a cohesive self: An application of the concept of transmuting internalization to the study of the transitional object and signal anxiety. *The Psychoanalytic Study of the Child,* 26:316–352. New York: Quadrangle.

Turkle, S. (1978), *Psychoanalytic Politics: Jacques Lacan and Freud's French Revolution,* rev. ed. New York: Guilford, 1992.

Weiss, J. & Sampson, H. (1986), *The Psychoanalytic Process: Theory, Clinical Observation, and Empirical Research.* New York: Guilford.

Winnicott, D. W. (1945), Primitive emotional development. In: *Collected Papers.* London: Tavistock, 1958, pp. 145–156.

——(1949), Mind and its relation to the psyche-soma. In: *Collected Papers.* London: Tavistock, 1958, pp. 243–254.

——(1950), Aggression in relation to emotional development. In: *Collected Papers.* London: Tavistock, 1958, pp. 204–218.

——(1951), Transitional objects and transitional phenomena. In: *Collected Papers.* London: Tavistock, 1958, pp. 229–242.

——(1955–1956), Clinical varieties of transference. In: *Collected Papers.* London:

Tavistock, 1958, pp. 295 – 299.

——(1960a), Ego distortion in terms of true and false self. In: *The Maturational Processes and the Facilitating Environment*. New York: International Universities Press, 1965, pp. 140 – 152.

——(1960b), The theory of the parent-infant relationship. In: *The Maturational Processes and the Facilitating Environment*. New York: International Universities Press, 1965, pp. 37 – 55.

——(1962), The aims of psycho-analytical treatment. In: *The Maturational Processes and the Facilitating Environment*. New York: International Universities Press, 1965, pp. 166 – 170.

——(1963a), Communicating and not communicating leading to a study of certain opposites. In: *The Maturational Processes and the Facilitating Environment*. New York: International Universities Press, 1965, pp. 179 – 192.

——(1963b), The development of the capacity for concern. In: *The Maturational Processes and the Facilitating Environment*. New York: International Universities Press, 1965, pp. 73 – 82.

——(1965), *The Maturational Processes and the Facilitating Environment*. New York: International Universities Press.

——(1967), The location of cultural experience. In: *Playing and Reality*. New York: Basic Books, 1971, pp. 95 – 103.

——(1969), The use of an object and relating through identifications. In: *Playing and Reality*. New York: Basic Books, 1971, pp. 86 – 94.

——(1971a), *Playing and Reality*. New York: Basic Books.

——(1971b), The place where we live. In: *Playing and Reality*. New York: Basic Books, 1971, pp. 104 – 110.

——(1971c), Playing: Creative activity and the search for the self. In: *Playing and Reality*. New York: Basic Books, 1971, pp. 53 – 64.

——(1971d), Dreaming, fantasying, and living: A case-history describing a primary dissociation. In: *Playing and Reality*. New York: Basic Books, 1971, pp. 26 – 37.

——(1974), Fear of breakdown. *Internat. Rev. Psycho-Anal.*, 1:103 – 107.

Witenberg, E. G. (1976), To believe or not to believe. *J. Amer. Acad. Psychoanal.*, 41:433 – 445.

——(1987), Clinical innovations and theoretical controversy. *Contemp. Psychoanal.*, 23:183 – 197.

Wolff, P. H. (1987), *The Development of Behavioral States and the Expression of Emotion in Early Infancy*. Chicago: University of Chicago Press.

Wolstein, B. (1971), Interpersonal relations without individuality. *Contemp. Psychoanal.*, 8: 75 – 80.

Young, W. C. (1988), Psychodynamics and dissociation. *Dissociation*, 1:33 – 38.

图书在版编目(CIP)数据

让我看见你：临床过程、创伤和解离/(美)布隆伯格著；邓雪康译. —上海：华东师范大学出版社，2016
(精神分析经典著作译丛)
ISBN 978-7-5675-5988-2

Ⅰ.①让… Ⅱ.①布…②邓… Ⅲ.①精神分析-研究 Ⅳ.①B84-065

中国版本图书馆CIP数据核字(2016)第318992号

精神分析经典著作译丛

让我看见你
临床过程、创伤和解离

著　　者　[美]菲利浦·布隆伯格(Philip M. Bromberg)
译　　者　邓雪康
审　　校　Anna Wang
策划编辑　彭呈军
审读编辑　单敏月
特约编辑　陈立强
责任校对　张　雪
装帧设计　上海介太文化艺术工作室

出版发行　华东师范大学出版社
社　　址　上海市中山北路3663号　邮编 200062
网　　址　www.ecnupress.com.cn
电　　话　021-60821666　行政传真 021-62572105
客服电话　021-62865537　门市(邮购)电话 021-62869887
地　　址　上海市中山北路3663号华东师范大学校内先锋路口
网　　店　http://hdsdcbs.tmall.com

印　刷　者　浙江临安曙光印务有限公司
开　　本　787毫米×1092毫米　1/16
印　　张　17.5
字　　数　302千字
版　　次　2017年7月第1版
印　　次　2024年9月第7次
书　　号　ISBN 978-7-5675-5988-2/B·1058
定　　价　45.00元

出 版 人　王　焰

(如发现本版图书有印订质量问题，请寄回本社客服中心调换或电话021-62865537联系)